최소한의 양자역학

© 2023, Lannoo Publishers. For the original edition.
Original title: Waarom niemand kwantum begrijpt en iedereen er toch iets over moet weten
by Céline Broeckaert and Frank Verstraete
Translated from the Dutch language.
www.lannoo.com
© 2025, Donga M&B Co., Ltd. For the Korean edition
All rights reserved.
Published by arrangement with Lannoo Publishers through AMO Agency

이 책의 한국어판 저작권은 AMO 에이전시를 통해 저작권자와 독점 계약한 동아엠앤비에 있습니다.
저작권법에 의해 한국 내에서 보호를 받는 저작물이므로 무단 전재와 무단 복제를 금합니다.

아무도 모르지만
누구나 알아야 할
최소한의 양자역학

초판 1쇄 발행	2025년 10월 20일
초판 2쇄 발행	2025년 11월 30일
지은이	프랑크 베르스트라테, 셀린 브뢰카에르트
옮긴이	최진영
편집	이충환
디자인	이재호
펴낸이	이경민
펴낸곳	(주)동아엠앤비
출판등록	2014년 3월 28일(제25100-2014-000025호)
주소	(03972) 서울특별시 마포구 월드컵북로 22길 21, 2층
홈페이지	www.dongamnb.com
블로그	https://blog.naver.com/damnb0401
전화	(편집) 02-392-6901 (마케팅) 02-392-6900
팩스	02-392-6902
이메일	damnb0401@naver.com
ISBN	979-11-6363-985-5(03420)

※ 책 가격은 뒤표지에 있습니다.
※ 잘못된 책은 구입한 곳에서 바꿔 드립니다.
※ 여러분의 투고를 기다리고 있습니다.

아무도 모르지만 누구나 알아야 할

최소한의 양자역학

프랑크 베르스트라테, 셀린 브뢰카에르트 지음 | 최진영 옮김

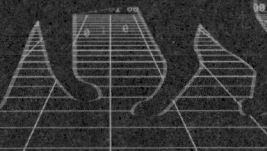

$$i\hbar \frac{\partial}{\partial t}|\psi(t)\rangle = \hat{H}|\psi(t)\rangle$$

Why Nobody Understands
Quantum Physics

동아엠앤비

차례

- 물리학자의 서문 ... 7
- 작가의 서문 ... 10
- 이 책을 읽는 법 ... 14

1부 수학

1장 수학의 불합리한 효율성 ... 19
- 1.1 아리스토텔레스의 왕좌는 어떻게 무너졌나 ... 19
- 1.2 갈릴레오 갈릴레이의 발견 ... 24
- 1.3 사자는 발톱으로 알아볼 수 있다 ... 26
- 1.4 수리수리미적분 ... 34

2장 대칭 ... 43
- 2.1 대칭의 질서 ... 43
- 2.2 대칭이 깨어질 때 ... 48
- 2.3 대칭 구조 뒤에 있는 군(群) ... 53
- 2.4 드럼과 원자들 ... 59

2부 양자

3장 입자의 (불)가능성 ... 73
- 3.1 정답을 찾아서 ... 73
- 3.2 빛, 파동이자 입자 ... 84
- 3.3 최초의 원자 모형들 ... 94
- 3.4 입자와 파동 묶음 ... 102
- 3.5 이중 슬릿 실험으로 본 양자역학 ... 108
- 3.6 하이젠베르크의 현미경 ... 111

4장 첫 번째 양자 혁명 — 117
4.1 파동의 수용 — 117
4.2 정보의 파동 — 123
4.3 두 개의 슬릿에 관한 이론적 설명 — 126
4.4 양자 터널링 — 129
4.5 행렬역학 — 131
4.6 아름다움은 진리요, 진리는 아름다움이니 — 135
4.7 큐비트가 된 스핀 슈테른 — 144

5장 양자 철학 — 155
5.1 양자 헛소리 — 155
5.2 얽힘 — 157
5.3 보어 vs 아인슈타인 — 159
5.4 EPR 역설 — 163
5.5 슈뢰딩거가 자기 고양이를 보내다 — 170
5.6 누가 고양이에게 방울을 달까? — 174
5.7 맥락성 — 181

6장 하나, 둘, 많음 — 187
6.1 입자의 비구별성 — 188
6.2 호텔 힐베르트 — 192
6.3 원자와 분자 — 204
6.4 단단한 물질 — 222
6.5 양자 색깔 — 230
6.6 보스, 아인슈타인, 그리고 레이저 — 234

7장 푸딩과 커드 — 247
- 7.1 아원자 물리학의 실험들 — 247
- 7.2 아원자 물리학의 이론 — 272
- 7.3 우리는 모두 별에서 왔다 — 293

8장 많아지면 앤더슨이 나선다 — 301
- 8.1 창발 — 301
- 8.2 재규격화 — 312
- 8.3 초전도 — 315
- 8.4 완벽성의 발견 — 322

9장 2차 양자 혁명 — 331
- 9.1 양자 측정 기술 — 332
- 9.2 양자 시뮬레이션 — 334
- 9.3 양자 정보 — 338
- 9.4 양자 복잡성 — 343
- 9.5 양자 컴퓨터 — 352
- 9.6 양자 오류 — 355
- 9.7 양자 재구성과 얽힌 입자 — 361

에필로그 — 377
감사의 글 — 382
용어 설명 — 384
찾아보기 — 395

물리학자의 서문

이 책은 문화 간의 충돌에서 탄생했다. 세상이 '수학화되어' 점차 그 신비를 드러낸 과학과 초자연적인 예술의 발견에서, 우리가 느끼는 아름다움과 경이로움 사이의 충돌에서 말이다. 우리의 물질 세계에서 나타나는 대칭적인 패턴과 슈베르트의 음악이 지닌 단순함과 아름다움 사이에서, 양자 시스템의 예측 불가능성과 '나르치스와 골드문트'의 상반된 감정을 느껴보자.

충돌이라고 표현했지만 실제로 충돌이 일어난 것은 아니다. 슈뢰딩거의 방정식은 베토벤의 아홉 번째 교향곡과 마찬가지로 우리 문화에 속한다. 양자역학이 우리 세계에 색을 부여하는 방법을 이해해 나간다면 클림트의 그림에 쓰인 화려한 색을 만끽하는 것만큼이나 이 학문도 즐길 수 있게 될 것이다. 대칭이 중심 조직 원리로 작용하여 우리가 콩알처럼 쪼그라들지 않도록 한다는 점을 이해하는 순간은 그랜드 캐니언의 웅장함을 처음 보는 순간만큼이나 충격적일 테고 말이다.

물리학은 본질적으로 미켈란젤로가 다비드를 조각하기 위해 대리석 블록을 보면서 했던 사고를 그대로 실행하려는 야망을 품은 학문이다. 자연을 작동 방식으로 바라보고 묘사하여 모든 불필요한 물질을 제거하고 순수한 본질만 남기고자 하는 그 야망 말이다.

하지만 물리학과 예술 사이에는 큰 차이점이 있다. 현대 예술과

수백 년 또는 수천 년 전의 예술은 가치 있고 강한 감정을 불러일으
킨다는 점에서 같지만 그 기반은 다르다. 예술은 스스로 끊임없이 재
창조해야 하면서도 독창적(이거나 그 반대)이어야 하지만, 이는 물리학엔
해당하지 않는 이야기다. 물리학은 이미 존재하는 이론을 대체할 이
론을 만들어낸다.

뉴턴 이론이 상대성 이론에 자리를 내주어야 했고, 그 이론이 다
시 양자장 이론에 자리를 내주어야 하듯이 자연스럽게 진보해 왔다.
또 아원자의 양자 세계를 통해 화학물질과 우주에 대한 비밀을 밝혀
냈고, 연금술이 수은을 금으로 변환할 수 있는 실험 과학으로 발전
했다.

바로 그렇기 때문에 양자역학의 이야기는 매우 흥미진진하다. 개
인이 다른 사람의 아이디어를 기반으로 진정한 혁명을 일으켜 우리
의 지식 세계의 모든 측면에 근본적으로 영향을 미친 과정을 보여주
기 때문이다. 우리는 양자역학의 몇 가지 기본 개념을 통해 무수한
자연 현상을 이해할 수 있게 된다.

이 책은 양자역학이 결코 이해할 수 없는 것이 아니라는 생각에
서 출발했다. 대칭, 배타 원리 또는 불확정성 원리와 같은 몇 가지 기
본 아이디어를 이해함으로써 누구나 원자 세계와 연결될 수 있다. 이
원자 세계는 우리가 매일 사용하는 다양한 기술적 응용의 기초다.
양자역학은 난해하고 직관에 반하는 학문이지만 이 점을 이용해서
신성화해서는 안 되며 대중 서적은 이런 신성화를 막을 의무가 있다.
그렇다고 독자가 모든 논리를 이해할 수 있을 거라 기대해서는 안 된
다. 양자역학의 논리를 정말 이해하려면 수학 언어를 사용해야 하기
때문이다.

따라서 이 책은 독자가 개념에 집중하도록 한다는 철학에 바탕을 두었다. 이것이 정확한 논리적 연역보다 훨씬 더 직관적이고 중요하다. 이 책은 수식 없이 양자역학의 수학을 설명하고자 하지 않으며, 그럴 필요도 없다. 우리가 이루고자 하는 것은 독자가 새로운 것을 보고 느끼며 이 책을 읽은 후 신선한 양자 관점에서 세상을 바라보게 하는 것이다.

양자역학은 실재하며, 우리는 기술을 급격히 변화시킬 두 번째 양자 혁명의 초입에 서 있다. 이 세상의 작동 방식과 아름다움에 관심이 있는 사람이라면 적어도 양자의 기본 개념을 알아야 한다. 그 기본 개념을 모두에게 전하는 것이 이 책의 사명이다.

작가의 서문

학교에서는 아무도 내게 수학의 의미를 설명해준 적이 없었다. "이걸 왜 배우는 거예요, 선생님? 나중에 써먹을 데도 없을 텐데요."

늘 반복되는 이런 질문이 나올 즈음, 우리는 좌절하고 분노에 차서 자리를 뜨곤 한다. 그런 내게 용기를 주던 말은 침대 머리맡 벽에 걸린 포스터의 다음 글귀뿐이었다.

"수학이 어렵다고 해서 걱정하진 마세요. 나보다 더 어려워하는 사람은 없을걸요(Do not worry about your difficulties in mathematics, I assure you that mine are greater)." - 알베르트 아인슈타인.

신성한 축복과도 같은 수학적 재능이 없는 우리 중 일부는 친구들의 답안을 커닝했지만, 방학은 모든 것을 용서하고 잊게 만들었다. 나는 그나마 언어적 재능은 있어서 책 요약, 에세이 쓰기, 발표에서 성적을 올릴 수 있었다.

나를 특히 좌절하게 만들었던 것은 왜 수학을 전혀 이해하지 못하는지를 몰랐다는 점이다. 지금의 나는 수학이 다른 언어로 된 완전한 문장과 크게 다르지 않다는 것을 이해한다. 수학에는 자체 규칙과 시정(詩情, 아름다움)이 있다. 수학은 우리의 추상화 능력, 올바른 질문을 하는 능력, 문제 해결 사고 및 관계를 설정하는 능력을 훈련하는 최고의 도구이다. 뉴턴이 하나의 공식으로 사과가 나무에서 멀리 떨어지지 않는 이유와 행성이 태양 주위를 도는 이유를 설명할 수 있었던 것처럼 말이다.

그렇다면 정말로 이 모든 것을 최대한 빠르게, 반드시 이해해야만 하는 걸까? 당연히 그렇다. 양자역학은 문학, 음악, 연극, 영화 등과 마찬가지로 이미 부인할 수 없는 문화의 일부다. 문화는 곧 지식의 반영일 수밖에 없기 때문이다. 문화란 인간의 진화 방법과 역사와의 관계성, 무한히 큰 것과 무한히 작은 것, 우리가 하는 모든 일과 우리가 통제할 수 없는 모든 것을 양식에 맞춰 번역한 것이다. 우리의 정체성은 이런 문화에서 비롯되며, 동시에 역사를 반영한다. 모든 역사적 전환점 뒤에는 강한 남자나 여자뿐만 아니라 강력한 개념도 있다.

그리고 그 개념들은 거의 모두 자연과학에 대한 새로운 통찰에서 비롯되었다(계몽주의, 산업화, 자동화, 세계화, 디지털화 등을 생각해보자). 우리가 내심 바라는 점은 고등학교 졸업을 앞둔 젊은이들이 이 책 덕분에 (또는 이 책을 읽었는데도 굳이) 과학 분야를 대거 선택하는 것이다. 특히 여성들도 말이다. 여성 역시 수학과 과학에서 놀라울 정도로 뛰어나기 때문이다. 이 책이 그에 대한 확실한 증거를 보여줄 것이다.

이 대목에서 프랑스 시인 르네 샤르의 『히프노스의 이야기(Feuillets d'Hypnos)』를 이탈리아어로 번역한 내용을 다룬 내 졸업 논문이 떠오른다. 나는 번역가로서 어디선가 그 책을 읽긴 했지만, 처음에는 거의 이해하지 못했다. 마치 내가 모르는 프랑스어로, 그것도 필요 이상으로 어렵게 쓴 글 같았다. 그럼에도 샤르의 아포리즘(경구)은 나를 계속 따라다녔고 어느샌가 나는 그의 모든 글이 본질에 도달했음을 실감했다. 수개월간 탐구하고 이해하려고 시도한 끝에 연이어 '아하!' 효과를 경험하게 되었다. 아, 이런 의미였구나! 갑자기 일상생활에서 일어나는 매우 평범한 일들에서 이전에는 보지 못했던 연관성을 발견하고 샤르가 무엇을 말하려 했는지 이해하게 된 것이다. 많은 것이 그 덕분에 명확해졌다. 나는 무의식적으로 그 아포리즘을 내 것으로 만들었고 점점 더 그 시각으로 세상을 보게 되면서 핵심을 이해하게 되었다. 우리는 독자들이 이 책을 읽고 그러한 지점에 도달하길 바란다.

나는 이 책을 쓰는 동안 슈퍼마켓 셀프 계산대 앞에 서서 레이저에 관한 장을 생각해보곤 했다. 집에 늦을 것이라고 문자 메시지를 보낼 때는 트랜지스터에 관한 단락을 기억했다. MRI가 존재한 덕에 어머니의 암 완치가 가능했다는 점과 우리가 각기 다른 대륙에 있어도 스카이프를 통해 대화를 나눌 수 있다는 사실을 생각하면 어린아이처럼 기뻐진다. 모든 것은 이해하면 의미가 커진다. 그런 의미에서 시인에게든 양자역학 교수에게든 감사해야 한다. 그들은 우리에게 주위의 모든 것에 가치와 의미를 부여하고, 타인과 다르게 생각하는 방식을 가르쳤고 결국 그것이 우리를 성장시켰기 때문이다.

마지막으로, 프랑크 교수와의 협력에 관해 이야기하고 싶다. 나는 프랑크 교수와 매우 다른 방식으로 사고한다고 생각했다. 훨씬 더 감성적으로, 아니면 적어도 과학과 수학에 본질적으로 내재된 것처럼 보이는 직선적인 흑백 논리가 아닌 방식으로 말이다. 하지만 프랑크 교수의 이야기를 들으면서 우리가 그렇게 다르지 않다는 것을 깨달았다. 사실, 우리는 같은 방식으로 생각하고, 같은 아름다움에 대한 열망으로 감동받는다. 프랑크 교수도 나처럼 우리 삶을 풍요롭게 하고 흥미롭게 만드는 것들에 대한 열정으로 살아간다. 우리는 둘 다 혼란스러워하면서도 창의적이며, 우리의 일과 삶을 다른 사람들과도 나누고픈 절박한 욕구에 따라 행동한다. 단지 우리의 표현 방식이 완전히 다를 뿐이다. 그렇기에 우리는 협업을 꼭 필요하면서도 재미있는 과정으로 만들었고 이를 통해 서로 더 잘 경청하고 서로의 입장에서 이해하려고 노력했다. 올바른 질문을 하고 연결되는 과정을 통해 서로를 이해하고 보완했다.

    모든 것은 상대적이다. 세상에는 수학과 양자역학이 있고, 공식과 얽힘이 있다. 삶에는 훨씬 더 복잡한 것들이 존재한다. 일상 생활에서는 갈등을 해결하고 감정과 생각을 표현할 단어를 찾아야 한다. 마찬가지로 우리는 이 책이 오류가 없고 명확할 뿐만 아니라 아름다울 수 있도록 단어를 찾고 사물을 이해하려고 노력했다. 지식은 전달될 수도 있지만 전염되는 것이기도 하다. 그 메시지가 독자에게도 전달되기를 바란다. 그리고 책을 읽으며 좌절하지 않기를 바란다. 명확히 이해하지 못했더라도, 전혀 이상한 일이 아니다. 적어도 이 책을 읽는 순간이 즐거웠기를 바란다. 모든 걸 즉시 이해하지 못하더라도, 그 '아하!' 효과가 찾아올 때까지 기다려 보자!

2023년 6월, 겐트, 케임브리지, 니옹에서,
프랑크 베르스트라테, 셀린 브뢰카에르트

이 책을 읽는 법

이건 물리학 책이 아니라 양자역학(Quantum Physics, 양자물리학이라고도 한다. 이 책에서는 양자역학으로 통일한다. - 편집자 주)에 관한 책이다. 양자역학의 본질은 수학이 아니다. 그보다 중요한 것은 그 뒤의 개념이다. 그래서 우리는 가능한 한 공식과 수학에서 벗어나 설명하고자 했다. 이 책의 모든 문장을 이해할 필요는 없으며 특정 구절이 복잡하다고 해서 거기에 집착할 필요도 없다.

양자 논리는 때로는 이해할 수 없을 정도로 직관에 반하기도 하지만, 이론을 이해해야 더 큰 그림을 파악하거나 자연 법칙의 아름다움을 감상할 수 있는 것은 아니다. 심지어 양자물리학자들도 양자역학을 완전히 이해하지 못한다. 대신, 양자역학과 함께 일하고 살아가는 법을 배울 뿐이다.

그러니 파도에 몸을 맡겨보자. 음악을 듣고 있다고 상상해보자. 각 장은 양자 모티프의 변주곡을 발전시킨 것이다. 음악도 완전히 이해할 수는 없지만 즐길 수는 있다.

책의 구조

이 책은 20세기 초반에 탄생한 양자역학과 그 기원에 관한 이야기이다. 또한 양자역학이 어떻게 지구와 우주의 모든 물질을 이해하려는 우리의 시도 중에서 가장 큰 혁명이 되었는지, 어떻게 현대 기술의 많은 부분을 형성하게 되었는지에 대한 이야기이기도 하다. 그러나 과학의 모든 분야와 마찬가지로 양자역학 또한 시작도 끝도 없는 이야기의 한 장이다. 이 자연과학의 첫 발단을 찾으려면 역사를 얼마나 멀리 거슬러 올라가야 할까?

우리는 16세기, 실험을 통해 직관에 반하는 진실을 발견했기 때문에 과학적 도그마를 버린 첫 번째 인물인 시몬 스테빈으로 이야기를 시작하기로 했다. 양자역학은 스테빈 이후로 세대에 걸쳐 전달된 지식을 통해 형성되고 점차 일상에서 많이 응용되면서 필수 불가결한 존재가 되었다. 이것이 이 이야기의 일관된 주제다.

1부
수학

$$i\hbar \frac{\partial}{\partial t}\psi(x,t) = -\frac{\hbar^2}{2m}\frac{\partial^2}{\partial x^2}\psi(x,t) + V(x)\psi(x,t)$$

$$i\hbar \frac{\partial}{\partial t}|\psi(t)\rangle = \hat{H}|\psi(t)\rangle$$

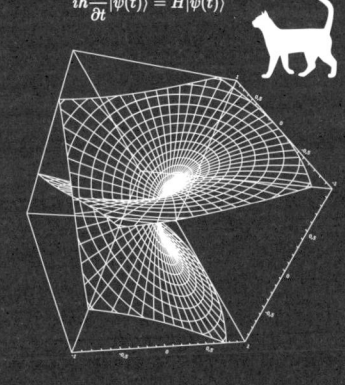

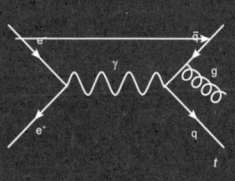

$$H = T + V = \frac{\|\mathbf{p}\|^2}{2m} + V(x,y,z)$$

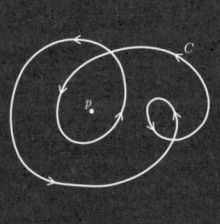

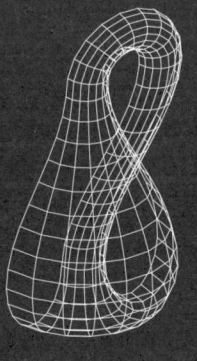

1장 요약

- 이론을 입증하거나 무너트리는 건 실험이다.
- 수학은 자연의 언어이다(그리고 비합리적으로 효과적이다).
- 물리학은 개념과 아이디어에 관한 것이다(수학이 아니고).
- 주요 인물들: 시몬 스테빈, 갈릴레오 갈릴레이, 아이작 뉴턴, 윌리엄 해밀턴.

1장
수학의 불합리한 효율성

1.1 아리스토텔레스의 왕좌는 어떻게 무너졌나

시몬 스테빈

모든 것은 16세기 델프트의 시계탑에 올라간 두 남자의 실험에서 시작됐다. 겉보기에는 사소했지만 그들의 낙하 실험은 모든 것을 뒤흔드는 전례 없는 과학 혁명으로 이어졌다. 이 실험을 통해 아리스토텔레스의 권위가 무너졌을 뿐만 아니라, 무거운 물체가 가벼운 물체보다 더 빨리 떨어진다는 수천 년간 이어진 확고한 믿음도 함께 무너졌던 것이다.

델프트에서 일어난 장면은 다음과 같다. 시몬 스테빈(Simon Stevin,

1548~1620년. 수학자, 물리학자, 초기 엔지니어, 의심의 대가)과 그의 친구 얀 코르넷 드 흐로트(Jan Cornets de Groot, 1554~1640년. '자연의 비밀을 가장 열정적으로 탐구한 자¹')가 1586년 신(新)교회 탑 꼭대기로 올라갔다. 한 명은 납으로 된 공 하나를, 다른 이는 그보다 열 배 더 크고 무거운 납공 하나를 들고 있었다. 그리고 약 9미터 높이에서 두 공을 동시에 떨어뜨렸다.

세 번째 인물은 두 발을 땅에 딛고 서서 실험을 관찰하는 중요한 임무를 맡았다. 그는 묵직한 '납공' 두 개가 실제로 동시에 나무판자에 떨어지는 것을 눈과 귀로 확인했다. 확실히 '쿵' 소리가 하나만 들렸다. 시몬 스테빈은 델프트에서의 실험을 통해 중요한 결론에 도달했다. 그가 땀에 젖어 계단을 급히 내려오면서, 내린 결론은 다음과 같다. "아리스토텔레스의 이론은 틀렸다."

이 실험은 가혹할 정도로 명확했다. 아리스토텔레스 이후에 등장한 과학자들은 약 이천 년 동안 잘못된 믿음을 가지고 있었는데, 이제 무거운 물체가 가벼운 물체와 같은 속도로 떨어진다는 사실이 명백하게 영원히 입증된 것이다.² 여기서 우리의 이야기가 시작된다. 시몬 스테빈 이후로, 300년이 넘는 시간 동안 길이 놓였고, 이성은 깨우침을 얻었으며 감성은 양자역학의 탄생까지 직선적인 여정을 그리게 되었다.

---

1 시몬 스테빈의 설명. <몇몇 오류가 반박된 무게 측정 기술에 대한 고수(Anhang van de weeghconst, inde welcke onder anderen weerleydt worden etliche dwalinghe ghedaenten)>

2 조건은 특정 세부 사항들을 추상화하여 본질에서 벗어나지 않도록 하는 것이다. 아래로 떨어뜨리는 물체는 공기보다 무거워야 하지만, 너무 빨리 떨어지지 않아야 한다. 그렇지 않으면 공기 저항이 너무 큰 역할을 하게 된다. 헬륨 풍선으로는 절대 성공할 수 없다. 위로 올라가기 때문이다. 반면, 진공 상태에서는 모든 것이 어쨌든 똑같이 빠르게 땅에 떨어진다.

> 그는 공과 함께 신교회의 탑 위에 서서
> 떨어짐의 경이를 체험하려 했다.
> 똑같이 떨어진 (열 배는 무거웠던) 그 공,
> 그 순간 경이는 이상하게만 느껴졌다.
> 아리스토텔레스를 왕좌에서 몰아냈기 때문이다.

'네덜란드의 다빈치'라 불리는 스테빈은 이 기회를 이용해 실험의 중요성을 강조했다. 아무리 이론이 아름답고 논리적이며, 심지어 낭만적으로 보일지라도, 그리고 아무리 그 이론이 직관에 부합하더라도, 만약 그것이 사실과 맞지 않으면(쿵! 소리를 기억하자!) 무가치하다는 점을 강조했다. 이로써 이론의 세계는 실험적 연구, 즉 현실에 자리를 내어주게 되었다. 오늘날에는 당연하게 보이지만, 그 당시에는 이것이 전통과의 단절을 의미했다.

초기에는 이 이론을 말도 안 된다고 생각했었다. 그 때문에 자연스럽게 다들 과격한 반대 의견을 내놓았다. 사실 과학에는 도구가 필요하다. 17세기에 일어난 과학의 급격한 발전도 망원경과 현미경 같은 발명품이 만들어낸 논리적인 결과였다. 정밀한 측정이 새로운 통찰을 이끌어내고 기존의 이론을 무너뜨리는 경우가 많았다.

이것이 이 책의 일관된 주제다. 과학의 역사는 이론과 실험, 사고와 검증 사이의 끊임없는 핑퐁 게임이다. 우리는 이성이나 직감이 아니라 실험을 통해 새로운 이론이 필요한지 아닌지를 결정한다. 과학자는 누가 처음 발견했는지에 관심을 두지 않는다. 대신, 밤잠을 설쳐가며 자신이 직접 목격한 현상을 설명할 수 있는 과학 법칙은 무엇인지, 그리고 자신이 아는 법칙으로 새로운 실험의 결과를 예측할 수 있는지 고민한다. 이런 고민이 바로 기초 과학적 연구방법론이며, 과학을 수행하는 유일하게 올바른 방법이다.

궁극적으로 우리의 직관은 상대적으로 큰 것, 즉 눈에 보이는 것에 대한 일상적 경험에 '단순히' 기반을 두고 있다. 그래서 우리가 미시적으로 작은 세계에 들어서는 순간 그 직관은 신뢰할 수 없게 된다. 예컨대 핵과 그 주위를 도는 전자로 구성된 원자는 행성이 태양 주위를 도는 태양계의 축소판과는 완전히 다르다.

양자역학을 탐구하려면 스테빈의 급진적인 정신을 본받아야 한다. 스테빈 이후 양자역학의 선구자들이 이에 기반해 350년 만에 물리학 세계를 완전히 뒤흔들어 놓았다. 베르너 하이젠베르크(Werner Heisenberg)와 에르빈 슈뢰딩거(Erwin Schrödinger)는 매우 자유로운 방식을 통해 새로운 이론을 개발했다. 고전 물리학으로는 해결할 수 없었기 때문이다. 그리고 그들이 증명한 새로운 이론은 실제로 답을 제공했다.

새로운 질문, 놀라움, 대담한 가정이 가져온 과학의 급격한 발전은 결국 양자역학에 기초를 제공했다. 양자역학에서는 입자가 실제로는 파동으로 존재했고, 이 입자들이 동시에 어디에나 있고 어디에도 없는 상태에 있다는 것이 기초였다. 과학자들이 증명해야만 하는 이론이었지만, 그 측정법에 따라 다양한 의견이 존재할 수 있었다.

이 책을 읽다 보면 양자역학에 대한 수많은 역설을 찾아볼 수 있다. 하지만 그 덕분에 우리가 많은 걸 얻었다. 물질과 가장 작은 입자의 행동을 설명하는 이론부터 시작해서, 세계를 다시, 혹은 다른 방식으로 발견할 수 있었다. 그리고 이런 발견이 바로 20세기의 기술 혁명에 필수적인 역할을 했다.

이 책을 여는 데 가장 적합한 인물은 시몬 스테빈이다. 그는 과학적 방법론의 아버지이며 과학을 수행하는 과정에서 일상 언어(라틴어가 아닌)를 최고의 언어로 여겼다. 따라서 양자역학의 신비를 떨쳐내고 그 기본 원리를 폭넓은 대중에게 설명하려면, 그가 그랬던 것처럼 우리도 일상 언어로 돌아가는 것이 가장 좋다. 또 다음 장의 주인공인 갈릴레오 갈릴레이(Galileo Galile)도 시몬 스테빈에게 많은 영향을 받았다. 그렇기 때문에, 이 책을 시작하는 영광을 스테빈에게 바친다.

어둠 속에서 더듬기

어느 날, 한 남자가 술에 취해 가로등 불빛 아래에서 열쇠를 찾고 있었다. 그 광경을 본 지나가던 행인이 남자를 친절하게 돕기 시작했다. 그러나 아무 소득이 없었다. 행인은 남자에게 정말 이 장소에서 열쇠를 잃어버렸는지 물었다. 그러자 취한 남자는 어깨를 으쓱하며 중얼거렸다. "아니요. 하지만 적어도 여기에는 빛이 있잖아요."[3] 이 말을 달리 표현하자면 자연이 안겨주는 수많은 비밀을 풀 수 있는 법칙, 즉 열쇠를 찾는 것은 우리 몫이라고 볼 수 있다. 당연히 빛이 비치는 곳에서 찾겠지만 이는 그것이 우리가 볼 수 있는 전부이기 때문이다. 그러나 점점 더 어둠 속에서도 열쇠를 찾아야 한다는 점이 명확해질 것이다.

---

3 Giorgio Parisi, La chiave, la luce e l'ubriaco, 2006.

1.2 갈릴레오 갈릴레이의 발견

옛날에 공부는 좋아하지만 교회에 가는 것을 좋아하지 않았던 한 젊은이가 있었다. 이 젊은이는 바로 갈릴레오 갈릴레이(1564~1642년)였다. 어느 날, 피사 대성당 천장에 체인으로 매달린 램프가 좌우로 흔들리는 모습이 그의 주의를 끌었다.[4] 갈릴레오 갈릴레이는 크로노미터(정밀한 시계)가 없었기 때문에 자신의 심장 박동을 이용해 그 램프가 한쪽 끝에서 다른 쪽 끝으로 흔들리는 데 걸리는 시간을 측정했다. 이 단순한 실험을 통해 갈릴레이는 직관에 반하는 법칙을 발견했다. 그것은 바로 진자의 진폭이 아무리 크더라도, 진자가 흔들리는 데 걸리는 시간은 항상 동일하다는 사실이었다.

> 갈릴레이는 그 램프가 흔들리는 것을 보고
> 이 주제에 깊이 빠져들게 됐다.
> 그는 진자를 연구하며
> 모든 법칙을 손에 쥐었다.
> 이제 직관은 그를 속일 수 없었다.

갈릴레오 갈릴레이는 동시대인의 영향을 많이 받았을 것이다. 그러나 '낙하 실험 2.0'을 통해 현대 과학의 아버지는 스테빈보다 한 걸음 더 나아갔다. 그는 과학적 초점을 시간과 시간 간격의 개념으로 돌렸다. 하지만 그걸 설명할 수가 없었다. '시간'과 같은 추상적인

---

[4] 현대 전기 작가들은 이 일화의 진정성에 의문을 제기한다. 왜냐하면 그 특정 램프는 갈릴레이가 방문했다는 해보다 2년이 지난 1585년에야 성당에 걸렸을 가능성이 있기 때문이다.

개념의 메커니즘을 이해하기 위해서는 유일하게 수학에만 의지할 수 있었다. (참고로, 네덜란드어의 '수학(wiskunde)'이라는 단어는 '자연 과학'과 '기하학'처럼 시몬 스테빈이 도입한 단어로, '확실한 계속성(wis const)' 또는 '지혜의 기술(de kunst van het wijze)'이라는 말에서 파생되었다. 이는 모두 숫자와 확실성에 기반한 것이다.)

어느 맑은 별이 빛나는 밤, 피사의 고요한 사이프러스 나무들 사이에서 갈릴레오 갈릴레이는 자신의 예감에 점점 확신을 갖게 됐다. 자신의 혁신적인 발명품인 망원경을 통해 하늘을 바라보던 그 순간, 모든 게 선명해졌다. 그리고 이런 생각이 그의 머릿속을 스쳐 지나갔다. '만약 다른 문명을 포착하게 된다면? 어떤 언어로 대화해야 할까?'

스테빈의 네덜란드어로는 당연히 통하지 않았을 것이다. 그래서 생각했다. '그렇다면…? 수학이다!' 그리고 비록 그 순간에도 여전히 흔들리는 물체에 대한 공식을 발견하지는 못했지만, 수학이 자연을 설명하는 열쇠라는 통찰은 그 자체로도 혁명적이었다. "책은(책이라 쓰지만 자연이라 읽는다) 수학의 언어로 쓰여 있으며, 그 지식 없이는 (그 책의) 단어 하나도 이해할 수 없다"는 것이었다.

자연 법칙은 우리와 무관하게 존재한다. 이게 바로 핵심이다. 인간이 자연을 설명하기 위해 수학을 발명한 것이 아니라, 수학이 바로 자연의 언어다. 그리고 실험은 과학자들이 때때로 그 언어의 어휘를 확장하도록 강요한다. 수학 덕분에 실험 결과가 객관적이고 불변하며 언제 어디서나 동일한 결과를 도출한다. 지구에서도, 그리고 화성에서도 마찬가지이다. 하지만 더 흥미로운 것은 미래에 발생할 일이다. 수학적 모델을 통해 우리는 예측할 수 있고, 그 예측을 실험으로 반증할 수 있다.[5] 이게 바로 물리학이다.

갈릴레이는 물리학을 수학으로 변환하고 이를 철학과 종교로부터 분리시켰으며, 이로 인해 교회와 다른 회의론자들의 분노를 사게 되었다. 수 세기 후, 양자역학은 그 극단적인 응용이 되었다. 오직 (매우) 추상적인 수학 덕분에 자연의 거의 모든 것을 예측하고 설명할 수 있다. 세상의 모든 것은 수학적 함수로 설명할 수 있다. 우리의 귀에 들려오는 소리조차도 함수다!

그뿐만이 아니다. 눈에 보이는 빛, 입자가 시간 내에 이동하는 경로, 작은 카페에서 느껴지는 열기, 무언가를 측정해 결과를 얻어낼 수 있는 확률, 아마존 숲에서의 나비 날갯짓이 오스트아커(벨기에 도시인 겐트의 한 자치구)의 날씨에 미치는 영향까지 함수는 세상을 설명한다. 모든 것은 상대성 속에서 함수로 존재하기 때문이다. 또 우리는 수학을 단지 단어로만 이해하고 표현할 수 있다. 다시 말해 수학을 통해 물리학 이론을 설명할 수 있다. 그리고 강력한 이론 뒤에는 대가가 존재했다. 다음 장에서 다룰 대가가 바로 아이작 뉴턴이다.

1.3 사자는 발톱으로 알아볼 수 있다

1665년 전염병이 유럽을 마비시켰고, 대학들은 문을 닫았다. 케임브리지대 대학생이자 이제 갓 스무 살이 된 아이작 뉴턴(Isaac Newton, 1642~1727년)은 런던에서 약 백 킬로미터 떨어진 울즈소프에 위치한 부

---

5 물리학에서는 이론이 옳다는 것을 증명할 수 없다. 오직 틀렸다는 것만을 입증할 수 있다. 이것이 우리가 '반증'이라고 말하는 이유다. 실험이 맞는다고 해서 이론이 옳다는 것을 보장할 수는 없다. 이론은 오직 우연히 옳을 수도 있다는 뜻이다.

모님 댁에서 자발적인 격리 생활을 시작했다. 뉴턴은 그 고립된 시기에 진정한 '기적의 해'를 경험했다. 그 누구도 그렇게 짧은 시간 동안 뉴턴만큼 새로운 개념을 많이 도입하고 물리학에 대한 통찰을 얻지 못했다.

뉴턴은 런던보다 더 멀리 여행한 적이 없었고 심지어 (파도를 좋아했음에도) 바다를 보러 간 적도 없었다. 그는 여성의 사랑을 받은 경험이 없다. 심지어는 3살 때부터 할머니에게서 길러졌기에 그는 어머니의 사랑도 받아보지 못했다. 알려진 바에 따르면 뉴턴의 고약한 성격이 그에 한몫했다고 하지만, 여기서는 그다지 중요치 않은 이야기다.

당시 물리학자들은 행성들의 궤도를 어떻게 설명할지 크게 고민했다. 아니, 당시 학문 수준으로는 해결할 수 없는 문제였기에 설명할 방법이 부족했다고 보는 게 맞을 수도 있다. 뉴턴은 이를 아쉽게 여겨 새로운 공식을 발명하기로 한다. 어차피 누군가는 해야 할 일이었다. 그렇게 나온 것이 미적분이라고도 알려진 미분 및 적분학이다. 입자들의 위치와 속도, 그리고 그 사이의 힘을 알면, 미적분을 통해 입자의 과거와 미래를 알 수 있다. 결국 세상의 모든 것은 움직임이나 변화로 환원되기 때문이다.

흐르는 시간, 자라는 풀, 도는 행성, 회전하는 전자, 그리고 뛰어오르는 고양이까지 모든 것은 서로 영향을 미치며 시간의 함수로서 변화한다. 이렇게 미적분을 통해 뉴턴은 당시 물리학의 가장 큰 문제를 해결했다. 같은 공식으로 행성들의 궤도뿐만 아니라, '뉴턴이 목격한 것으로' 유명한 사과가 나무에서 멀리 떨어지지 않는 이유 또한 설명할 수 있었다.

아이작 뉴턴

당시의 수준에서, 이 두 현상을 같은 법칙으로 설명할 수 있었다는 건 상당히 놀라운 일이었다. 뉴턴 이전까지는 다들 머리 위 하늘에서 일어나는 모든 일을 다루는 과학과 지구상의 모든 생명에 대한 과학이 서로 완전히 다른 학문이라 여겼기 때문이다. 스테빈과 갈릴레이의 활공 및 비행 연구도 (드디어!) 수학적 용어로 표현할 수 있었다. 뉴턴은 갈릴레이가 실패했던, 수학을 통해 가속되는 물체의 행동을 설명하는 데도 성공했다.

한때 토끼와 거북이가 있었고
제논의 역설이 보여준 게 있다.
자신의 한계를 모르는 자는
움직임을 부정하고
뉴턴의 미적분을 과소평가한다.

뉴턴 vs 라이프니츠

뉴턴의 저서 『자연철학의 수학적 원리』, 일명 『프린키피아』가 출판된 지 9년 후, 세계에서 가장 뛰어난 과학자들이 한 대회에 참가하고자 한자리에 모였다. 이 대회는 수학자 요한 베르누이(Johann Bernoulli)와 고트프리트 빌헬름 라이프니츠(Gottfried Wilhelm Leibniz)가 주최한 것으로, 과학자들에게 6개월의 시간을 주고 그들이 제시한 깊이 있는 문제를 풀도록 했다. 문제는 구슬이 점 A에서 낮은 점 B로 가장 빠르게 굴러가는 궤도의 형태를 찾는 것이었다.

이 문제를 받았을 때 뉴턴의 머릿속에는 천재적인 아이디어가 폭포수처럼 쏟아졌을 것이다. 그는 불과 12시간 만에 문제를 해결했다. 자신의 최대 라이벌인 라이프니츠를 신뢰하지 않았던 뉴턴은 자신의 해답을 익명으로 제출했다. 하지만 이는 소용이 없었다. 위대한 수학 천재의 정체는 티가 났고, 인정해야만 했다. 베르누이가 딱 맞는 표현을 했다. "우리는 그의 발톱으로 사자를 안다"라고.

라이프니츠와 뉴턴의 경쟁은 처음에는 누가 미적분을 먼저 발견했는지에 대한 사소한 논쟁으로 보였으나, 이 주제는 결코 하찮은 것이 아니었다. 이는 미적분의 발견자에 관한 것으로, 미적분 발견은 과학 역사상 가장 중요한 발견 중 하나였다. 현재, 역사가들은 뉴턴과 라이프니츠가 독립적으로 미적분을 발견했다는 데 동의하며, 뉴턴이 먼저였음을 인정한다.

여기서 명심하고 지나가야 할 것이 있다. 뉴턴의 자연 법칙과 미적분은 거의 동시대의 철학자 데카르트(René Descartes)의 철학적 모델을 따랐다. 이 모델은 우연을 허용하지 않고 임의성을 인정하지 않는다. 뉴턴에게 우주는 그의 부엌에 있는 시계만큼이나 예측 가능했다. 오후 2시가 지나면 2시 30분이 되고, 60분이 한 시간을 만들고, 오늘처럼 내일도 하루는 24시간이다.

뉴턴의 눈에는 우주도 마찬가지였다. 그에게는, 만약 특정 시점에서 모든 입자(별, 행성, 위성, 사과 등)의 위치와 속도를 안다면, 그 입자들이 x 시간 후에 어디에 있을지, 그리고 어두운 과거에 어디에 있었는지를 밀리초 단위로 정확하게 결정할 수 있었다.

이상의 내용을 종합하면, 주저함이나 과장 없이 뉴턴이 고전 물리학 전체의 기초를 이루었다고 결론지을 수 있다. 그러나 어느 시점에서는 뉴턴의 고전 물리학이 가장 작은 것을 설명하는 데 부족하다는 사실이 드러날 것이며, 그 자리를 양자역학의 법칙이 대체하게 될 것이다. 또 뉴턴의 이론은 가장 큰 것을 설명하거나 빛의 속도에 가까운 현상을 설명하는 데도 한계를 드러내며, 이 부분에서는 아인슈타인이 자신의 상대성 이론으로 개입하게 된다. 뉴턴의 결정론적 세계관 또한 타격을 받을 것이다. 양자역학에서는 우연이 중요한 위치를 차지하기 때문이다.

양자역학에서는 모든 것이 임의성과 확률의 은총 아래 존재한다. 심지어 양자역학은 뉴턴의 이론을 약화시키기 위해 뉴턴의 미적분을 사용하기까지 했다. 이 과정에서 새로운 수학 지식이 필요하지 않았다는 점이 흥미롭다. 미적분 공식들은 단지 근본적으로 다른 방식으로 해석되었을 뿐인데, 이는 곧 파동 함수와 확률이라는 개념으로 해석되었다. 이 두 개념은 다음 장에서 설명될 것이며, 이 이야기의 핵심이 된다.

양자역학과 미적분 사이에 존재하는 분명한 공통점은 '비합리적인 실용성' 또는 '비합리적인 적용 가능성'이다. 전자(electrons)가 핵 주위를 도는 방식을 설명하기 위해 처음 고안됐던 양자역학은 궁극적으로 기대했던 것보다 훨씬 더 광범위하게 적용 가능하다는 것이 밝혀졌다. 유진 위그너(Eugene Wigner, 1902~1995년)는 자연과학으로서의 수학이 가진 '비합리적 실용성'에 대해 다음과 같이 아름다운 말을 남겼다.

"우리는 여기서 마치 수천 개의 논리를 모순 없이 연결할 수 있는 인간의 두뇌와도 닮은 기적, 혹은 두 가지 또 다른 기적과 마주하고 있다는 인상을 떨칠 수 없다. 두 가지 기적 중 하나는 자연법칙이 존재한다는 사실이며, 또 다른 하나는 인간이 이를 발견하고 정확히 이해할 수 있는 능력이다."

시몬 스테빈은 네덜란드어가 과학을 연구하는 데 적합한 언어가 되도록 힘쓴 인물이다. 갈릴레이는 구어체를 수학으로 대체했으며, 뉴턴의 미적분을 통해 수학은 절대적인 정점을 이루었다. 뉴턴은 요약하자면 최초의 진정한 과학자였다. 혹은, 마지막 마법사라고 표현할 수도 있다. 뉴턴의 시대 이전에는 어떤 것들(모든 것이 아닌)을 설명하기 위해 저마다 무엇인가를 시도하고 이런저런 이론을 섞어가며 직감을 발휘하고 수없이 인내하는 나날의 연속이었다. 갑자기 행성들이 태양 주위를 돈다는 사실이 받아들여졌지만, 그 이유를 설명할 수 있는 사람은 없었다. '왜'라는 질문은 단순히 물음표로 남아 있었다.

갈릴레이와 스테빈이 '과학적 방법'을 소개했지만, 그것에 명확한 형태를 부여한 것은 뉴턴의 공로였다. 이는 당연히 새로운 통찰, 새로운 접근법, 새로운 도구 상자와 그 이후 수세대의 노력이 요구되었다.

이러한 혁신을 우리의 다음 거인이자 천문학자이자 수학자인 해밀턴 경에게 두 번 말할 필요는 없었다.

사과

"[뉴턴은] 우리의 크리스토퍼 콜럼버스다. 그는 우리를 새로운 세계로 이끌었으며, 나도 그곳을 여행하고 싶다."

뉴턴을 떠올리면 자연스럽게 사과 이야기가 떠오른다. 그러나 이 사과 이야기는 작가이자 철학자이며 열렬한 뉴턴의 지지자였던 위 문구의 저자, 프랑수아-마리 아루에(François-Marie Arouet, 1694~1778년), 즉 볼테르(Voltaire)의 창의적인 머릿속에서 나온 것이다. 볼테르의 떨어지는 사과 이야기는 사실보다는 상상에 더 가깝지만, 그는 이를 통해 뉴턴을 친근하게 만들고 그의 이론을 대중에게 쉽게 다가갈 수 있도록 했다.

참고로, 볼테르의 일부 작품에서 과학적 근거가 돋보이는 이유가 궁금하다면, 그 해답은 에밀리 뒤 샤틀레(Émilie du Châtelet, 1706~1749년)의 영향에서 찾을 수 있다.

수년 동안 볼테르와 에밀리 뒤 샤틀레는 서로의 삶 속에서 '최고의 세상'을 만들어갔다. 그들은 사랑, 문학, 연극, 학문과 연구로 일상을 가득 채웠다. 특히 에밀리 뒤 샤틀레는 근대 최초의 진정한 여성 학자로 주목받았다. 물리학자이자 수학자로서 그녀는 단순한 명제에서부터 굉장히 복잡한 문제까지 해결했으며, 남성 중심의 과학계조차 그녀가 뉴턴의 학문적 전당에 자리 잡는 것을 막지 못할 만큼 큰 영향력을 갖추었다.

뒤 샤틀레의 가장 중요한 업적은, 뉴턴의 『프린키피아』를 (라틴어에서!) 프랑스어로 번역한 것이다. 그러나 그녀의 업적은 단순히 번역에 그치지 않았다. 텍스트에 자신의 주석을 덧붙이며 특히 에너지 개념에 관련된 핵심적인 통찰을 제시했다. 뒤 샤틀레는 에너지가 창조되거나 소멸될 수 없고, 단지 한 형태에서 다른 형태로 변환될 수 있다는 사실을 보여줬다.

또 그녀는 뉴턴과 라이프니츠 간의 논쟁을 해결했는데, 운동 에너지가 속도와 비례한다는 뉴턴의 주장이 아니라, 속도의 제곱에 비례한다는 라이프니츠의 주장이 옳음을 밝혀냈다. 뉴턴이 미적분학에서는 승리했을지 모르지만, 운동 에너지에 관한 이 부분만큼은 라이프니츠의 손을 들어준 것이다. 에너지에 대한 뒤 샤틀레의 통찰은 한 세기 후 윌리엄 해밀턴(William Hamilton)과 조제프-루이 라그랑주(Joseph-Louis Lagrange)의 연구와 함께 양자역학의 기초를 다지는 데 중요한 역할을 했다.

뒤 샤틀레는 마흔이 넘은 나이에, 볼테르가 아닌 다른 남자와의 사이에서 아이를 갖게 되었다. 늦은 나이에 임신했기에 건강에 불안을 느낀 그녀는 번역 작업을 서둘러 마무리하려고 했다. 아이는 건강하게 태어났지만, 뒤 샤틀레는 출산 후 얼마 지나지 않아 세상을 떠났다. 그녀의 죽음은 볼테르에게 깊은 충격을 주었고, 그의 세계를 송두리째 흔들어 놓았다.

그러나 볼테르는 상실감을 딛고, 프랑스를 떠나기 전 온 힘을 다해 (명예를 걸고) 샤틀레의 번역본, 『아이작 뉴턴의 자연철학의 수학적 원리 (Principes mathématiques de la philosophie naturelle d'Isaac Newton)』를 그녀의 사후에 출판하도록 했다. 이 책은 현재까지도 과학과 철학의 중요한 참고서로 자리매김하고 있다.

마지막으로, 에피쿠로스주의자들에게는 뒤 샤틀레의 철학적 에세이 『행복에 관한 담론(Discours sur le bonheur)』(1779)을 추천한다. 기억할 것은, 그녀의 업적을 기려 금성의 한 분화구에 그녀의 이름을 붙였다는 사실이다. 우리는 이 책에 그녀에 대한 감사의 마음을 담고 싶다.

1.4 수리수리미적분

어느 날, 윌리엄 로완 해밀턴 경(Sir William Rowan Hamilton, 1805~1865년)은 사랑에 빠졌다. 이는 결코 평범한 사랑이 아니었다. 천문학자답게, 마치 하늘의 별들까지 따다 줄 것 같은 열정적인 사랑이었다. 1843년 10월 16일 평범한 날, 해밀턴은 자신의 서재를 떠나 사랑하는 이와 함께 산책에 나섰다. 두 사람이 로열 운하(Royal Canal)를 가로지르는 다리 근처에 이르렀을 때, 그는 문득 한 가지 특별한 통찰을 얻었다. 마치 하늘에서 떨어진 번뜩이는 영감 같았다. "오늘 저녁 뭐 먹지?" 같은, 답 없는 고민을 하던 중 그의 머릿속에 수학적 혁명이 일어난 것이다. 그 순간의 흥분을 참을 수 없었던 그는 사랑하는 이의 이름 대신, 자신의 수학적 발견을 다리의 돌에 새기기로 결심한다. 그리고 그 돌에는 해밀턴의 놀라운 통찰, 곧 이 시적인 공식이 새겨졌다.

$i^2 = j^2 = k^2 = i \cdot j \cdot k = -1$ (참고로, 여기서 ·은 곱셈을 의미한다.)

이것은 복소수를 4차원으로 확장한 사원수(쿼터니언)의 정의였다. 해밀턴은 마치 이렇게 외치는 듯했다. "사원수야, 내 사랑! 이걸 먹어봐! 그게 바로 복잡한 숫자를 4차원으로 확장하는 방법이야! 교환법칙 따윈 잊어버려도 돼!"

로열 운하 위의 해밀턴다리

    실망감을 숨긴 채 벤치 곁에서 조용히 고개를 끄덕이는 연인을 뒤로하고, 해밀턴은 그날 그의 이름을 수학사의 영원한 기념물로 새겼다. 이 작은 행위는 선형 대수학과 행렬역학의 기초를 다지는 계기가 되었다. 오늘날, 매년 10월 16일이면 많은 이들이 '해밀턴 산책로(Hamilton Walk)'를 걸으며 그를 기린다. 과학계가 해밀턴에게 얼마나 큰 빚을 지고 있는지를 증명하는 일이다.

    이야기를 계속하기 전에 잠깐 복소수와 사원수에 대해 반드시 알아볼 부분이 있다. 수학과 양자역학이 때로 복잡하게 느껴지는 이유는 주로 복소수를 사용하기 때문이다. 일반 사람들은 9, 14, -65, 3.14, $-\sqrt{2}$와 같은 실수를 이용해 계산한다. 실수의 제곱은 항상 양의 값을 가진다. 어떤 수를 자신과 곱하면 항상 양수가 되기 때문이다. 하지만 수학적으로 조금 더 깊게 사고하는 사람들은 실수 외에도 i라는 허수라는 개념을 사용한다. i는 항상 -1의 제곱근을 나타낸다. (즉, $i \cdot i$ = -1, $10 \cdot i$는 -100의 제곱근이다.)

복소수는 두 가지 구성 요소로 이루어져 있다. 하나의 실수와 하나의 허수가 항상 결합된 형태다. 복소수는 다소 기묘한 존재이지만, 복잡한 문제를 다루는 사람들의 삶을 훨씬 쉽게 만들어준다. 양자역학이 등장하기 전까지, 복소수는 시간에 따른 변화 과정을 설명하는 미분 방정식을 훨씬 더 빠르고 효율적으로 해결할 수 있는 또 다른 수학적 기법으로 여겨졌다. 그러나 양자역학의 발전과 함께 복소수는 단순한 수학적 도구 역할을 넘어서 없어서는 안 될 존재로 완전히 자리 잡았다. 놀라운 점은 자연 현상이 복소수로만 설명될 수 있다는 것이다.

다시 본론으로 돌아가자면, 해밀턴은 한발 더 나아가 사원수를 통해 양자역학의 수학적 기초를 마련했다. 물론 그 수학적 기초는 매우 복잡하다. 해밀턴의 사원수는 '일반적인' 복소수처럼 두 개의 구성 요소로 이루어진 것이 아니라, 네 개의 구성 요소로 이루어져 있다. 실수 1과 복소수 i 외에도 j와 k가 추가된다.

사원수의 가장 중요한 특성은 비가환성이다. 이는 $i \cdot j$가 $j \cdot i$와 같지 않다는 것을 의미한다. 예를 들어, 수영장에 물을 채운 후 뛰어드는 것과, 수영장에 뛰어든 후 나중에 물을 채우는 것은 같은 결과를 내지 않는다. 정확히 말하면, $i \cdot j = -j \cdot i$이다.

사원수는 결합성을 유지한다. 이는 $a \cdot (b \cdot c) = (a \cdot b) \cdot c$와 같이, 순서는 바꿀 수 없지만, 괄호의 위치를 바꿔도 결과가 변하지 않는다는 뜻이다. 즉, 먹기 전에 달걀을 삶아서 껍질을 벗기는 것과, 달걀을 먼저 삶아두고 먹기 전에 껍질을 벗기는 것은 다르지 않다는 말이다. 이렇게 비가환성을 보이지만 결합성을 가진 사원수의 이중적 속성은 완전히 새로운 세계를 열었고, 이후 양자역학의 기초 역할을 했다.[6]

$$A = \begin{bmatrix} a_{11} & a_{12} & \cdots & a_{1n} \\ a_{21} & a_{22} & \cdots & a_{2n} \\ \vdots & \vdots & \ddots & \vdots \\ a_{m1} & a_{m2} & \cdots & a_{mn} \end{bmatrix}$$

m개의 행과 n개의 열로 이루어진 행렬

곧 1, i, j, k를 사용하는 계산 방식이 다소 복잡하다는 것이 분명해졌다. 더 간단한 방식이 필요했고, 실제로도 더 단순화할 수 있었다. 이를 위해 계산을 행렬로 전환하는 방법이 도입됐다. 행렬은 복소수로 채워진 행과 열로 구성된 큰 체스판에 비유할 수 있다. 예를 들어 다음과 같은 형태가 있다.

행렬로 전환함으로써 비가환적 구조를 훨씬 더 흥미로운 시스템에 적용할 수 있었다. 뉴턴의 이론이 하나의 입자가 그 위에 작용하는 힘의 함수로 어떻게 진화하는지를 설명할 수 있도록 했다면, 행렬은 동일한 작업을 훨씬 많은 입자들, 즉 다입자 시스템에 대해 수행할 수 있게 했다.

이 시스템에서는 각 입자가 서로에게 힘을 가한다. 행렬의 숫자는 입자들이 서로를 얼마나 끌어당기거나 밀어내는지를 나타내며, 이를 바탕으로 모든 입자가 시간이 지남에 따라 어떻게 진화할지를 예측할 수 있다.

여기서 중요한 역할을 하는 것이 고유진동수다. 모든 행렬에는

---

6 양자역학 애호가들을 위해 덧붙이자면, 80년 후 사원수는 다시 등장하게 된다. 이번에는 유명한 파울리 스핀 행렬의 형태로 나타나는데, 이는 전자의 스핀을 설명하는 데 사용된다.

고유한 진동수가 있으며, 이는 다입자 시스템의 특성(즉 진동)을 나타낸다. 왜냐하면 모든 시스템은 진동하기 때문이다. 이 진동이 바로 입자들이 어떻게 움직이는지를 결정한다.

지극히 평범한 사원수

이 모든 추상적인 구조는 구체적으로 어디에 사용될까? 사원수와 행렬은 오늘날 스마트폰, 게임 콘솔, 그리고 우리 삶의 일부가 된 모든 디지털 화면 처리 기술에서 핵심적인 역할을 한다. 만일 열정적인 학생이 VR 헤드셋을 이용해 로열 운하의 해밀턴 산책로를 가상으로 구현하고자 한다면, 그는 우리를 그 유명한 다리 한쪽 끝에서 다른 쪽 끝으로 순식간에 데려다줄 수 있을 것이다. 가령, 극히 희귀한 아일랜드 흰눈솔새가 머리 위를 날아가는 모습을 관찰한다고 해보자. 급격한 움직임에도 VR 화면이 항상 선명하게 유지되도록 하고 싶다면, 디지털 회전을 사원수로 코딩해야만 가능하다. 사원수의 수학은 초고속 이미지 처리 알고리듬의 필수 요소이기 때문이다.

일상적으로, 행렬은 현대 정보 처리에서 필수 불가결하다. 예를 들어, 구글의 유명한 페이지랭크(PageRank) 알고리듬은 거대한 행렬의 고유진동수를 계산하는 데 기반을 둔다. 이뿐만 아니라 행렬은 헤지펀드에서 사용하는 알고리듬, 인공지능의 신기술인 챗GPT, 날씨 예측, 또는 구글 맵에서 로마로 가는 모든 길을 찾는 데까지도 활용된다.

고전 다입자 시스템의 가장 간단한 예는 기타, 피아노, 만돌린과 같은 악기의 현(絃)이다. 이러한 현의 수학적 모델은 상호작용하는 많은 원자(입자)로 구성되어 있다는 사실에서 출발한다. 예를 들어, 도(do) 현은 해당 현에 대한 행렬로 설명되며, 이 행렬의 '고유진동수'(서로 다른 음)가 현이 내는 소리를 결정한다. 도 현(C 현)을 울리면 기본음 주파수의 배수에 해당하는 고차음도 불가피하게 함께 울린다.

각각의 현은 자신만의 행렬과 고유진동수를 가지고 있으며, 따라서 매우 제한된(불연속적인) 수의 음만 낼 수 있다. 물리학에서는 이러한 '제한'을 양자화라고 부른다. 하나의 현을 치면, 그 현의 서로 다른 음이 동시에 울리게 되며, 어떤 음은 더 크고 어떤 음은 더 작게 들린다. 이러한 현상은 우리를 물리학에서 중요한 개념인 중첩으로 이끈다.

다음 그림에서는 한 무심한 손이 도 현을 당기는 모습을 보여준다. A와 B는 현이 고정된 지점을 나타낸다. 들리는 소리는 다양한 음의 합(혹은 중첩)이다. 이 중첩은 현을 당길 때의 형태(함수)에 의해 결정된다. 어떤 함수라도 여러 파동의 중첩으로 표현할 수 있다는 성질은 수학에서 중요한 도구 중 하나인 푸리에 해석의 기초를 이룬다. 프랑

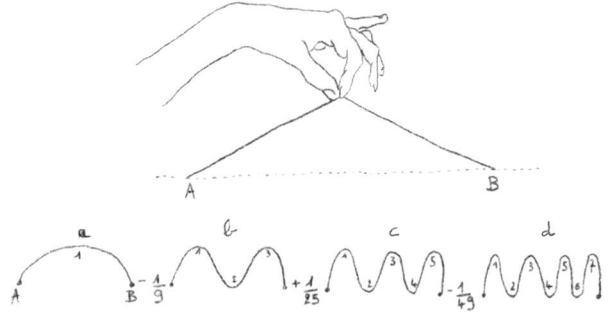

현의 삼각형 형태는 기본음(a)과 여러 배음(b, c, d, …)의 중첩(합)으로 구성된다. 이 배음들은 모두 기본음 주파수의 배수다.

스 수학자 장밥티스트 조제프 푸리에(Jean-Baptiste Joseph Fourier, 1768~1830년)는 열이 물질 내에서 어떻게 전달되는지를 설명하기 위해 이 분석법을 개발했다.

여담이지만, 푸리에는 자신의 체온을 조절하는 데 꽤 어려움을 겪었다. 그는 항상 추위를 탔으며, 옷을 여러 겹 겹쳐 입는 것이 일상이었다. 두꺼운 스웨터를 몇 겹이나 껴입는 것을 선호했지만, 그것으로도 충분하지 않았다. 그는 생의 마지막 날을 검은색 판지 상자 안에서 보냈는데, 오직 그곳에서만 자신의 체온을 어느 정도 조절할 수 있었다고 한다.

악기의 음색은 배음의 음량(즉, 현이 위아래로 얼마나 크게 진동하는지의 정도)과 각 진동이 최대에 도달하는 시점(위상)에 의해 결정된다. 원칙적으로는 이들 음의 진폭과 위상의 조합(혹은 중첩)이 어떤 형태로든 가능하다. 앞쪽 그림에서는 기본음의 주파수가 1로 설정되어 있다. 배음 b는 기본음 주파수의 세 배이며, 기본음보다 아홉 배 더 약하게 들린다. 배음 c는 기본음 주파수의 다섯 배이며, 스물다섯 배 더 약하게 들리고, 배음 d는 기본음 주파수의 일곱 배로, 기본음보다 사십구 배 더 약하게 들린다.

이 기술적 설명은 다소 앞서 나가는 내용처럼 보일 수 있지만, 여기에는 이유가 있다. 양자역학의 선구자였던 하이젠베르크와 슈뢰딩거의 가장 중요한 통찰 중 하나는 단일 양자 입자, 예컨대 전자의 행동이 다수의 고전적 입자, 예를 들면 현을 설명하는 데 사용되는 수학과 공식으로 동일하게 설명될 수 있다는 사실이었다.

대체 어떻게 이런 일이 가능할까? 어떻게 하나의 물방울을 하나의 파도로 정의할 수 있을까? 이를 이해하려면 직관적인 사고를 잠시 멈추고 양자 논리를 받아들여야 한다. 그렇게 하면, 양자 입자의 에너지 수준이 양자화되어 있으며(이것이 바로 '양자역학'이라는 명칭의 유래), 양자 입자는 입자적 특성과 파동적 특성을 동시에 가진다는 점, 그리고 현과 마찬가지로 여러 파동의 중첩 상태로 존재하며 심지어 동시에 여러 위치에 존재할 수 있다는 점을 이해하게 될 것이다.

요약하자면, 양자 입자는 파동 방정식, 즉 양자역학의 파동 함수로 설명할 수 있다. 파동 함수의 진화는 해밀턴 경의 이름을 딴 무한히 큰 행렬인 해밀토니안(양자역학에서 계의 에너지를 나타내는 연산자)에서 비롯되며, 이는 양자역학의 모든 계산의 기초가 된다. 만약 지금 이 내용이 모호하게 느껴지고 쓸데없이 어렵다고 해도 걱정하지 마시라. 다음 장에서는 이 파동을 더욱 상세히 탐구할 것이다.

2장 요약

- 대칭(symmetry)은 물리학에서 가장 영향력 있는 개념이다. 자연법칙은 오직 하나의 신을 따른다. 바로 대칭이다.
- 대칭은 깨지면 파괴된다. 하지만 그로 인해 물질의 다양성 속에서 질서와 구조가 생긴다.
- 군론(group theory)은 대칭의 수학이다.
- 주요 인물들: 에미 뇌터, 레프 란다우, 에바리스트 갈루아, 볼프강 파울리.

2장
대칭

2.1 대칭의 질서

에미 뇌터(Emmy Noether, 1882~1935년)는 물리학에서 대칭에 관해 위대한 업적을 남긴 인물이다. 그녀가 너무 이른 나이에 세상을 떠났을 때, 아인슈타인은 《뉴욕 타임스》에 다음과 같이 썼다.

"뇌터 여사는, 여성이 고등교육을 받을 수 있게 된 이래로 가장 중요하게 여겨진 창조적 수학 천재다. 수 세기 동안 가장 영리한 수학자들이 종사해 온 대수학 분야에서 그녀는 현재 세대의 젊은 수학자들에게 입증된 매우 중요한 방법들을 발견했다."

에미 뇌터는 물리 법칙의 변화와 움직임을 다루면서도 그것이 갖

에미 뇌터

는 중요한 불변의 성질에 주목했다는 통찰 덕분에 크게 칭송받았다. 그녀는 물리 법칙이 왜 존재하는지 이해할 수 있는 열쇠를 찾아냈다. 뉴턴이나 갈릴레이가 특정 법칙을 '추측'했던 것처럼, 뇌터 또한 천재적으로 이 모든 법칙의 배후에 있는 하나의 조직적 원리, 즉 대칭을 발견했다. 뇌터는 뉴턴의 보존 법칙이 바로 이 대칭 때문에 존재한다는 사실을 증명했다. 대칭은 자연의 구성 요소일 뿐만 아니라 물리학의 근본적인 DNA를 이루는 부분이며, 그 가장 아름다운 응용은 양자역학에서 볼 수 있다.

에미 뇌터의 정리는 다소 기술적인 추론에 기반하고 있다. 사과가 나무에서 떨어져도 (그리고 먹혀도) 사과의 총 에너지는 손실되지 않는다. 에너지가 보존되는 것은 자연법칙이 시간에 따라 변하지 않는다는 사실에서 비롯된다. 운동량이 보존되는 것은 이런 법칙이 어디에서나 동일하기 때문이다. 이는 시간 불변성과 변환 불변성을 각각 나타낸다.

하지만 여기에 더해, 운동 에너지가 속도의 제곱에 비례한다는 사실은 물리 법칙이 갈릴레이 변환 아래에서도 불변(대칭)이기 때문이다. 갈릴레이 변환은 항해 중인 배나 항구에 정박해 있는 배에서 수행된 실험들 사이에 차이가 없어야 한다는 주장에서 유래한다. 아인슈타인의 상대성 이론 역시 결국은 대칭성을 중심으로 전개된다. 이 이론은 갈릴레이의 사상을 기반으로 하지만, 그보다 한 걸음 더 나아간다. 상호작용이 즉각적으로(순간적으로) 발생하는 것이 아니라, 빛의 속도로 전파된다는 원칙을 중심으로 한다.

뇌터의 소년들

학생 시절, 에미 뇌터는 대학 강의실 뒷자리에서 몰래 수업을 들었다. 당시 독일에서 여성이 고등교육을 받는 건 금지된 일이었기 때문이다. 그러나 결국 당대 최고의 수학자였던 다비드 힐베르트(David Hilbert)의 지원으로 괴팅겐대학교의 수학부 교수진에 합류할 수 있었다. 비판자들이 그녀의 임용을 반대하자 힐베르트는 다음과 같이 말했다.

"누군가의 성별이 임용을 반대할 이유라고 생각하지 않습니다. 여기는 목욕탕이 아니라 대학입니다."

뇌터는 교수로 임용되고 곧 학문적으로 큰 명성을 얻게 되었다. 그녀의 학생들은 '뇌터의 소년들'로 불리기 시작했다. 뇌터는 범주 이론이라는 새로운 수학적 분야를 개발했으며, 이 이론은 오늘날 수학과 이론 물리학에서 가장 활발한 연구 영역 중 하나로 자리 잡았다. 그녀는 지식을 열정적으로 공유했을 뿐 아니라 끊임없이 새로운 통찰을 얻어 대수학계를 여러 번 뒤흔들었다.

1933년, 유대인이었던 뇌터는 나치 정권을 피해 미국으로 망명했다. 그녀는 펜실베이니아주의 브린모어칼리지 교수로 초빙되었고, 그곳에서는 오직 '뇌터의 소녀들'이 강의실을 채웠다. 그러나 그녀는 그 후 불과 2년 만에 종양 때문에 너무 이른 나이에 세상을 떠났다.

이론 물리학에서 거의 모든 주요 돌파구는 자연에서 대칭이 나타나는 새로운 방식이나 이를 해석하는 새로운 방법의 발견에서 비롯되었다. 가장 간단한 예는 멘델레예프의 주기율표이다. 이 표의 주기성은 원자의 회전 대칭성이 어떻게 표현되는지를 반영한다. 더 정교한 예로는 자연법칙이 대칭성을 따르는 것을 보여주는 표준 모형이 있다. 표준 모형은 모든 기본 입자의 속성을 설명하며, 이는 특정 대칭 그룹에 의해 정의된다. 요약하자면, 양자역학에서 필요한 것은 대칭성, 보존 법칙, 그리고 진보적인 통찰 각 1킬로그램씩과 행운 한 꼬집이다. 이는 완벽한 4단 케이크와도 같다.

이렇게 다시 한번 우리는 수학의 비합리적 실용성과 마주하게 된다. 하나의 열쇠로 수많은 문을 열 수 있다는 뜻이다. 그런 점에서, 에미 뇌터는 진정한 마스터 키를 손에 쥐고 있었다고 할 수 있다.

> 에미는 조용히 구석에 앉아
> 깊은 생각에 잠기며 둥근 과자를 먹었다.
> "아, 이봐," 그녀가 외쳤다.
> "이 대칭 좀 봐!"
> 그리고 그녀는 자신의 이론을 책 속에 영원히 남겼다.

모든 강한 여성 뒤에는 강한 남성이 있다. 물리학에서 대칭성의 위대한 남성(Grand Homme)은 바로 매우 칭송받는 레프 란다우(Lev Landau, 1908~1968년)다. 뇌터가 물리학의 법칙이 대칭성에 의해 결정된다는 것을 보여줬다면, 란다우는 곧 다시 언급될 인물인 피에르 퀴리(Pierre Curie)의 아이디어를 발전시키며 물질의 다양성 속에서 질서를 부여하는 열쇠를 찾았다. 흥미롭게도, 이 구조는 대칭이 깨지는 방식을 살펴봄으로써 얻어진다. 대칭이 깨질 때 비로소 진짜 흥미로운 일이 발생한다. 란다우는 오히려 부서진 조각 속에서 더 많은 즐거움을 느꼈다.

위대한 란다우 쇼

레프 란다우는 그의 사망 몇십 년 후, DAU라는 거대한 프로젝트를 통해 부활했다. 이 프로젝트는 '빅 브라더'와 '트루먼 쇼'를 기묘하게 융합한 것으로, 2008년부터 2011년까지 진행되었으며, 러시아의 한 과두 정치가가 자금을 지원했다.

이는 3년간 400명의 등장인물과 1만 명의 엑스트라가 현대 세계와 완전히 격리된 채, 세심하게 재현된 스탈린 시대를 살아내는 프로젝트였다. 1930~1950년대 소련의 루블화, 음식, 속옷, 담배, 그리고 규칙까지 모두 재현되었다. 사람들은 그곳에서 살고 일하고 자고 먹으며 함께 시간을 보냈다. 이 집단생활에서 14명에 달하는 아이들이 태어나기도 했다.

이 대담한 실험의 주인공은 바로 레프 란다우였으며, 그리스계 러시아인인 지휘자 테오도르 쿠렌치스가 그를 연기했다. 이야기는 란다우가 1930년대 말부터 1968년 사망할 때까지 실제로 일했던 비밀 연구소의 정밀한 복제판을 배경으로 전개되었다. 이 평행 세계의 환상은 어느 순간에도 철저히 유지되었다. 과거 소련 시절을 기억하던 일부 노인들이 이 '세트장'에 옛 루블화를 밀반입하려다 사기죄로 고발된 일도 있었다.

결과적으로 이 프로젝트는 단 한 명이 촬영한 700시간 분량의 영상 자료를 남겼으며, 이는 십여 편의 영화, 다큐멘터리, 시리즈 등 다양한 작품의 기초 자료가 되었다. 이 실험을 통해 란다우에 대해 새롭게 밝혀진 사실은 거의 없다.

이 프로젝트는 무엇보다도 정체성의 복잡성에 관한 것이었다. 진정한 자신의 모습으로 행동해야만 작동하는 조작된 환경 속에서 완전히 자기 자신이 될 수 없을 때, 진정한 자신이 된다는 것이 무엇을 의미하는지를 보여준다. 아무튼 이 프로젝트가 분명하게 말해준 사실은, 란다우가 얼마나 많은 사람의 상상력을 사로잡고 있는 인물인가 하는 거다.

2.2 대칭이 깨어질 때

도리안 그레이는 더는 지켜볼 수 없었다,
자신의 자화상이 바래가는 모습을.
그가 원치 않았던 모든 것들이
그의 마음을 얼어붙게 했다.
그 대칭은 결국 깨어질 운명이었다.

대칭성과 대칭성 깨짐에 대해 간단한 소개를 하기 위한 최적의 장소는 에미 뇌터의 집이다. 거실에 네모난 테이블이 있고, 그 위에는 둥근 어항 속에 금붕어가 자리하고 있다. 테이블 위 천장에는 유리로 된 새장이 매달려 있는데, 그 안에 카나리아가 갇혀 있다.

우리는 금붕어의 머릿속으로 들어가, 세상을 현미경 같은 두 눈으로 바라보는 숙련된 물리학자의 시각을 빌려본다. 물이 무한한 질량을 가진 것이 아니며, 분명히 정의된 유리 어항에 의해 물이 담겨 있다는 사실은 여기에서 중요하지 않다. 금붕어의 현미경 눈을 통해 주변을 바라보면, 분자 수준에서 모든 것이 동일하게 보인다. 그 이유는 물 분자들의 위치가 대칭적이어서, 어떤 각도에서 보든 항상 똑같이 보이기 때문이다. 금붕어가 회전하며 눈을 굴려도, 물 분자들을 보는 방식은 변하지 않는다.

물은 어떤 면에서 어항의 원형 구멍과 같은 속성을 가지고 있다. 축을 기준으로 어항(혹은 원)을 아무리 회전시켜도 항상 원형으로 보이며, 이는 무한히 반복되는 대칭성을 가진다. 이러한 대칭성은 기체에서도 발견된다.

에미가 깔끔하게 정리한 상태에서, 금붕어 어항은 그녀의 완벽한 정사각형 테이블의 정확히 중앙에 놓여 있다. 에미가 테이블을, 축을 기준으로 90도 회전시킬 경우 카나리아 관점에서 보면 테이블이나 어항 모두 아무런 차이를 발견할 수 없다. 마찬가지로 180도, 270도, 360도 회전시켜도 동일하다. 90도 회전할 때마다 테이블의 네 모서리가 항상 원래 자리로 돌아가기 때문이다.

하지만 에미가 테이블을 137도, 45도, 314도처럼 어정쩡한 각도로 회전시키면 상황이 달라진다. 카나리아는 여전히 어항에서 아무 변화가 없다고 보겠지만, 테이블의 네 모서리는 이제 새로운 위치로 이동한다. 결론적으로, 정사각형은 원보다 대칭성이 적다.

한 단계 더 나아가 보자. 궁극적으로는 분자 수준에 초점을 맞추려 하지만, 이를 이해하려면 약간의 실내 건축학적 통찰도 필요하다. 방의 온도를 영하로 낮추면, 어항 속 물은 얼게 된다. 테이블과 어항의 위치는 동일하게 유지되며, 금붕어의 외형도 변하지 않는다. 하지만 금붕어가 보는 세상은 달라진다. 물의 원자 배열은 얼음의 원자 배열과 다르기 때문이다. 얼음의 대칭성은 테이블의 대칭성과 비슷하다. 얼음 결정체를 특정 패턴에 따라 회전시키지 않으면, 완전히 다른 구조를 보게 된다. 따라서, 얼음은 물보다 대칭성이 적다.

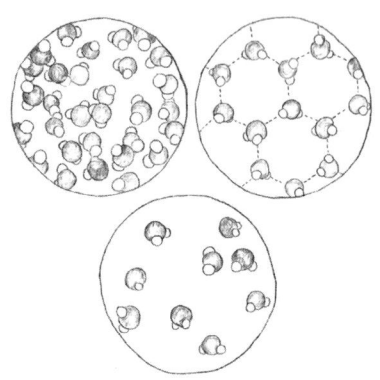

물(왼쪽 위), 얼음(오른쪽 위), 기체(아래)에서의 H_2O 분자

많은 독자가 여기서 혼란을 느낄 것이다. 물(위 그림에서 왼쪽 상단)이 얼음(오른쪽 상단)보다 더 대칭적이라는 주장은 얼음이 물보다 가볍다는 주장만큼이나 직관에 반하는 듯 보인다. 특히 이런 그림을 기준으로 판단한다면 더욱 그렇다. 하지만 바로 이 점이 물리학의 역설이며, 왜 과학자들이 이 미묘한 차이를 이해하는 데 오랜 시간이 걸렸는지를 설명해준다. 이론이 완전히 명백해 보이지 않더라도, 무엇보다도 인간의 직관이 물리학에서 얼마나 신뢰하기 어려운 길잡이인지 보여준다.

'대칭성'이라는 개념을 수학적으로 추상화해야 물이 얼음보다 대칭적이라는 점을 이해할 수 있다. 그리고 이 흥미로운 양자역학의 세계는 아직 끝나지 않았다. 물과 기체는 동일한 대칭성을 가지고 있기 때문에, 압력이 충분히 높으면 상전이 없이 완전히 소리도 냄새도 없이 서로 변환될 수 있다. 핵심은 물을 어는점 이하로 냉각하면 대칭성이 깨진다는 것이다. 물론 완전히 깨지는 것은 아니다. 여전히 대칭성은 많이 남아 있다.

압력과 온도에 따라, 우리는 가능한 얼음 결정 19가지 중 하나를 얻게 된다. 각 결정은 고유한 대칭성을 가지며, 저마다 독특한 특징을 가진다. 딸기 아이스크림, 바닐라 아이스크림, 피스타치오 아이스크림, 스트라치아텔라 아이스크림처럼 말이다. 과학에서는 물론 훨씬 덜 매력적인 이름을 사용하며, 이 결정체들은 먹을 수도 없다. 참고로 '크리스털(crystal)'이란 단어는 그리스어 '크루스타로스($\kappa\rho\upsilon\sigma\tau\alpha\lambda\lambda o\varsigma$)'에서 유래했으며, 이는 곧 아이스크림의 아이스, 즉 '얼음'을 의미한다.

온도가 상승해 얼음이 녹으면 대칭성도 복원된다. 결론적으로, 온도가 낮을수록 대칭성은 줄어들고, 온도가 높아질수록 대칭성은 증가한다고 말할 수 있다.

> 대칭성은 - 돌리거나 뒤집어도 -
> 란다우를 끝없이 매료시켰다네.
> 머리를 싸매 고민했지만
> 열한 번의 발견 끝에
> 이젠 배울 것이 없었더라네.

물질의 상들이 대칭성의 차이에 의해 서로 구분된다는 통찰은 엄청난 돌파구를 가져왔다. 이를 통해 란다우는 모든 물질의 상을 특징짓는 데 사용할 수 있는 또 하나의 마스터 키를 발견했다.

양자역학에서는 대칭성 깨짐이 매우 다양한 방식으로, 그리고 미묘한 형태로 나타날 수 있다. 많은 양자 시스템의 가장 흥미로운 속성은 대칭성 자체가 아니라 대칭성이 깨지는 방식에 기인한다.

판 레이우엔과 자석

대칭성 깨짐의 매우 구체적인 예는 자기 현상이다. 잘 알려지지 않은 과학자였던 헨드리카 요한나 판 레이우엔(Henrika Johanna van Leeuwen, 1887~1984년)은 자석의 대칭성 깨짐 문제(자석의 자기장은 항상 특정 방향을 가리킨다는 점)를 깊게 파고들었다. 그녀는 회전하는 전하를 연구하던 중, 뉴턴과 해밀턴의 고전 물리학에 따르면 자석이 존재할 수 없다는 결론에 도달했다. 즉, 자성은 완전히 양자역학적 현상이며, 대칭성 깨짐에 의해 설명될 수 있다는 뜻이다.

한편, 이 이야기의 핵심 인물이 될 닐스 보어(Niels Bohr)도 독립적으로 동일한 결론에 도달했다. 이 통찰은 보어-판 레이우엔 정리로 불리며 오늘날까지 물리학에서 중요한 이론적 기반을 제공하고 있다.

대칭성 깨짐이 입자 간의 상호작용을 규정한다는 자연법칙과, 어디에서나 대칭적이라는 사실은 어떻게 조화를 이루는지 궁금할 수 있다. 하지만 핵심은 조화를 이루지 않는다는 점이다. 대칭성 깨짐은 창발적 행동의 예이다. 창발성은 많은 입자들로 이루어진 시스템에서만 가능하다. 창발적 행동이란 다수의 입자가 모여 있을 때 나타나는 법칙이 개별 입자들에 적용되는 법칙과 다르다는 것을 의미한다.

예를 들어, 하늘을 나는 한 마리의 찌르레기를 보면 별다른 주목을 하지 않지만, 찌르레기 떼가 모이면 복잡하고 이해하기 어려운 형상이 나타난다. 요컨대 $1 + 1 \neq 2$와 같다. 이는 양자 이야기 전반에서 일종의 불변량, 즉 변함없이 일어나는 것이다. 이런 면에서 아리스토텔레스는 정확히 맞았다. 바로 전체는 부분의 합보다 훨씬 더 크다는 점이다.

더 구체적이고 '양자적인' 대칭성 깨짐과 창발성의 예는 초전도체다(8장에서 다룬다). 초전도체는 자기장과 결합되면 그 위의 물체를 '떠오르게' 만드는 특별한 특성이 있다. 그 이유는 대칭성 깨짐으로써 자기장이 초전도체에서 문자 그대로 밀려나기 때문이다. 일본의 자기 부상 열차는 이 원리를 적용한 실제 사례로, 시속 600km까지 달릴 수 있다. 이러한 열차를 마그레브(Maglev)라고 부르는데, 이는 단순히 '자기 부상(Magnetic Levitation)'을 뜻할 뿐만 아니라 '위대한 레프 란다우(Magnificent Lev Landau)'의 이름을 딴 것이라는 해석도 있다.

2.3 대칭 구조 뒤에 있는 군(群)

시몬 스테빈을 우리의 '개인적 영웅'으로 추앙했듯이, 수학 혁명에 공헌한 에바리스트 갈루아(Évariste Galois, 1811~1832년)에게도 마땅히 명예로운 지위를 부여해야 한다. 그의 이야기는 한 사람이 특정 문제에서 얻은 통찰이 어떻게 진정한 혁명을 일으킬 수 있는지를 보여주는 사례다. 갈루아의 이론은 너무나 복잡했기 때문에, 당시에는 종종 "터무니없는 소리 같으니 틀렸을 것"이라는 말로 일축되곤 했다. 해밀턴의 업적은 비교적 이해할 수 있는 수준이었지만, 갈루아의 작업은 한참 앞선 것처럼 보였다.

갈루아는 5차 이상의 다항 방정식의 근(해)을 찾는 문제에 매달렸다. 이는 바빌로니아 시대부터 과학자들이 풀기 위해 노력해 온 난제였다. 노르웨이 수학자 닐스 아벨(Niels Abel, 1802~1829년)은 1824년에 이 문제에 대한 해답을 제시했다. 안타깝지만 답이 없다는 것이다. 정확히 말하면, '이 문제는 풀 수 없다'는 결론이었다. "더는 찾지 마!"

하지만 갈루아는 포기를 그리 좋아하지 않았기에, 팔을 걷어붙이고 아벨의 작업에서 어떤 패턴을 발견했다. 그는 다항 방정식의 해(근)에 대한 함수를 구성했는데, 이 함수들이 대칭성(특히 치환 대칭성)이 높았고, 특히 5차 이상의 방정식에서 더 낮은 차수의 다항 방정식들보다 대칭성이 훨씬 더 복잡하다는 것을 밝혀냈다.

갈루아는 기존의 기하학적 틀을 깨고, 군론(group theory)을 창시했으며, 대칭성의 놀라운 힘을 수학에 최초로 적용했다. 그는 "당신의 대칭성을 보여주면, 당신이 누구인지 말해줄 수 있다"는 메시지를 남겼다. 대칭성을 바탕으로 수학에서 가장 근본적인 문제들을 해결할 수 있게 되었다. 그뿐만 아니라, 양자역학에서도 전자, 중성자, 보손, 쿼크 등 모든 입자를 그들의 대칭성을 기준으로 분류하고 설명할 수 있게 됐다.

뉴턴이 가속운동을 기술할 수 있는 수학적 도구로 미적분을 개발했던 것처럼, 갈루아는 바빌로니아 사람들이 다항식의 근에 더 이상 매달리지 않아도 되도록 대칭성을 설명할 수 있는 수학, 즉 군론을 창안한 것이다. 군론, 즉 순열군, 행렬, 변환군 또는 기타 추상적이고 특이한 대수 형태와 관련된 군론이 없었다면, 현대 자연과학은 존재하지 않았을 것이다.

군론 입문

1. 군은 하나 이상의 요소에 대해 수행되는 일련의 연산으로, 특정

속성이 변하지 않는 구조다. 예를 들어, 에미 뇌터의 정사각형 테이블(요소)을, 축을 중심으로 90도 회전시키면(작업), 테이블의 시작 위치와 끝 위치는 동일하다. 원(또는 어항)에서는 무한히 많은 작업(회전)을 수행할 수 있지만, 그 원형 또는 구체는 변하지 않는다.

    2. 군 연산의 두 번째 특성은 두 연산을 연속적으로 수행했을 때 이를 하나의 단일 연산으로 간주할 수 있다는 점이다. 테이블을 두 번 90도 회전하거나 한 번에 180도 회전하면 최종 위치는 동일하다. 이를 군의 곱셈이라고 하며, $g_1 \cdot g_2 = g_{12}$로 표기한다.

    3. 세 번째 특성은 양자역학에서 매우 중요한, 군의 비가환성이다. 군에서 ($g_1 \cdot g_2$)는 반드시 ($g_2 \cdot g_1$)과 같지는 않다. 삼각형을 회전한 후 반사하거나 반사를 한 후 회전하면 그 결과는 다르다. 바로 이 비가환성이 양자역학을 이해하기 어렵게 만든다. 이는 우리가 양자역학에서 입자의 위치와 속도를 동시에 알 수 없다는 점을 설명하는 데 중요한 역할을 한다. 이로 인해 발생하는 모든 불확실성과 관련된 결과들을 설명할 수 있다.

    4. 군의 곱셈은 비가환적일수 있지만, 항상 결합적이어야 한다. 결합성은 그룹의 중요한 ― 그러나 결코 자명하지 않은 ― 네 번째 특성이다. 연산을 수행하는 순서는 중요하지 않지만, 개별 '피연산자'(여기서는 g_1, g_2, g_3)의 순서는 변경될 수 없다. 따라서 $(g_1 \cdot g_2) \cdot g_3 = g_1 \cdot (g_2 \cdot g_3)$이어야 한다.

    군의 곱셈이 항상 결합적이기 때문에, 수학적으로 개별 그룹 요소를 행렬로 표현할 수 있다. 이게 바로 해밀턴의 행렬이다. 이 행렬은 바로 양자역학을 설명하는 수학을 구성한다. 이 때문에 군론이 중요하다. 군론의 행렬은 대칭 연산 하에서 파동 함수가 어떻게 변환되는지를 매우 구체적으로 보여준다. 파동 함수는 ψ(psi, 프시 또는 프사이)라는 기호로 표현되며 실험(혹은 시스템)에 대한 모든 정보를 담고 있다. 파동 함수를 통해 입자가 특정 위치에 있을 확률, 입자가 서로 어떻게 상호작용하는지, 그리고 시간에 따라 어떻게 변화할지를 유추할 수 있다.

대칭 연산 하에서 파동 함수가 어떻게 변환되는지를 이해하면, 그중 변하지 않는 함수(불변 파동 함수)를 확인하고 이를 수학적으로 표현할 수 있다. 양자역학의 성공은 바로 이런 원칙에 크게 의존한다. 멘델레예프의 주기율표는 이 원칙의 아름다운 사례이다. 주기율표에는 모든 원자가 대칭 구조를 기준으로 배열되어 있다. 주기율표의 구조를 이해하려면, 구형 원자에서 가능한 대칭 연산(회전과 반사) 하에서 불변인 파동 함수를 분석하는 것으로 충분하다. 이는 회전과 반사가 구형 원자의 대칭 연산의 전부이기 때문이다. 이 주제는 6장에서 더 자세히 다룰 예정이다.

에바리스트 갈루아는 진정한 열정을 순열군(치환군)에 쏟았다. 순열군이란 모든 순열의 집합인데, 순열은 객체나 입자의 순서를 변경할 수 있는 방법이다. 순열군은 양자역학에서 매우 중요한 역할을 한다. 왜냐하면 원자와 다른 모든 기본 입자들은 서로 구별할 수 없기 때문이다. 고전 물리학과 달리, 양자역학에서는 모든 입자가 완벽하게 구별될 수 없으며, 그 속성들은 순열에 대해 불변성을 가진다.

양자역학에서는 단순히 "이것은 입자 1이고, 저것은 입자 2다"라고 말할 수 없다. 입자 1이 여기 있고 입자 2가 저기 있는 확률을 계산하면, 입자 1이 저기 있고 입자 2가 여기 있는 확률과 동일하다. 이것

볼프강 파울리

은 단순하거나 사소한 일이 아니다. 이 구분 불가능성은 우주의 모든 입자가 두 가지 범주로만 나뉘게 만드는 원인이다. 바로 즉 보손과 페르미온이다.

보손 중에서 가장 잘 알려진 것은 광자, 즉 빛을 구성하는 입자다. 파동 함수의 치환 대칭 덕분에 보손은 무한히 많은 수가 동일한 상태에 존재할 수 있다. 이 속성 덕분에 우리는 빛을 볼 수 있고, 레이저를 만들 수 있으며, 보스-아인슈타인 응축체도 만들 수 있다.

페르미온의 가장 잘 알려진 예는 에너지 궤도에서 원자핵 주위를 도는 전자다. 페르미온도 구별할 수 없지만, 함께 있기를 좋아하는 보손 입자들과는 반대로, 페르미온은 반대칭적 파동 함수를 가지고 있어 동일한 상태에 존재할 수 없다. 페르미온은 너무나 비슷하기 때문에 서로를 강하게 밀어낸다. 페르미온 입자의 이런 반대칭성으로 인해 볼프강 파울리(Wolfgang Pauli, 1900~1958년)는 1925년 초에 양자역학의 가장 중요한 원칙 중 하나인 파울리 배타 원리, 즉 배타 원리를 도출해냈다.

당시 진정한 양자 이론은 아직 확립되지 않았지만, 파울리는 한 가지를 확실히 알고 있었다. 배타 원리가 자연에서 가장 강력한 힘이라는 점이다. 이 특성, 즉 대칭 덕분에 세계는 붕괴되지 않고, 물질은 단단해 다른 물질을 밀어내며, 나무를 아주 세게 껴안아도 나무에 흡수되지 않는다. 페르미온이 없다면 지구는 완두콩만큼 작아질 수 있고, 우리는 부끄러움에 땅속으로 가라앉을 수도 있을 것이다.

잉끼어 틀리끼도 않았다

다행히도 파울리는 에미 뇌터의 금붕어 실험에 참여하지 않았다. 만약 그가 참여했더라면, 그 작은 금붕어는 즉시 배를 뒤집고 죽었을 것이다.

파울리는 동료 과학자들을 매우 신랄하게 비판하며 그들을 퇴출시키는 것으로도 유명했지만, 단순히 그의 존재만으로도 실험 장비에 치명적인 영향을 끼친다는 점에서 더 주목받았다. 만약 그가 실험이 진행 중인 도시에 있으면, 그 실험은 거의 확실히 엉망이 된다는 것이 정설이었다. 이 현상은 '파울리 효과'로 불리게 되었다. 파울리를 조금이라도 아는 사람이라면, 그가 이를 은근히 자랑스러워했을 것이라고 확실히 말할 수 있을 정도다.

어느 날, 파울리는 밀라노의 한 실험실에 초대받았다. 그곳의 물리학자들은 파울리가 문을 열 때 굉음과 함께 계산된 폭발음이 울리도록 장치를 만들어놓았다. 이 장치는 여러 번의 테스트에서 매번 제대로 작동했다. 하지만 정작 파울리가 실험실에 들어왔을 때는 아무 소리도 나지 않았다. 파울리 효과가 파울리에 의해 제대로 방해를 받은 것이다!

파울리는 거의 모든 질문을 터무니없다고 여겼지만, 동료와 학생에게는 무한히 관대하고 인내심을 발휘했다. 반면, 과학적으로 근거 없는 주장에 대해서는 냉정하고 가차 없었다. 그의 명언 중 하나는 "그건 맞지 않을 뿐만 아니라, 심지어 틀린 것도 아니다!(Das ist nicht nur nicht richtig; es ist nicht einmal falsch!)"이다. 이 독일어 표현은 'Not even wrong(심지어 틀리지도 않았다)!'이란 영어로 번역돼 양자역학 세계에서 파울리의 절대적인 존재감을 상징하게 되었다.

2.4 드럼과 원자들

군론의 (추상적인) 개념은 드럼의 진동을 통해 더욱 잘 설명할 수 있다. 드럼을 (1차원인) 현의 2차원 버전으로 생각할 수 있다. 하지만 차이점이 있는데, 현은 반사 대칭만을 가지는 반면, 드럼의 진동면은 반사대칭성과 회전 대칭성을 모두 가진다는 것이다. 그러나 이 두 가지 형태의 대칭은 비가환적이다. 즉, 드럼면을 먼저 반사시키고 회전시키는 결과와, 먼저 회전시키고 반사시키는 결과는 같지 않다. 이 사실은 드럼의 기본 진동에도 영향을 미친다. 일부 기본 진동은 대칭을 깨며, 결과적으로 같은 에너지와 주파수를 가진 쌍으로 나타난다.

이렇게 생각해보자. 드럼 옆에 튼튼한 스피커를 두고, 드럼면에 생쌀들을 뿌린 뒤, 스피커로 날카로운 음을 재생한다. 제1장에서 제시했던 현과 마찬가지로 드럼에서도 양자화가 발생한다. 이는 드럼면이 매우 특정한 주파수에서만 공명하기 때문이다. 이런 양자화 현상

클라드니 패턴에서 흰 선은 쌀알이 모이는 지점, 즉 마디점을 나타낸다. 이 마디점에서는 파동이 움직이지 않는다.

은 드럼면에 나타나는 특정한 (파동) 패턴, 즉 클라드니 패턴에서 명확하게 드러난다.

소피 제르맹

프랑스 수학자 소피 제르맹(Sophie Germain, 1776~1831년)은 드럼면의 진동에 의해 생성되는 클라드니 패턴에 대한 수학적 설명을 찾기 위해 처음으로 용기를 낸 인물이다. 당시 이 문제는 너무나 어렵다고 여겨져, 가장 뛰어난 수학자들조차 도전하기를 망설였다. 그러나 그녀는 달랐다. 그녀의 결론은 다음과 같다. 쌀들이 선을 따라 모이는 지점에서는 파동의 변위가 0이다. 이런 파동은 미적분학과 군론의 조합을 통해 찾을 수 있다.

다음 그림은 이를 조금 더 구체적으로 설명한다. 그림에서 각 원은 드럼면을 위에서 내려다본 모습을 나타낸다. 검은 영역은 드럼면

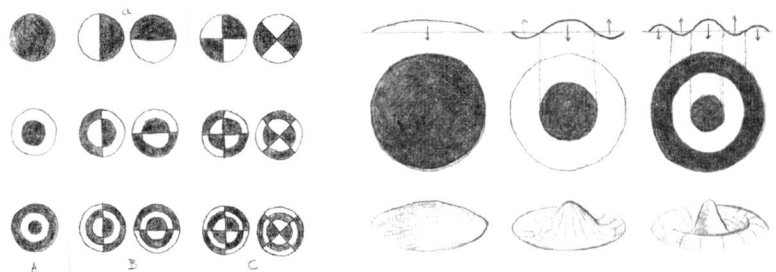

왼쪽: 드럼의 기본 진동 패턴. 다른 모든 진동은 이들 중 하나의 진동의 중첩이다.
오른쪽: A열 확대. 드럼면의 진동, 이 경우 완전히 대칭적인 S-경로이다.

이 위로 올라가는 부분을, 흰 영역은 같은 순간에 드럼면이 아래로 내려가는 부분을 나타낸다. 이후에는 순서가 반대로 바뀌어 흰 영역이 위로 올라가고 검은 영역이 아래로 내려간다. 이 과정은 특정한 주파수로 진행된다.

그림의 왼쪽 A열의 패턴은 원형으로, 완벽한 대칭성을 가진다. 이들은 원형 드럼과 동일한 회전 대칭성을 나타내며, 물에 조약돌을 떨어뜨렸을 때 생기는 파동처럼 매우 균일하게 퍼져나가는 모습을 보여준다. B열과 C열의 드럼면에서 발생하는 파동의 대칭성은 더 복잡하다. 이들은 '축퇴'되어 쌍으로 나타나는 파동이다. 이는 본질적으로 동일한 유형의 파동이지만, 서로 다른 방향으로 진동하는 특징이 있다. B열 상단(ⓐ)의 두 진동을 예로 들면, 대칭 연산을 수행함으로써 하나의 진동을 다른 진동으로 변환할 수 있다. 이들은 90° 회전을 제외하고는 동일하며, 여전히 같은 에너지와 주파수를 가지고 있다. 드럼면에서 가능한 모든 진동은 기본 진동의 합(중첩)으로 이루어진다.

이전 장에서, 1차원 세계에서는 하나의 전자의 상태를 줄의 기본 진동의 중첩으로 볼 수 있음을 설명했다. 2차원 세계에서는 이 전자

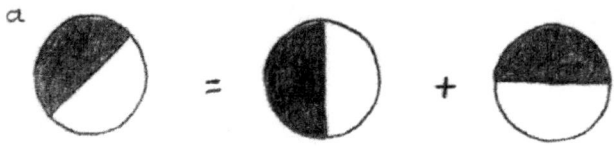

이 그림은 두 개의 (기본) 진동의 중첩이 어떻게 보일 수 있는지, 그리고 우리가 그들을 다른 방향으로 회전시킬 수 있음을 더 명확하게 보여준다.

가 드럼의 기본 진동의 중첩으로 설명된다. 그러나 실제 원자는 전자가 핵 주위를 도는 3차원 세계에 존재한다. 따라서, 우리의 2차원 드럼면을 3차원 드럼면으로 확장해 생각할 필요가 있다.

3차원 드럼면의 대칭성(즉, 3D 공간에서의 반사와 회전)은 2차원에서의 반사와 회전보다 훨씬 더 흥미롭다. 이는 특히 3D 대칭성이 비가환적이기 때문이다. 기본 진동은 매우 특정한 방식으로 표현되며, 이는 다차원적 사고를 요구한다. 다차원적 사고는 쉽지 않지만, 오른쪽 그림은 3D 드럼의 모든 가능한 기본 진동을 보여준다. 이는 앞서 본 2D 드럼면의 진동 패턴과 연관된다. 기본 진동은 S, P, D, F로 표시된다. S 진동은 완벽하게 둥글고 따라서 대칭적이다. P 진동은 세 가지 방향에서 진동할 수 있는 롤러코스터처럼 보이며, 임의의 다른 방향에서의 P 진동은 항상 이 세 가지 P 기본 진동의 중첩이다. D와 F 진동은 훨씬 더 복잡하며 각각 다섯 배와 일곱 배로 축퇴된다.

양자역학으로 번역하면, S, P, D, F의 세분화는 원자의 전자 구조를 이해하는 기초가 된다. 이런 기본 진동은 전자가 어떤 에너지 준위에 위치할 수 있는지를 나타내며, 파울리 배타 원리와 결합하여 멘델레예프의 주기율표를 설명할 수 있게 한다. 아무리 놀랍고 독창적이며 리드미컬한 드럼 리프(반복 악절)라도, 원자의 훨씬 더 광범위하고 복잡한 3차원 세계와는 비교할 수 없다.

전자는 궤도, 또는 '구름'에서 핵 주위를 이동한다. S 구름은 완벽하게 둥글고 따라서 대칭적이다. P 구름은 세 개의 '하위 구름'이 핵을 가로지르는 합이다. D와 F 구름은 훨씬 더 복잡하며 각각 다섯 개와 일곱 개의 '하위 구름'으로 나뉜다. 따라서 전자는 점으로 명확하게 보이지 않고, 오히려 전자가 동시에 어디에나 있을 수 있는 필드로 나타난다.

전파 구름 속으로

행성들이 태양 주위를 도는 것처럼 전자들이 단순한 에너지 궤도(오비탈)를 따라 원자핵 주위를 움직인다는 생각은 이제 영원히 버려야 한다. 전자는 측정 가능한 형태를 가지지 않는 매우 불확정적인 존재로 간주해야 한다. 전자는 원자핵 주위를 '어디에나 있고 동시에 어디에도 없는' 상태로, 안개 같은 흔적이나 구름처럼 퍼져 있다. 이 구름은 전자의 여러 기본 진동의 합(중첩)으로 구성되어 있다. 그러나 이 구름은 너무 추상적이기 때문에, 편의상 우리는 궤도나 껍질이라는 용어를 사용한다. 이 맥락에서 중첩은 '가정'으로 이해할 수 있다. 즉, 우리는 전자가 특정 위치에 있을 상대적 확률만 알 수 있을 뿐이다. 그럼에도 불구하고 전자가 존재한다는 사실만은 확실하다.

P-껍질은 안개처럼 잡을 수 없이 흐릿하다.

2부
양자

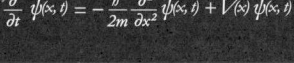

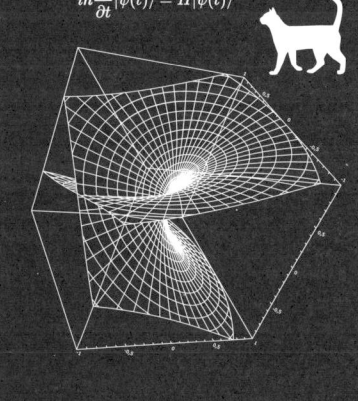

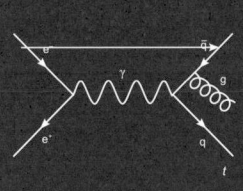

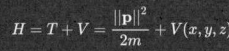

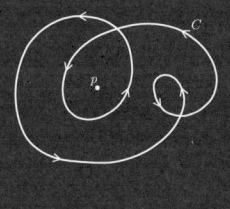

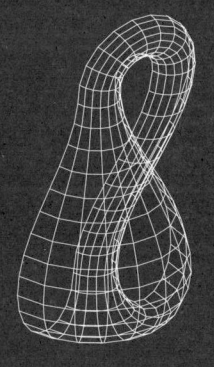

스테빈의 쿵 소리(낙하 실험) 이후, 수학(자연의 책에 사용되는 언어)을 위한 문법 규칙이 하나씩 발견되었다. 수학은 그 규칙을 얻었고, 물리학은 수학을 얻었으며, 인류는 물리학을 얻게 되었다.

　　그리고 갑작스럽게 광기의 20세기가 찾아왔다. '더운 물' 공급 장치가 발명되었고, 하늘길이 지도에 그려졌으며, 사회는 확고한 기반 위에 자리 잡았다. 당시 사용 가능했던 공식과 보편적 법칙으로 거의 모든 것을 설명할 수 있었다. 이해되고, 연구되고, 측정될 수 있는 모든 것은 이미 알고 있는 것으로 간주되었다. 이해할 수 없는 것은 편리하게도 종교로 넘겨졌다.

　　다양한 '아주 작은 생물'이 발견된 이후, 자연은 인간에게 모든 비밀을 드러냈다고 여겨졌다.[7] 그러나 그렇지 않았다. 가장 중요한 것은 아직 오지 않았다. 세기의 전환과 함께 진정한 혁명이 일어났다. 이는 단순히 양자역학에만 국한되지 않았다. 사회 전체가 새로운 무언가를 준비하고 있었다. 현대성을 맞이할 시간이 온 것이었다.

---

[7]　안토니 반 레이우엔훅(Antonie van Leeuwenhoek, 1632~1723년)은 17세기 후반, 물체를 최대 300배까지 확대할 수 있는 매우 정밀한 렌즈를 만들어냈다. 이는 물질에 대한 우리의 개념과 지식에 혁명을 몰고 왔다. 흥미로운 점은 그가 1677년경 자신의 현미경으로 매우 특별한 '아주 작은 생물'인 정자를 발견했다는 사실이다. 그는 정자가 생식에 중요한 역할을 한다는 점을 확신하며, 그 작은 헤엄치는 생물 안에 이미 완성된 인간, 즉 호문쿨루스(homunculus)가 들어 있다고 믿었다.

이제부터 모든 사고는 더 크고 더 많은 것을 추구하는 방향으로 이루어졌다. 과학은 점점 더 작은 규모에서 연구를 진행하게 되었다. 이는 필연적으로 수많은 새로운 질문을 불러일으켰을 뿐만 아니라, 기존의 지식조차도 다시 의문을 갖도록 만들었다. 설명 가능했던 것이 다시 모호해졌고, 확고하다고 여겨졌던 것이 무너졌으며, 직관은 더욱 심하게 시험받게 되었다. 왜 물질은 단단한가? 왜 태양은 다 타버리지 않는가? 왜 풀은 녹색인가? 왜 뜨거운 물체는 색이 변하는

관찰의 비가역적 특성은 우리가 어떤 것을 이해하거나 보게 되면, 과거에 그것을 이해하지 못하거나 보지 못했던 상태를 상상하는 것이 불가능할 때가 있다는 점을 말한다. 이는 나체의 인물이 계단을 내려가는 중첩된 이미지와 같다. 한 번 그것을 알아차리게 되면, 더 이상 보지 않은 상태로 되돌릴 수 없다. 이는 마르셀 뒤샹의 작품 '계단을 내려오는 누드 넘버 2(Nu descendant l'escalier n° 2)'를 떠올리게 한다.

가? 왜 사물은 지금 모습 그대로 존재하는가? 원자, 전자, 그리고 그보다 더 작은 입자 사이에 뭔가 이상한 점이 있었다. 그것은 기존의 공식과 설명을 모두 비껴가는 것이었다. 이론과 실험 모두 여기저기서 삐걱거렸다. 무엇인가 놓친 것은 아니었을까?

다음 장들은 양자역학이 어떻게 서로의 어깨 위에 올라선 거인(혹은 거인들) 덕분에 발전할 수 있었는지를 보여준다. 뉴턴 역시 자신의 많은 작업과 통찰이 선구자들의 끈질긴 노력 덕분임을 결코 숨기지 않았다. 그러나 뉴턴은 여기서 멈추지 않고, 더 멀리 나아가고 더 깊이 사고하며 더 과감한 길을 선택함으로써 차이를 만들어냈다.

때로 과학자들은 거의 동시에, 그러나 서로 독립적으로 동일한 (불가피한) 발견에 도달하기도 했다. 뉴턴은 빛이 입자로 이루어져 있다고 믿었다. 곧이어 크리스티안 하위헌스(Christiaan Huygens)는 뉴턴의 주장과 반대되는 결론을 내렸다. 그의 관점에서 빛은 파동으로 이루어져 있었다. 이에 아인슈타인은 이를 수정하며 말했다. "빛은 입자이면서도 파동이다." 이후 루이 드 브로이(Louis de Broglie)가 등장하여 모든 것을 다시 뒤집었다. 이에 대해 하이젠베르크는 이렇게 요약했다. "그것은 당신이 어떻게 보느냐에 달렸다." 모두가 약간은 맞았고, 동시에 약간은 틀렸다. 결국 누구도 완전한 (또는 완전하지 않은) 정답을 가진 것은 아니었다.

평행 예술

20세기 첫 사분기 동안 혁명적인 움직임은 과학에만 국한되지 않았다. 예술가들 역시 세상을 더 이상 단순하게 이해할 수 없다고 느꼈다.

현실의 구상적 표현은 점점 입체파, 초현실주의, 표현주의와 같은 추상적인 예술 형태로 대체되었다. 당시 양자 이론의 신봉자들처럼, 창조적인 예술가들도 어디엔가 모든 불일치가 하나로 결합되는 근본적인 현실이 존재한다고 믿었다. 그들은 현실에서 벗어나 정체성을 의문시했고, 이러한 한계를 넘는 이상주의를 바탕으로 상상력과 혼돈을 위한 공간을 창조했다. 이는 조화라는 개념을 완전히 새로운 방식으로 정의하도록 만들었다.

에곤 실레는 낯설게 느껴지는 초상화(자화상)를 그렸고, 파블로 피카소는 관객을 향하면서도 내면을 응시하는 여성(도라 마르)을 캔버스에 담았다. 마르셀 뒤샹은 한 가지 자세에만 머무르지 않고 전체 움직임을 통합하여 표현했으며, 이를 통해 나체(여성?)가 계단을 내려오는 모습을 그렸다(아니면 남성이 계단을 올라가는 것일까?). 루이지 피란델로는 소설 『누군가, 아무도, 그리고 십만 명』에서 주인공을 정체성의 위기로 몰아넣고 그를 10만 명의 누군가로 분열시켰다.

아르놀트 쇤베르크는 자신의 곡에서 기존의 조화를 깨뜨리고 무조 음악을 발전시켰으며, 이는 12음 기법으로 구별된다. 이 음악은 양자적인 특성을 띤다. 각 음계는 열두 개의 음을 모두 한 번씩, 어떤 순서로든 사용해야 하지만 반복은 금지된다. 음은 행렬역학처럼 각각의 색상, 지속 시간, 음량에 따라 숫자로 표현되며, 대칭적으로 음계는 역순으로 연주될 수도 있다.

건축에서는 아르누보가 등장하면서 장식은 기능성으로 대체되었고, 아름다움은 다시 단순함으로 정의되었다. 이는 수학처럼 단순히 정확할 뿐만 아니라 아름다워야 했다. 르 코르뷔지에는 단순히 건물을 설계하는 것이 아니라 공간과 빛을 자신의 의도대로 다루었다. 이 모든 스타일과 분야에서 눈에 띄는 점은 관찰자(대중, 독자, 감상자, 청취자)가 점점 더 능동적인 역할을 맡았다는 것이다. 관찰자는 이제 '예술작품'에 점점 더 깊이 참여하게 된다. 작품의 진정한 의미는 작가의 초기 의도와 관찰자의 최종 해석 사이 어딘가에 자리한다.

3장 요약

- 막스 플랑크: 빛은 작은 묶음, 즉 양자로 이루어져 있다!
- 알베르트 아인슈타인: 아니다. 빛은 입자로 이루어져 있다!
- 어니스트 러더퍼드와 닐스 보어: 플럼 푸딩 모형이나 건포도 모형이 아니라, 아주 작은 원자핵과 행성처럼 도는 전자가 필요하다!
- 루이 드 브로이: 그건 아니다. 전자는 파동이다. 사실, 모든 입자는 파동이다!
- 베르너 하이젠베르크: 관찰은 곧 변화를 초래한다.

3장
입자의 (불)가능성

3.1 정답을 찾아서

막스 플랑크

"과학은 진실을 사랑하는 마음과 자연을 향한 존경심을 통해 인간의 도덕적 가치를 높입니다. 이는 우리 주변의 정신과 물질 세계에 관해 더 정확한 지식을 얻기 위해 끊임없이 노력한 결과 획득하게 된 진실을 사랑하는 마음과 지식의 진보로 인해 우리 자신 존재의 신비와 마주하게 되기 때문입니다."

물리학은 가장 신중한 사상가들조차 가장 대담한 추측으로 이끈다. 막스 플랑크(Max Planck, 1858~1947년), 겸손함과 품격 그리고 세련됨의 화신이었던 그는 이를 몸소 경험하게 됐다. 1900년의 일이다. 많은 사람이 젊은 플랑크에게 물리학을 전공하지 말라고 충고했다. "이미 모든 것이 발견되지 않았나? 차라리 네가 사랑하는 피아노로 진로를 정하는 것이 어떻겠니?" 플랑크는 음악에서 성공할 만한 모든 자질을 갖추고 있었다. 절대 음감, 질서를 중시하는 감각, 그리고 소년 합창단에서의 오랜 경험이 있었다. 게다가 그는 작곡에서도 재능을 보였다.

하지만 플랑크는 이렇게 생각했다. '모든 것이 이미 발견되었다고 해서, 우리가 조금 더 깊이 파볼 수 없다는 뜻은 아니지 않은가?' 그는 자신의 도덕적 나침반과 가슴 속 열망을 따랐다. 플랑크는 이 세상에 좋은 영향을 끼치고 싶었고, 자연이 따르는 법칙을 찾고 싶었다. 그는 물리학을 새롭게 재발명할 준비가 되어 있었다.

그의 결단력에도 불구하고, 플랑크는 삶에서 몇 가지 고난을 겪어야 했다. 그는 첫 번째 아내, 쌍둥이 딸들, 그리고 두 아들을 죽음에 내어주어야 했다. 그것만으로도 충분히 비극적이었는데, 제2차

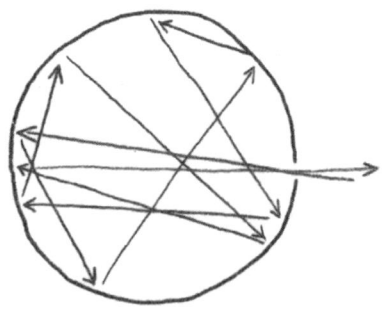

검은 상자는 상자의 재질과 상관없이 모든 가능한 주파수의 빛을 흡수한다. 상자 안에서 빛은 벽에 의해 끝없이 흡수되고, 다시 다른 주파수로 반사된다. 이로 인해 검은 상자는 모든 가능한 주파수를 포함하게 된다. 여기에 플랑크는 다음과 같은 질문을 던졌다. '각 주파수에 해당하는 빛의 양은 얼마나 되는가?'

세계대전은 그의 모든 재산을 잿더미로 만들어버렸다.

다행히도, 플랑크는 모든 불행을 긍정적인 에너지로 전환하는 데 성공했다. 그는 자신이 사랑했던 세상에 몇 가지 혁명적인 이론을 남겼으며, 이는 과학의 발전을 다시 한번 가속화시켰다. 또한 그는 막스 플랑크연구소(Max-Planck-Institute)를 설립함으로써 자신의 이름을 역사에 길이 남겼다. 이 연구소들은 제2차 세계대전 이후 독일을 다시 과학의 중심으로 부상시키는 데 중요한 역할을 했다.

처음부터 다시 시작한다. 모든 것은 아무것도 없는 것에서 시작되었다. 정확히 말하면, 비어 있는 검은 상자에서 시작되었다. 지난 세기 전환기까지 아무도 속이 빈 검은 상자(또는 '흑체')가 방출하는 전자기 복사의 행동을 설명하지 못했다. 중요한 사실은 모든 물리적 물체가 스스로 끊임없이 전자기 복사를 방출한다는 점이다. 이는 물체를 구성하는 원자와 분자가 끊임없이 진동하기 때문이다.

예를 들어, 인간의 신체는 열의 65%를 전자기 복사를 통해 잃는다. 또 다른 예로 철을 들 수 있다. 철이 가열되면 특정 색을 띤다. 즉 특정 색의 빛을 방출한다. 온도가 상승함에 따라 분자들이 점점 더 격렬히 진동하면서 점점 높은 주파수의 빛을 방출하게 된다. 철이 빨간색을 띠면 이미 매우 뜨겁다는 것을 의미한다. 온도가 더 올라가면, 이 빨간색은 파란색으로 바뀐다.

어떤 상자가 특정 색깔을 띠는 것은 특정 주파수(색깔)의 빛을 흡수하고 다른 복사를 반사하기 때문이다. 이웃의 잔디가 더 푸르다면 그 잔디의 원자는 우리 집 잔디의 원자보다 조금 덜 푸른 빛의 주파수를 흡수하기 때문일 수 있다. 이 원자들은 훨씬 더 아름다운 녹색만을 반사한다. 왜냐하면 우리가 보는 것은 흡수되지 않고 반사된 빛

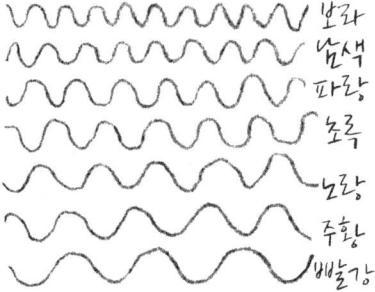

붉은빛은 파장이 길어 에너지가 적다. 반면 보라색 빛은 파장이 더 짧아 에너지가 더 크다. 보라색 다음에는 자외선과 X선이 오는데, 에너지가 매우 커서 그만큼 위험하다. 빨간빛보다 파장이 긴 것은 적외선(IR)인데, 이는 맨눈으로 볼 수 없다.

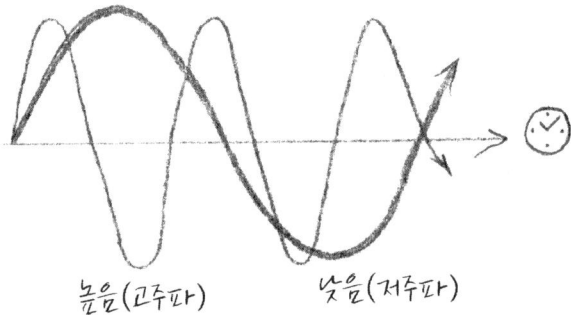

빛의 특성은 파장(특정 간격당 파동의 수), 주파수(초당 진동의 수), 세기(파동의 높이)에 따라 결정된다. 파장이 길수록 주파수는 작아지고, 파장이 짧을수록 주파수는 커진다. 파장과 주파수의 곱은 일정한데, 광속과 같다.

(또는 색)이기 때문이다. 6장에서 이에 대해 자세히 다룰 것이다.

 검은 상자는 모든 가능한 주파수의 복사를 흡수한다는 점에서 흥미롭다. 일단 복사가 상자 내부에 갇히면, 벽과의 충돌을 통해 끊임없이 한 에너지 준위에서 다른 에너지 준위로 이동한다. 검은 상자의 내부 복사는 항상 보편적인 특성을 지니고 있는데, 상자가 골판지로 만들어졌든, 플라스틱으로 만들어졌든, 그 형태가 타원형이든 사각형이든 상관이 없다. 검정은 검정일 뿐이다.

한동안 과학계를 뜨겁게 달구었고, 플랑크가 몰두했던 실험은 작은 구멍이 뚫린 빈 검은 상자로 시작되었다. 그 구멍에서 나오는 주파수(빛)에 뭔가 문제가 있었다. 실험의 목적은 상자 내부 온도를 높일수록 빛의 세기와 색(주파수)이 어떻게 변하는지를 조사하는 것이었다. 하지만 실험 결과와 이론은 심각하게 모순되었고 여기에는 개념적인 문제도 있었다.

20세기 초, 사람들은 거리, 물체, 힘, 그리고 에너지조차도 무한히 분할 가능하다고 믿었다. 따라서 빛과 열 복사는 모든 가능한 주파수와 세기의 에너지를 가질 수 있다고 생각했다. 이 말은 상자가 자외선, X선, 심지어는 치명적인 감마선을 방출할 수도 있다는 뜻인가? 그렇다면 검은 상자는 모든 주파수를 포함하므로 무한한 에너지를 담고 있는가?

고전 이론에 따르면, 답은 "그렇다"였다…. 하지만 이는 '자외선 파탄(ultraviolet catastrophe)'으로 이어졌다! "이건 사실일 리가 없어!" 실제로 사실은 아니었다. 하지만 왜 사실이 아니었을까?

플랑크는 어딘가 깊은 곳에서 오래전의 목소리가 메아리치는 것을 느꼈을 것이다. "이론이 맞지 않는다면(쿵!), 모든 것을 치워 버리고 다시 시작할 용기를 가져라." 그는 의심을 거두지 못한 채 주저했지만, 그 말을 따르기로 했다. 그는 검은 상자의 수수께끼를 수십 개의 조각으로 나누고, 다시 그것들을 이어 붙였다. 이를 통해 명석한 사고와, 모순되면서도 창의적인 수학적 논리를 바탕으로 한 결론에 도달했다. 빛의 에너지는 끝없는 연속 흐름일 수 없다. 이는 그의 신념

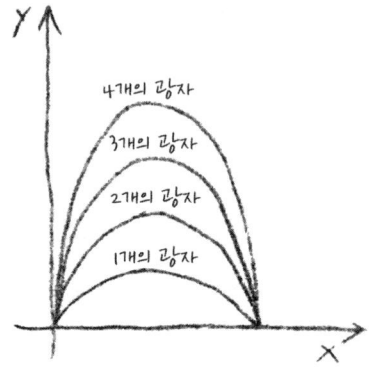

기타 줄을 튕기면 진동의 세기가 모든 가능한 값을 가질 수 있음을 알 수 있다. 동일한 음이 0에서 100db(데시벨) 사이의 모든 값으로 울릴 수 있다. 하지만 양자 줄은 다르다. 양자 줄에서는 진동의 세기가 모든 값을 가질 수 있는 것이 아니라, 매우 제한된 몇 가지 값만 가능하다. 데시벨이 10단위로 뛰어오르는 방식으로만 변한다. 그 사이의 값은 불가능하다. 예를 들어 양자 카페에서 오르발 맥주 한 병을 마실 수 있다. 두 병, 세 병을 마시는 것도 괜찮다. 하지만 반병은 팔지 않는다. 그것은 규칙에 어긋난다.

(즉, 고전 물리학)의 교리와 어긋나는 생각이었다. "자연은 갑작스러운 도약을 하지 않는다(natura non facit saltus)"는 믿음에 반했지만, 플랑크는 빛이 어떤 방식으로든 작은 조각으로 나누어져 있어야 한다고 추측했다. 빛은 일정한 에너지를 가진 작은 빛의 묶음으로만 흡수되거나 방출될 수 있었다.

플랑크에 따르면, 빛의 에너지는 특정 '양자'의 정수배로만 존재할 수 있었다. 그러나 여전히 남는 질문은 "이 빛 패키지 하나가 얼마나 많은 에너지를 가지고 있을까?"였다. 플랑크의 가설은 다음과 같았다. 빛 패키지의 에너지는 복사의 주파수에 비례하는데, 이를 플랑크 상수(빛의 속도처럼 항상 일정한 불변량)로 곱한 값이라는 것이다. 이 상수는 이후 양자역학의 거의 모든 방정식에 등장하게 된다. 이를 통해 그는 다음과 같은 공식을 얻었다.

$E = h^*\nu$

E = 주파수 ν를 가진 광파의 에너지

h = 플랑크가 계산한 자연 상수

(즉, $6.62607015 \times 10^{-34}$ J(줄)/Hz(헤르츠))

ν = 빛의 주파수 (그리스어 '뉴(nu)'에서 유래)

플랑크의 결론은 주파수 ν를 가진 파동 패키지(파동 묶음)의 에너지가 기본 에너지 패키지의 정수배라는 것이다. 즉, 에너지는 $h\nu$, $2h\nu$, $3h\nu$와 같은 형태를 가지며, 계속해서 이어진다. 간단히 말해, 빛의 세기는 양자화되어 있으며, 에너지도 마찬가지로 양자화되어 있다. 이 결론을 바탕으로 플랑크는 실험 결과를 완전히 설명할 수 있었다.

플랑크, 볼츠만의 어깨 위에 서다

플랑크는 자신의 최종 공식을 도출하기 위해 몇 가지 기본 아이디어에 의존했다. 1장에서 다뤘던 현처럼, 상자 안의 빛의 모든 가능한 주파수는 기본음의 정수배다. 하지만 주파수뿐만 아니라 세기도 양자화되어 있다. 이것이 바로 양자역학의 진정한 기초다. 빛은 기본 양자의 정수배로 존재한다.

여기서 중요한 질문은 바로 이것이다. 검은 상자 안의 빛이 '평형 상태'에 있을 때, 상자 안에는 얼마나 많은 에너지가 있을까? (여기서 '평형 상태'란 시스템의 특성이 시간에 따라 더 이상 변하지 않는 상태를 의미한다.) 좀 더 구체적으로 말하자면, 주파수 ν를 가지고 에너지가 $nh\nu$인 광자는 몇 개나 존재하는가?

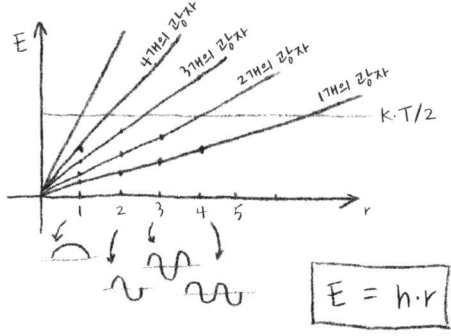

각 선은 주파수 v를 가지는 n개의 광자(n = 1, 2, 3, 4…)로 이루어진 시스템의 에너지를 나타낸다. 수평선 (kT/2로 표시된)의 높이는 온도 T에 따라 달라진다. 주어진 주파수에서 수평선 아래에 위치한 선을 확인함으로써 해당 주파수에 대한 광자의 수를 알 수 있다. x축은 주파수, y축은 에너지를 나타낸다.

플랑크는 이 문제를 해결하기 위해 루트비히 볼츠만(Ludwig Boltzmann, 1844~1906년)의 통계 물리학에서 도움을 얻었다. 볼츠만의 이론에 따르면, 모든 자유도는 동일한 에너지를 가져야 하며, 그 값은 kT/2다. (여기서 k = 1.380649×10^{-23} J/K 볼츠만 상수이며, T는 켈빈(K) 단위로 표현된 시스템의 온도다.)

광자의 에너지가 양자화됨에 따라 플랑크는 기존 원칙을 약간 수정해야 했다. hv의 정수배는 kT/2에 완벽히 들어맞지 않았기 때문이다. 이로 인해 플랑크는 주파수 v를 가진 광자의 수 n이 최대한 크지만 여전히 nhv ≤ kT/2를 충족하도록 결정된다고 주장했다. 예를 들어, kT/(2hv)가 5라고 가정하면, 주파수 v의 광자는 5개, 주파수 2v의 광자는 2개, 주파수 3v, 4v, 5v의 광자는 각각 1개가 존재한다. 그 이상의 주파수를 가진 광자는 없다. 이를 통해 자외선 파탄의 문제가 해결되었다. 주파수가 매우 높은 파동 패키지는 존재할 수가 없는데, 이는 높은 주파수를 가진 광자 하나의 에너지가 kT/2보다 크기 때문이다.

1900년 발견을 한 그날 밤, 막스 플랑크는 매우 흥분된 상태로 베토벤의 '환희의 송가'를 연주했다. 대체 누가 더 이상의 새로운 발견은 없다고 했지?! 이 가설로 플랑크는 흑체 복사의 모든 문제를 해결했다. 그리고 이로써 자외선 파탄도 피할 수 있었다. 사건 종결이다.

양자를 다섯 글자로: 미시적 규모

물리학의 법칙은 보편적이지만, 우리가 연구하는 수준에 따라 다른 법칙이 적용된다. 커피머신이 고장 났을 때, 그것을 분해하여 어떤 원자가 문제를 일으켰는지 확인하려고 하지는 않는다. 물론 본질적으로 기계는 원자로 이루어져 있겠지만, 문제는 완전히 다른 수준에서 발생한다. 앞서 언급했듯, 뉴턴의 고전 이론은 거시적인 것(즉, 대략적으로 맨눈으로 볼 수 있는 모든 것)을 설명하는 데 완벽하게 적용될 수 있다. 하지만 가장 미시적인 세계를 설명하는 데는 한계를 보인다. 미시적 수준에서 고전적 자연법칙의 대칭성은 심각한 균열을 보인다.

하지만 무엇이 '큰 것'이고 무엇이 '가장 작은 것'인가? 어딘가에는 모든 것이 비교될 수 있는 기준점이 있어야 하지 않을까? 그것이 다시 대칭일까? 아니, 이번에는 대칭이 아니다. 또한 물고기 어항도 아니다. 그것은 에너지와 시간, 위치와 속도가 흐려지는 지점이다. 항상 어디에서나 동일한 그 정확한 지점부터는 양자가 필요하다. 그리고 그 규모는 플랑크 상수(h)로 표현된다.

플랑크는 이성과 감성이 충돌 직전이었지만, 자신의 계산에 따라 마침내 실험과 일치하는 이론을 찾아냈다는 사실을 부정할 수 없었

크기 정도

미터	단위 기준
100000000000000000	가장 가까운 별까지의 거리
1000000000000	태양계의 지름
1000000000	태양의 지름
10000000	지구의 지름
1000000	겐트에서 몽방투까지의 거리
100	델프트의 신교회 높이
1	건조기 높이
0.01	골무의 지름
0.0001	머리카락의 두께
0.0000001	가시광선의 파장
0.000000001	엑스레이의 파장
0.0000000001	수소 원자의 지름
0.0000000000000001	양성자의 지름

다. 그 자체로는 훌륭한 성과였지만, 곧 다음 문제가 고개를 들었다. 설명할 수 없는 문제였다. 적어도 고전 물리학적 관점에서는 말이다. 이 모든 것이 어떻게 가능했을까? 스테빈이 뭐라고 하든, 플랑크는 과도한 자신감을 피하고 조용히 자신의 공식을 옆에 두었다. 그는 성공한 사람보다는 가치 있는 사람으로 남고자 했다.

"이건 단지 수학적 요령에 불과하다." 그는 스스로에게 말했다. 하나의 장난, 더 나은 설명을 기다리는 임시방편일 뿐이었다. 그의 이론은 빛의 흡수와 방출 과정에서 어떤 일이 일어나는지를 설명했지만, 빛의 본질에 대해서는 여전히 아무것도 말하지 못했다. 게다가 결국에는 빛이 연속적인 장(field)임이 밝혀질 것이라 믿었다(즉, 고전 물리학이 옳았다는 점이 증명될 것이라는 뜻이다). 하지만… 그의 이론은 유일하게 말이 되는 설명을 제공하는 것처럼 보였다. 상자 실험은 명확히 증명했다. 빛은 양자들로 이루어져 있다는 것을.

양자 동화(童話)

플랑크는 갈등을 겪고 있었다. 그는 자신이 평생 사랑해 온 고전 물리학(그가 속속들이 이해하고 있던 분야)을, 양자와의 관계로 배신하고 있다는 느낌을 받았다. 그는 몇 달 전, 우연히 이 숨 막히게 반항적인 양자를 마주쳤다. 그러나 그는 이 젊고 강렬한 힘에 무방비 상태였다. 게다가 양자는 전혀 예측할 수 없는 존재였다. 그녀와의 만남 이후로 그는 자기 자신과 불화를 겪었다. 그의 세계는 뒤집혔고, 그가 진실이라고 믿었던 모든 것이 흐려졌다. 동시에 외부 세계는 그가 그 엉성한 부업에 빠진 것을 비웃으며 비난했다. "그건 텅 빈 상자일 뿐이야, 그게 다라고! 재앙이야!" 하지만 플랑크는 맞섰다. "그녀는 모든 것을 제자리로 돌려놓았어! 작은 조각들에도 사랑을 베풀었으니까, 아주 신중하고 조용히 말이야."

그녀를 다르게 바라보기 시작하자, 그녀는 완전히 새로운 모습으로 보이기 시작했다. 플랑크는 그녀를 받아들였고, 그녀는 그의 삶의 중심, 그의 상수가 되었다. 그녀는 그의 에너지 준위를 더 높은 단계로 끌어올렸다. 그와 그녀는 마치 마법의 공식 같았다. 그의 마음과 이성이 화해한 순간이었다. 그의 가슴은 양자 도약을 이루었다. 그리고 1900년 12월 14일, 그들의 아이 '양자'가 태어났다.

이 마법 같은 아이는 곧 대모 에미(Emmy)와 세 명의 동방박사인 알베르트(Albert), 닐스(Niels), 루이(Louis)를 맞이했다. 그들은 이 아이에게 감사하며 많은 선물을 안겼다. 광전 효과라는 마법 광선, 에너지로 가득 찬 레고 상자, 그리고 넓은 파동 놀이터가 그것이었다. 아이의 눈은 반짝였다. 아기 양자가 태어나자 모두가 사물을 열린 태도, 즉 상대적 관점으로 바라보고, 세상을 신선하고 새로운 방식으로 바라보기 시작했다.

3.2 빛, 파동이자 입자

알베르트 아인슈타인은 이렇게 말했다. "상상력은 지식보다 훨씬 중요하다. 지식은 제한되어 있다. 상상력은 전 세계를 포용한다. [⋯] 정신은 그가 알고 증명할 수 있는 것에 의해 제한된다. 그러나 정신이 도약하는 지점이 온다. 직관이라고 부르든, 원하는 대로 부르든, 정신은 더 높은 지식 수준에 도달하지만, 거기에 어떻게 도달했는지 증명할 수는 없다. 모든 위대한 발견은 이러한 도약의 결과이다."

막스 플랑크에 의해 돌이킬 수 없는 변화가 시작됐으며, 이는 기존 성역의 토대[8]를 뒤흔들었다. 그럼에도 불구하고 '검은 상자' 실험

---

8 세상이 연속적이고 예측 가능하다는 고전 물리학의 절대적 법칙. 고전역학적 결정론, 연속적인 에너지 개념, 절대성과 객관성에 대한 믿음 등이 이에 해당한다. -편집자 주

은 여전히 수수께끼로 남았고, 플랑크가 자신의 모든 생각 끝에 이끌어낸 이론은 아무도 더 발전시키지 못했다.

1905년, 갑자기 알베르트 아인슈타인(Albert Einstein, 1879~1955년)이 등장했다. 누구라고? 사람들은 눈을 굴리며 눈썹을 찌푸렸다. 당시 아인슈타인이라는 이름은 별로 알려지지 않았다. '느려터진 녀석(명청이)'이라 불렸던 그는 어릴 적부터 엉뚱한 추론에 몰두하곤 했는데, 나중에 그 추론이 놀랍게도 맞아떨어지는 것으로 드러났다. 아인슈타인은 안경을 콧등에 얹은, 조금 딱딱하고 보수적인 플랑크와 달리 자유분방하며 대중, 합의, 전통에 전혀 신경 쓰지 않았다.

'느려터진 녀석'이란 그의 별명은 언어 발달에 다소 문제가 있어 생긴 것이다. 전해지는 바에 의하면, 그는 무려 네 살 때, 아마 점심시간에, 자신의 첫 번째 완전한 문장을 말했다고 한다. "그 수프는 너무 뜨거워요(Die Suppe ist zu heiss)." 그의 시간 감각은 어릴 적부터 자연스럽게 배어 있었다.[9]

아인슈타인에게는 이성만으로는 부족할 때 특히 유용한 비밀 무기가 있었다. 바로 상상력이다. 그리고 그 상상력과 함께 사고실험도 있었다. 그의 공식들은 그다지 복잡하지 않았지만, 주로 강력한 창의력과 고도로 발달된 '만약 그렇다면?'이라는 사고방식에서 비롯되었다.

1905년, 아인슈타인은 1666년 뉴턴이 그랬던 것처럼 자신만의 '기적의 해'를 경험했다. 단 4개월 만에 그는 과학계를 완전히 뒤집

---

[9] 아인슈타인의 상대성 이론은 시간의 본질을 탐구했던 연구다. 수프가 식기를 기다리는 과정은 시간과 연관됐으니, 이 문장으로 아인슈타인이 시간에 대한 관심을 표현했다고 할 수 있다. -역자 주

어 놓았다. 그 서막은 1905년 5월, 그의 친한 친구 콘라트 하비히트(Conrad Habicht)에게 보낸 편지에서 시작되었다. 이 편지에서 그는 혁명적인 논문들을 발표할 것을 알렸다.

> "친애하는 하비히트에게, 우리 사이에 내려앉은 침묵이 너무 엄숙해서 이제 그것을 사소한 수다로 깨는 것은 거의 신성 모독처럼 느껴진다… 지금 무엇을 하고 있나, 얼어붙은 고래야, 훈제되고 건조되어 통조림 된 영혼 조각아…? 왜 아직 내게 너의 논문을 보내지 않는 거지? 내가 그런 논문을 관심과 기쁨으로 읽을 수 있는 몇 안 되는 사람 중 하나인 걸 모르냐, 이 불쌍한 놈아? 내가 약속하건대, 나도 너에게 네 편의 논문을 차례대로 보낼게. 그건 복사(빛)와 빛의 에너지 특성에 관한 것으로, 매우 혁명적이니, 네가 먼저 네 논문을 보내주면 알게 될 거야."[10]

아인슈타인은 플랑크의 이론이 가져올 혁명적 결과를 처음으로 이해한 사람이었다. 에너지가 가장 작은 양자의 배수라는 개념인 양자화(quantization)가 단지 수학적 구성이 아니라 새롭고 완전한 물리적 원리로 여겨졌을 때 말이다. 이것은 단순히 광 과정(빛의 현상) 등을 설명하는 고상한 도구가 아니었다. 만약 플랑크가 빛의 특성을 발견했다면 어땠을까? 이것이 단지 서둘러 만들어진 이론이 아니라 모든 것을 제대로 설명하는 이론이라면 어땠을까? 아인슈타인은 공개적으로 그리고 명백하게 과학계에 충격을 던졌고, 그 사실에 다른 시각

---

[10] Walter Isaacson, Albert Einstein, De Biografie, Spectrum, p. 110.

을 제시했다. 빛이 파동이자 입자라면 어떨까?

플랑크는 자신의 이론이 새로운 물리학의 기초를 놓았다는 사실을 완전히 자각하지 못했다. 그러나 아인슈타인이 이를 기반으로 발전시키면서 플랑크의 수년간의 고된 노력은 헛되지 않았다. 아인슈타인은 플랑크의 공식이 촉발한 변화를 가속화하며 고전 이론에서 더 멀리 나아가 더욱 깊이 사고했다. 아인슈타인은 광전 효과에 대한 이론적 설명에서 빛의 이중적 성격(파동이면서 입자임)을 도출했다. 흥미롭게도, 아인슈타인이 1921년 플랑크 이후 3년 만에 노벨 물리학상을 수상한 것은 상대성 이론(이 또한 1905년에 발표됨)이 아니라 바로 이 광전 효과의 설명 덕분이었다.

광전 효과

이 실험에서는 음전하를 띤 금속판에 빛을 비춘다. 그 결과로, 전자가 그 판에서 방출되어 튕겨 나간다. 빛의 진동수(주파수)를 높이면(예를 들어 자외선을 사용하는 경우), 전자는 더 많은 에너지를 갖고 그들의 궤도에서 튀어나온다. 하지만 필리프 레나르트(Philipp Lenard, 1862~1947년)가 1903년 실험으로 확인한 것처럼, 그 에너지는 빛의 세기(강도)에 따라 달라지지 않았으며, 빛의 강도를 낮추면 전자가 튀어나오기까지 더 오래 걸리는 것도 아니었다. 다만 전자가 훨씬 적게 방출될 뿐이었다.

마치 '검은 상자 현상'처럼, 광전 효과도 고전 물리학과는 심하게 모순되었다. 고전 물리학에 따르면, 빛의 강도가 낮으면 전자가 튀어나오기까지 시간이 더 걸려야 한다. 왜냐하면 전자가 먼저 빛의 파동에서 충분한 에너지를 흡수해야 하기 때문이다. 또한 고전 물리학에서는 빛의 에너지가 강도에 따라 달라진다고 말한다. 그리고 또 고전

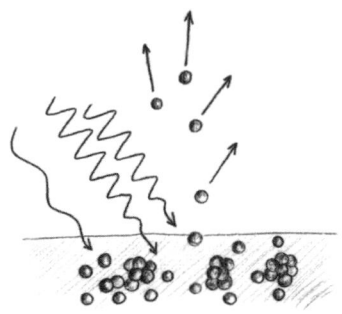

광전 효과(photoelectric effect). 만약 들어오는 빛의 주파수가 충분히 크다면, 그것은 금속판에서 전자를 튀어나오게 만들 수 있다.

물리학에 따르면, 모든 주파수의 빛이 물질에서 전자를 튕겨낼 수 있어야 한다. 그러나 이 실험은 전자가 튀어나오기 위해선 최소 주파수가 필요하다는 것을 보여준다(빛의 강도와는 관계없이). 자, 이제 이 문제를 해결해야 할 차례다. 아인슈타인은 자신의 머리를 감싸 쥐었다.

아인슈타인은 잠시 바이올린을 켜며, 오랫동안 깊이 생각에 잠겼다. 그리고 그 현들은 최고의 교훈을 주었는데, 그것들이 이 수수께끼를 상징했기 때문이다. 바로 진동은 파동이자 입자라는 것. 따라서 결론은 다음과 같았다. 빛은 입자로 이루어져 있다.

아인슈타인은 애정을 담아 '리나'라고 불렀던 자신의 바이올린을 연주하며 깊은 생각에 빠졌다. 수많은 시간 동안 울려 퍼진 선율 속에서 모든 악보가 하나하나 지나간 후, 그는 결국 빛이 입자로 이루어져 있다는 결론을 내릴 수밖에 없었다. 그는 그 입자들을 '빛의 양자(light quanta)'라고 불렀고, 후에 이것은 '광자(photon)'라는 이름으로 널리 알려지게 되었다. 여기에 음악이 담겨 있었던 것이다![11] 왜냐하면 빛이 실제로 입자로 이루어져 있다고 가정함으로써, 그는 즉시 광전효과를 설명할 수 있었기 때문이다.

전자는 정확히 그 전자를 튕겨낼 수 있는 에너지를 가진 (하나의!) 광자를 흡수하면 튕겨 나간다. 만약 광자의 에너지가 너무 낮다면, 전자는 그대로 자리에 남는다. 플랑크에 따르면, 그 하나의 광자는 항상 $h\nu$의 에너지를 가진다. 빛의 강도가 높을수록 광자가 더 많아져, 결과적으로 더 많은 전자가 방출된다. 즉 아인슈타인의 가설은 두 가지를 즉시 설명한다. 첫째, 튕겨 나가는 전자의 에너지는 빛의 강도와는 관계없다. 둘째, 전자가 튕겨 나가기 위해서는 최소한의 주파수가 필요하다(즉, 전자의 결합 에너지와 일치하는 주파수 - 6장 참조).

요약하면, 에너지가 전자에 점점 쌓여 충분히 모이면 전자가 물질에서 떨어져 나가는 것이 아니다. 광자 하나의 에너지는 항상 하나의 전자에 완전히 흡수되거나, 아니면 전혀 흡수되지 않는다. 만약 하나의 광자가 충분한 에너지를 가지지 않으면, 전자는 그대로 자리에 남는다.

하지만 그의 견해는 받아들여지지 않았다. 아무도 아인슈타인을 믿지 않았다. 특히 로버트 밀리컨(Robert Millikan, 1868~1953년)은 더 믿지 않았다. 그는 아인슈타인의 가설을 실험적으로 반박하려고 10년 이상 애썼지만, 결국 마지못해 아인슈타인이 옳았음을 인정해야 했다. 아이러니하게도 그는 자신이 수행한 실험으로 아인슈타인보다 2년 늦

---

11 네덜란드 관용구로, "그것은 대단한 아이디어였다!"라고 의역할 수 있다. - 편집자 주

게 노벨상을 받았다.

편안한 소파에서 이해하는 광전 효과

광전 효과는 단순히 학문적인 업적에 그치지 않는다. 우리가 일상에서 자주 사용하는 수많은 기술의 기반이 되는 현상이다. 예를 들어, 텔레비전 리모컨을 생각해보자. 리모컨은 적외선을 텔레비전의 센서로 보내고, 그 과정에서 전자가 방출되는데, 이 전자가 측정되어, 짠! 채널이 바뀐다. 어두워지면 자동으로 켜지는 조명도 바로 광전 효과 덕분이다! 자동문 역시 광전 효과 덕분이고, 스마트워치에서 심박 수를 측정하는 기술도 광전 효과 덕분이다. 광대역 인터넷 연결조차도 그 기저에는 광전 효과가 존재한다! 이렇게 일상생활 속에서 광전 효과는 우리가 생각하는 것보다 훨씬 더 많은 기술의 핵심 역할을 하고 있다.

빛이 파동의 성질을 가진다는 사실은 이미 오래전부터 알려져 있었다. 1803년 토머스 영(Thomas Young, 1773~1829년)[12]의 간섭 실험과 1873년 제임스 클러크 맥스웰(James Clerk Maxwell)의 전자기파에 대한 이론적 설명 이후로는, 이를 의심하는 사람은 없었다. 그러나 플랑크의 '요령'을 매우 구체적으로 적용함으로써, 빛은 입자적 성질도 가진다는 사실이 밝혀졌다. 요컨대, 이것이냐 저것이냐가 아니라, 둘 다였다!

이것으로 아인슈타인의 탐구가 끝난 것은 아니었다. 1907년, 그

---

[12] 토머스 영은 종종 '인류가 알고 있던 모든 지식을 아는 마지막 사람'이라 불리곤 한다. 그가 수행한, 빛에 관한 실험은 빛이 파동이라는 사실을 명확히 밝혀냈다. 이 외에도 그는 로제타석을 해독하는 데 결정적인 역할을 하기도 했다.

는 빛뿐만 아니라 진동하는 모든 것이 입자로 구성되어 있다고 결론지었다. 이 암호를 활용해 그는 많은 실험적 수수께끼를 풀어나갔다. 아인슈타인은 플랑크의 흑체 복사 문제와 매우 유사한 질문을 제기함으로써 자신의 발견을 구체화했다. 즉 "물질의 열용량은 온도에 얼마나 의존하는가?"라는 질문이었다.

물질이 가열되면, 그 물질의 원자들은 진동하기 시작한다. 이 진동이 파동이면서 동시에 입자(이 경우 전화나 소리에서 나오는 '포논'. '소리'를 뜻하는 그리스어 phoné에서 유래)라고 가정함으로써, 그는 이와 관련된 신비한 실험 결과들을 완벽히 설명할 수 있었다. 이는 또다시 양자에 관한 문제였다. 사실, 이 통찰은 빛이 입자로 구성되어 있다는 발견보다 훨씬 더 인상적이다. 왜냐하면 포논은 창발적 현상(emergent phenomenon)으로, 훨씬 더 추상적이고 정의하기 어려운 존재이기 때문이다. 이에 관해 8장에서 다시 다룰 예정이다. 결론은 명백했다. 즉 고전 물리학의 법칙들은 더 이상 유효하지 않으며, 긴급히 재검토되어야 했다.

아인슈타인은 '못 말리는' 천재였을 뿐만 아니라, 동시에 매우 고마운 '골칫거리'이기도 했다. 그는 나중에 점점 더 '악마의 변호인' 역할을 자신의 사명으로 여기며 과학자들에게 끊임없이 역설과 문제를 던지는 일을 하게 되었다. 하지만 양자 이론에 대한 그의 끊임없는 공격을 통해, 아니 오히려 이러한 공격 덕분에, 다른 이들은 그의 비판과 회의를 반박할 새로운 논거를 계속 찾아야 했다. 그는 모두가 최첨단에서 계속 사고하도록 만들었고, 자신과 과학을 끊임없이 재발견하도록 강요했다.

흥미롭게도 아인슈타인 역시 플랑크처럼 처음에는 자신의 발견이 초래하는 결과를 받아들이기 어려워했다. 플랑크도 한동안 아인슈타인의 업적을 제대로 평가하지 못했다. 1913년 플랑크는 프로이센 과학 아카데미에 아인슈타인의 회원 가입을 추천하며 "아인슈타인이 때때로 자신의 추측으로 인해 지나친 면이 있었는데, 예를 들어 그의 광양자 가설 같은 것은 그리 심각하게 여길 필요가 없다"라고 냉담하게 언급하기까지 했다.

그 당시 동시대인들조차도 이런 새로운 양자 이론에 처음에는 당황하지 않을 수 없었다. 물리학자들은 플랑크와 아인슈타인의 사고가 새로운 물리학 시대를 예고한다는 것을 어느 정도 감지하고 있었으나, 당시 사람들의 사고방식은 이를 받아들일 준비가 되어 있지 않았다. 당시 모든 것을 판단하는 기준이었던 고전 물리학의 가치를 뒤흔드는 위험을 감수하려는 사람은 거의 없었다.

과학이란 원래 그런 것이다. 무언가 새로운 것을 발견하더라도 그 발견이 어떤 새로운 통찰로 이어질지 미리 알 수 없는 경우가 많다. 하지만 그 발견이 좋든 싫든, 현실은 그대로 존재하며 결국 받아들여질 수밖에 없다. 요컨대, 양자역학은 몇몇 '기발한 천재들'의 머릿속에서 탄생한 것이 분명했지만, 그들의 창의적 사고는 혁명을 일으켰다.

hv가 $E = mc^2$보다 매력적이다?

대부분의 사람들은 아인슈타인을 1905년에 발표한 네 편의 논문 중 세 번째와 네 번째 논문, 즉 특수 상대성 이론과 $E = mc^2$를 다룬 논문으로 주로 기억한다. 이 두 논문에서 아인슈타인은 뉴턴의 절대 시간과 공간 개념을 간단히 무너뜨렸다. 아인슈타인의 논문에 따르면, 빛의 속도는 관찰자나 광원(빛의 출처)의 상대적 속도와 관계없이 항상 일정하다.

예를 들어 내가 빛의 속도를 측정하기 위해 자전거를 타고 빛의 광선을 따라 달린다고 가정하자. 아무리 열심히 페달을 밟아도 빛의 속도는 내가 측정할 때 달라지지 않는다. 내가 자전거를 타며 측정하든, 자전거 옆에서 샌드위치를 먹으며 측정하든 결과는 같다. 더 나아가, 아무리 빠르게 자전거를 탄다고 해도 빛의 속도를 따라잡을 수 없다는 결론에 이른다. 빛은 항상 일정한 속도로 움직이며, 그 어떤 것보다도 빠르다.

아인슈타인은 특수 상대성 이론으로 과학계에서 점차 슈퍼스타의 지위를 얻게 되었다. 하지만 이것이 뉴턴 이후 가장 혁명적인 발견이었을까? 정작 아인슈타인 본인은 자신의 특수 상대성 이론보다 1905년에 발표한 첫 번째 논문인 광전 효과에 대한 논문이 더 기발하다고 생각했다. 결국 아인슈타인은 자신이 상대성 이론을 발견하지 않았더라도 언젠가 누군가가 분명히 발견했을 것이라고 믿었다.

그의 말대로였다. 물론 일반 사람들에게는 블랙홀이나 시간여행이 훨씬 더 상상력을 자극하는 주제일 수 있다. 하지만 광전 효과에 대한 아인슈타인의 설명은 훨씬 더 혁신적이었으며, 장기적으로 훨씬 많은 돌파구를 가

"삶은 자전거를 타는 것과 같다. 균형을 유지하려면 앞으로 나아가야 한다."

져왔다. 그러니 E = mc² 대신에, 티셔츠와 커피잔은 훨씬 더 기념비적인 E = hv로 장식하는 것이 더 나을 것이다.

3.3 최초의 원자 모형들

플랑크처럼 아인슈타인과 점차 가까운 친구가 된 또 한 사람은 닐스 보어(Niels Bohr, 1885~1962년)였다. 보어는 1911년, 젊은 박사 과정 학생으로서 케임브리지에서 연구할 기회를 얻게 되는 행운을 누렸다. 훌륭한 물리학도답게, 특히 깊이 파고들 만한 도전적인 문제를 찾고자 했다. 그렇게 그는 조지프 존 톰슨(Joseph John Thomson, 1856~1940년)의 연구

닐스 보어

그룹에 합류했다. 톰슨은 원자를 '플럼 푸딩(plum pudding)'에 비유하며 전자를 발견한 것으로 유명했다.

톰슨의 원자 모형은 원자를 (양전하를 가진) 끈적한 덩어리에 음전하를 가진 건포도(전자)가 박혀 있는 모습으로 묘사했다. 이 양전하의 덩어리와 음전하의 건포도들의 합은 중성의 원자를 형성한다고 보았다. 재미있게도 조지프 존 톰슨은 전자가 입자라는 것을 발견한 공로로 1906년 노벨 물리학상을 받았는데, 20여 년 뒤 그의 아들 조지 톰슨은 전자가 파동임을 입증한 실험으로 대를 이어 노벨 물리학상을 받았다. 톰슨 & 아들 회사(톰슨 가문)에 한바탕 소동이 있었던 셈이다.

보어는 톰슨의 '푸딩 모형'에 대해 몇 가지 의문을 제기했다. 그는 이 모델이 너무 단순하다고 생각했다. 결국 중요한 것은 실제로 이 모델이 실험 결과와 얼마나 잘 맞는가였다. 간단히 말해, 톰슨의 이론은 현실과 전혀 들어맞지 않았다. "푸딩의 진정한 가치는 먹어봐야 안다." 보어는 그렇게 새로운 이론을 모색하며 원자 구조를 근본적으로 재해석하기 시작했다. 그래서 보어는 자신이 원하던 '흥미로운 문제'를 얻게 되었다.

그 문제를 탐구하는 과정에서 보어는 신이 났지만, 톰슨은 그리 즐거워하지 않았다. 톰슨은 자신이 만든 푸딩 모델을 보어가 탐탁지 않게 여기는 것을 달가워하지 않았고, 보어에게 다른 동료를 찾아보라고 냉소적으로 말했다. 이에 따라 보어는 1911년 모든 짐을 챙겨 맨체스터로 떠났다.

하지만 이는 결과적으로 행운이었다. 맨체스터에서 그는 자신의 '영혼의 형제'라 할 수 있는 어니스트 러더퍼드(Ernest Rutherford, 1871~1937년)를 만나게 되었기 때문이다. 러더퍼드는 실험 중심의 연구자로, 톰슨의 푸딩 모델을 실험을 통해 끝까지 반박해냈다. 러더퍼드 아래에서 원자 구조는 마침내 적절한 해석을 얻게 되었다. 그는 원자를 무려 태양계와 비유했던 것이다. 이 관점에서 원자는 중심에 있는 양전

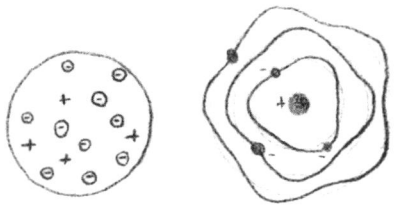

톰슨과 러더퍼드의 원자 모델 비교

하를 띤 핵과, 그 주위를 도는 전자로 구성되어 있었다.

러더퍼드는 톰슨의 푸딩 모형을 실험적으로 검증하는 과정에서 자신의 원자 모델을 발전시켰다. 이 과정에서 그는 알파 입자(전자가 제거된 헬륨 원자)를 금박에 쏘아 그 궤적을 관찰하는 실험을 수행했다. 실험 결과는 놀라웠다. 대부분의 알파 입자는 거의 방해받지 않고 금박을 관통했는데, 일부는 약간의 '산란' 또는 굴절을 보인 반면, 아주 극소수(0.000001%)는 완전히 반사되었다. 러더퍼드는 이 현상을 보고 경악했다. 그는 이 결과를 "얇은 티슈에 대포알을 쏘았는데 대포알이 튕겨 나온 격"이라며 설명했다. 이 결과는 톰슨의 푸딩 모형으로는 절대로 설명할 수 없었다. 톰슨의 모형은 전자와 양전하가 골고루 분포되어 있다고 가정했기 때문이다.

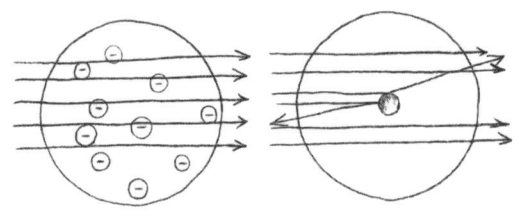

톰슨의 산란 vs 러더퍼드의 관찰

러더퍼드의 실험은 원자 구조에 대한 새로운 통찰을 제시하며, 원자핵의 존재와 핵 중심 모델의 기초를 다졌다. 이는 현대 원자물리학의 큰 전환점이 되었으며, 톰슨의 '푸딩 모형'은 역사 속으로 사라지게 되었다.

몇 주간의 연구 끝에 러더퍼드는 깨닫기 시작했다. 만약 원자가 정말로 건포도가 가득 찬 푸딩이라면, 알파 입자가 완전히 반사될 가능성은 거의 0에 가까웠을 것이다. 왜냐하면 전자라는 '건포도'는 너무 가볍고, '푸딩'은 너무 끈적거리기 때문에, 강력한 알파 입자는 아무 방해 없이 그대로 통과해야만 했다. 러더퍼드가 오랜 탐구와 사고 끝에 도달한 유일한 설명은 원자가 거의 비어 있으며, 원자의 모든 질량이 전체에 걸쳐 퍼져 있는 것이 아니라 아주 작고 양전하를 띤 한 부분에 집중되어 있어야 한다는 것이었다. 그 아주 작은 부분은 알파 입자를 되돌려 보낼 만큼 충분히 무거워야만 했다. 이 아주 작은 부분이 바로 원자핵이어야 했다.

좀 더 구체적으로 말하자면, 러더퍼드는 그의 실험을 통해 금 원자핵의 지름이 금 원자 전체의 지름보다 약 1만 배나 작아야 한다는 결론을 내렸다. 만약 운이 좋아 알파 입자가 바로 그 양전하를 띤 원자핵 부분에 충돌하게 된다면(그 확률은 0.000001%에 불과하다), 그 알파 입자는 반사된다. 하지만 잠깐, 이것은 원자의 99.9999999999%가 빈 공간이라는 뜻이 아닌가? 그렇다면 물질이 대부분 빈 공간으로 이루어져 있다는 뜻인데, 그런데도 어떻게 그렇게 단단할 수 있는가? 왜 우리는 의자에 앉았을 때 의자를 뚫고 떨어지지 않는가? 아니면 복싱 장갑을 끼고 샌드백을 쳐도 손이 샌드백을 뚫고 지나가지 않는 이유는 무엇인가?

러더퍼드는 그의 원자 모델로 세상을 뒤흔들었다. 이 뉴질랜드 출신 과학자는 (아인슈타인처럼) 비범한 직관력을 가지고 있었으며, 분명히 더 많은 것이 존재한다고 확신했다. 원자핵에 대한 이야기가 여기서 끝날 리는 없었다. 그가 제안한 원자 모델에서 원자핵은 태양(양전하를 띤 핵)에 비유되었으며, 그 주변을 전자(음전하)가 행성처럼 일정 궤도로 돌고 있었다. 이 모델은 20세기 물리학 전반에 결정적인 영향을 미쳤다.

모든 해결책에는 새로운 문제가 따라왔다. 어떻게 원자핵 주위를 도는 전자가 에너지를 잃지 않는지 설명할 수 있을까? 전자가 끊임없이 전자기 복사를 방출한다면, 결국 에너지가 고갈되어 핵으로 떨어져 산산조각이 나야 하지 않을까? 그러나 실제로는 그렇지 않다. 그렇다면 왜 그런가? 왜 (음전하를 띤) 전자가 마치 자석처럼 (양전하를 띤) 핵에 달라붙지 않는 것일까? 이 큰 의문에도 불구하고, 한 가지는 분명했다. 고전 물리학으로는 이 문제를 해결할 수 없었다. 이제 더 이상 플랑크 상수를 무시할 수 없는 시대가 온 것이다.

닐스 보어는 본질적으로 이론가였으며(실험에 몰두했던 러더퍼드와는 달리), 이런 대담한 연구들에 깊은 감명을 받았다. 그는 러더퍼드의 실험을 면밀히 검토하고, 그의 동료가 제안한 원자 모델을 명확한 수학적 이론으로 정리했다. 보어는 플랑크의 아이디어를 조금, 아인슈타인의 개념을 약간 차용한 뒤, 대담한 가정을 가미하고, 이를 고전 물리학이라는 믹서기에 잘 섞어 새로운 가설을 도출해냈다. 이 가설은 원자의 작동 원리와 구조를 거의 완벽하게 설명할 수 있는 기반이 되었다.

아인슈타인과 플랑크가 광자의 에너지가 양자화되어 있다는 사실을 발견했다면, 보어는 한발 더 나아가 전자의 궤도 또한 양자화되어 있어야 한다고 가정했다. 전자는 빵 속에 흩어진 건포도처럼 아무 데나 있는 것이 아니라 원자핵 주위의 궤도(오비탈)를 따라 움직인다. 보어에 따르면, 이러한 궤도는 각각 특정한 에너지 준위를 가진다. 원자핵에 가장 가까운 궤도는 기타 줄의 기본음과 같아서 가장 적게 진동하거나 '마디'가 가장 적으며, 따라서 에너지도 가장 적다. 원자핵에서 더 멀리 떨어진 궤도는 기본 상태의 배수로, 더 많은 에너지를 가진다. 기타 줄에서 각 음의 에너지가 기본음의 배수로 구성되듯이, 전자의 에너지 준위도 모두 기본 상태의 배수로, 서로 완벽히 맞아떨

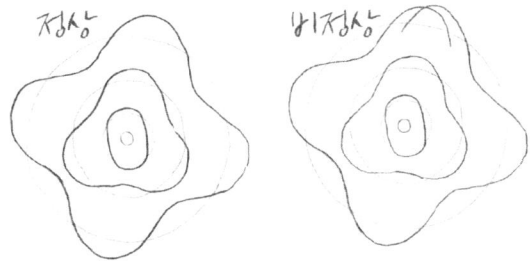

보어의 원자 모델에 따르면, 전자는 원자핵 주위를 정확히 정수배의 파장을 가지는 형태로 움직이는 궤도를 따른다. 완전한 정수배의 회전을 이루지 못하는 파동(오른쪽 그림 참고)은 존재하지 않는다.

어진다.

전자가 자신의 궤도를 따라 움직이다가 다가오는 빛 입자(광자)를 감지하면, 전자는 완전히 흥분 상태('들뜬 상태', 즉 '여기 상태')에 이르게 된다. 이때 전자는 그 광자를 흡수하며 필요한 에너지를 얻어 더 높은 에너지 준위의 궤도로 도약하게 된다. 하지만 이것은 광자(에너지 $h\nu$)가, 전자가 출발하는 궤도의 에너지와 도착하는 궤도의 에너지 차이에 정확히 일치하는 에너지를 가질 때만 일어난다. 자연에서는 에너지가 결코 사라지지 않기 때문이다. 반대로, 전자가 더 낮은 에너지 준위의 궤도로 되돌아가면(이것은 완전히 무작위로 일어난다), 그 에너지는 방출되어 광자(빛 입자)로 변환된다. 전자가 자신의 궤도에서 안정적으로 움직이고 있을 때는 에너지(혹은 빛 입자)를 방출하지 않는다.

또 전자는 두 궤도 사이에 '머무를 수' 없다. 마치 사다리처럼, 전자는 오직 사다리의 특정 단(에너지 준위) 위에만 있을 수 있다. '중간 단계'를 밟는 것은 불가능하다. 이처럼 계단이 양자화된 구조를 가지듯, 원자의 에너지 준위도 양자화되어 있다. 따라서 각 원자는 고유한 에너지 계단 구조를 가지고 있다.

그렇다면 전자가 원자핵 주위를 계속 돌게 만들며 핵에 떨어져 산산조각이 나지 않게 하는 그 신비로운 힘은 무엇일까? 이 질문에 보어는 답을 내놓지 못했다. 이 문제의 해답은 1925년에 이르러 슈뢰딩거와 하이젠베르크에 의해 비로소 명확해졌다. 그럼에도 불구하고 보어는 최초로 매우 명확한 원자 모델을 제시한 사람이었고, 이를 통해 단번에 세계적으로 유명해졌다. 이 모델 덕분에 그는 원자가 특정 진동수(주파수)로 빛을 방출하는 이유를 설명할 수 있었다. 또, 그의 모델은 멘델레예프의 주기율표에서 주기적 구조를 이해할 수 있는 첫 걸음을 제공했다.

보어와 러더퍼드 이론의 큰 '문제'는 여전히 전자를 어떤 이유에서인지 원자핵 주위를 돌고 있는 입자로 간주했다는 점이다. 마치 행성이 태양 주위를 도는 것처럼 말이다. 이들은 특정 주파수에서 전자가 궤도를 바꿀 수 있다고 주장했지만, 전자가 입자이면서 동시에 파동일 수 있으며, 전자가 원자의 형태를 결정하거나 형성한다는 사실

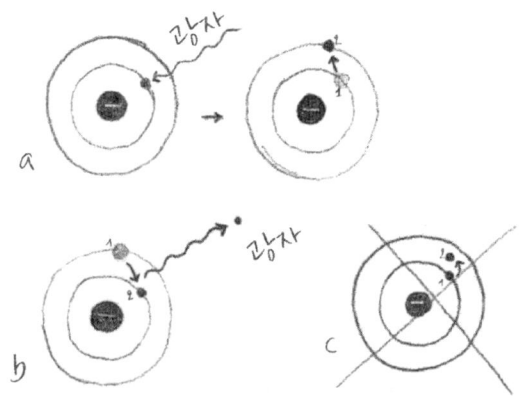

(a) 광자를 흡수하면 전자가 더 높은 에너지 궤도로 도약한다.
(b) 더 낮은 에너지 궤도로 떨어질 때 광자를 방출한다.
(c) 전자는 두 궤도 사이에 머무를 수 없다.

을 주장할 용기는 없었다. 전자에 파동적 성질이 있다는 개념은 빛의 파동성을 이해하는 것보다 훨씬 더 어렵다. 플랑크와 마찬가지로, 보어도 자신의 이론을 단순히 '요령'으로 제시했다. 그러나 그것은 중요하지 않았다. 가장 중요한 것은 이 이론이 일치했다는 것이다. 목적이 수단을 정당화한 셈이다. 다만, 플랑크와 마찬가지로 보어도 왜 이런 현상이 일어나는지에 대한 명확한 설명을 제시할 수는 없었다.

맥주와 '보어 아이들'

닐스 보어와 세계 최고의 맥주 중 하나로 꼽히는 칼스버그(Calsberg) 사이에 어떤 연결 고리가 있을까? 정답은 덴마크 왕립 과학 아카데미이다. 이 아카데미는 칼스버그로부터 직접적으로 지원을 받아 과학 연구와 젊은 인재 양성에 투자해왔다. 보어가 덴마크로 돌아왔을 때, 아카데미는 이를 크게 환영하며 그에게 막대한 자금을 지원해 코펜하겐에 자신의 물리학 연구소를 설립하도록 도왔다. 이 연구소는 전 세계에서 가장 뛰어난 학생들과 과학자들이 모이는 혁신의 중심지가 되었다. 칼스버그는 지금도 여전히 아카데미에 이익의 일부를 기부하며 과학 연구를 지원하고 있다.

칼스버그 양조장 한가운데에 있는 빌라에는 가장 저명한 덴마크 과학자가 살도록 규정되어 있었다. 보어는 이 영예를 처음으로 누린 과학자 중 한 명이었다. 보어의 연구소는 새로운 아이디어의 온상이 되었고, 양자역학의 토대를 쌓아 올린 수많은 위대한 과학자들의 모임 장소가 되었다. 이들 중에는 하이젠베르크, 파울리, 디랙(Dirac), 가모프(Gamow), 란다우, 에렌페스트(Ehrenfest) 등이 포함되었다.

이들은 모두 '보어의 아이들'이라고 불리며 지식을 향한 갈증으로 양자역학의 근본을 구축했다. 이들의 관점은 지금까지도 '코펜하겐 학파'로 알려져 있으며, 양자역학의 주요 이론적 기반이 되고 있다. 보어는 이 집단의 위대한 멘토이자 양자역학의 대부로 자리매김했다. 그러니 양자역학을 지원하고 싶다면? 칼스버그 한 잔을 들며 '건배'를 외치면 된다!

3.4 입자와 파동 묶음

20세기 초, 전쟁 전의 평화롭고 아름다웠던 프랑스는 마치 와인 포도를 수확하듯, 실험 물리학 분야에서 학문적 기회가 넘쳐났다. 그러나 제1차 세계대전이 발발하며 수많은 젊은이가 희생된 것과 함께, 물리학의 발전도 중단되었다. 뛰어난 수학적 재능이 있든 없든, 모든 사람은 참호 속으로 내몰렸다. 전쟁이 끝난 뒤에도, 지친 사람들 사이에서 학문을 부흥시키려는 노력은 거의 이루어지지 않았다. 게다가, 프랑스는 독일과 오스트리아 과학자들과의 교류를 금지하는 금수 조치(embargo)를 도입했다. 이는 폭탄이든 지적 재산이든, 모든 중요한 자원을 국경 안에 엄격히 제한하려는 의도였다.

그러나 이런 참호 전쟁에서 면제된 한 사람이 있었다. 바로 루이 빅토르 피에르 레이몽 드 브로이 공작이었다.[13] 그는 전쟁 중 (참고로, 에

---

[13] '드 브로이'라는 이름은 발음에 있어 많은 혼란을 불러일으킨다. 어떤 사람들은 이를 '브로콜리'라고 발음하고 싶어 하고, 다른 사람들은 '브로글리'라고 고집한다. 그러나 정통 발음을 아는 이들에 따르면, 이는 오히려 '드 브뤼'처럼 발음하는 것이 맞다고 한다.

루이 빅토르 피에르 레이몽 드 브로이 공작

펠탑 아래에 있던) 무선 통신 부서에서 근무하며, 적의 무선 통신을 감청하는 임무를 맡았다. 루이 드 브로이는 처음에는 과학자가 될 생각이 없었다. 그는 파리 소르본 대학에서 중세사를 공부하며 외교관이 될까 생각했었다. 그의 아버지조차도 "나처럼 정치인이 되어야 한다! 아니면, 차라리 총리가 되지, 그래!"라며 그의 미래를 그려주었다. 하지만 역사는 다른 방향으로 흐르게 되었다. 그의 형(자연과학자)의 영향으로, 드 브로이는 고딕 성당을 연구하던 시간을 전자기파 연구로 바꾸었다. 그는 약혼을 깼고 역사책을 치워 버렸다. 그의 사회생활은 점점 사라졌고, 라신 같은 고전 문학으로 가득하던 그의 비범한 기억력은 제곱근의 공식, 즉 수학과 과학으로 바뀌었다. 드 브로이는 과학을 하기로 결심했다! 그가 양자역학에 남긴 업적은 노트르담 성당처럼 수 세기 동안 굳건히 남을 것이었다.

노블레스 오블리주

어느 날 영국 해협 건너편에서 온 한 남자가 파리 외곽 뇌이쉬르센(Neuilly-sur-Seine)에 있는, 루이 빅토르 피에르 레이몽, 일명 드 브로이 공작의 저택 문을 두드렸다. 그 방문자(러시아 출신의 미국인 과학자인 조지 가모프)는 드 브로이와 대화를 나누기 위해 서툰 프랑스어를 구사하며 고군분투했다. 드 브로이는 영어를 전혀 하지 못했기 때문에, 가모프는 불편한 프랑스어로 소통해야 했다.

1년 후, 이 프랑스 귀족은 영국으로 건너가 과학 강연을 진행했다. 이번에는 완벽에 가까운 영어로 발표를 했다. 드 브로이는 자신의 원칙을 중시했는데, 프랑스에서는 프랑스어를, 영국에서는 영어를 사용해야 한다고 믿었다. 이런 노력은 그가 단순한 과학자가 아니라 원칙을 지키는 귀족적 인물임을 보여주었다.

모든 것은 1924년 드 브로이의 학위 논문 「양자 이론에 대한 연구(Recherches sur la Théorie des Quanta)」에서 시작되었다. 심사위원회는 이 논문을 어떻게 처리해야 할지 몰라 당황했다. 그들이 전혀 이해하지 못했기 때문이 아니라 이해하지 못했다는 사실을 인정하기 어려웠기 때문이다. 논문에는 모든 입자가 파동적 성질을 가지고 있다고 적혀 있었다. 입자가 파동이기도 하다는 생각은 당시 대부분의 과학자들에게 '브르타뉴식 비둘기 요리법[14]'처럼 말도 안 되는 이야기였다. 완전히 주제와 동떨어진 얘기처럼 여겨졌다.

---

[14] 생소하고 난해한 프랑스 전통요리법. 드 브로이의 주장이 과학 얘기가 아니라 무슨 미식가 잡지에나 나올 법한 생뚱맞은 이야기처럼 들렸다는 뜻이다. - 편집자 주

물질은 입자이고, 빛은 파동(때로는 약간 입자)이라고 믿는 것이 당시의 일반적인 견해였다. 확실히 하기 위해, 그의 지도교수 폴 랑주뱅(Paul Langevin)은 비공식적으로 논문을 아인슈타인에게 보냈다. 아인슈타인이 이 논문에 대해 어떻게 생각할지 궁금했기 때문이다. 아인슈타인은 전혀 의심하지 않았고, 단번에 그 논문이 훌륭하단 걸 알아보았다. 심지어 '정말 훌륭하다!'고 말이다.

드 브로이는 보어의 연구에서 출발했지만, 그와는 전혀 다른 해석을 내놓았다. 만약 파동이 입자라면, 입자도 파동이어야 한다는 것이다. 즉, 모든 입자는 파동이다. 전자, 양성자, 심지어 골프공까지, 결국 모두 파동으로 구성되어 있다는 것이다. 더 정확히 말하자면, 파동의 집합체인 파동 묶음(파동 다발, 파속(波束))이다. 파동 묶음은 특정 위치에 국한되어 있는 파동의 조각이다. 이는 서로 다른 주파수를 가진 파동들의 집합(중첩)이다.

이 파동 묶음이 얼마나 잘 정해져 있는지는 가장 큰 진폭을 가진 파동(모 파동)의 파장에 달려 있다. 즉, 그 파장보다 더 좁게 국소화될 수는 없다. 드 브로이는 모든 입자가 이러한 파동 묶음이며, 그래서 입자는 파동 묶음의 시작(a)과 끝(b) 사이 어딘가에 존재한다고 말했

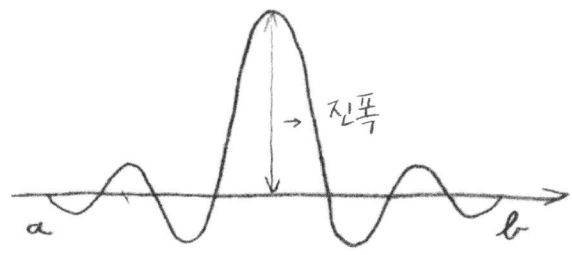

파동 묶음. 화살표는 진폭을 나타낸다. 파동 묶음의 길이는 모 파동(가장 큰 진폭을 가진 파동)의 파장에 따라 달라진다.

다. 마치 그 입자가 그 전체 범위에 걸쳐 퍼져 있는 것처럼, 거의 모든 곳에 동시에 퍼져 있는 것처럼 말이다.

드 브로이가 양자역학에 기여한 가장 중요한 것은 각 입자의 파장을 어떻게 구할 수 있는지, 그리고 그 입자가 얼마나 국소화될 수 있는지를 나타내는 공식이다. 이를 위해 그는 '드 브로이 파장'을 도입했는데, 이는 플랑크 상수를 입자의 운동량(질량 × 속도)으로 나눈 값과 같다. 공식은 다음과 같다.

$$\lambda = \frac{h}{p} = \frac{h}{m \cdot v} \approx \frac{h}{\sqrt{m \cdot k \cdot T}}$$

λ는 파동 묶음의 크기를 나타낸다. 평형 상태에 있는 시스템에서 운동량은 그 시스템의 질량, 볼츠만 상수, 온도의 곱의 제곱근과 같다.

이 공식은 물리학에서 중요한 위치를 차지한다. 이 공식을 통해 우리는 시스템(예를 들어 골프공의 경로, 금속 내의 전자, 또는 태양 속의 수소 원자)을 설명하는 데 양자역학이 필요한지 아닌지를 파악할 수 있다. 양자역학을 적용해야 하는 경우는, 입자의 파장이 매우 작아져서 고전 물리학적 모델로는 설명할 수 없을 때이다. 예를 들어 전자와 같은 미세한 입자들의 운동을 설명할 때, 고전 물리학만으로는 정확한 예측이 불가능하다. 이때 드 브로이의 공식이 유용하게 사용된다.

요약하자면, 입자들 사이의 평균 거리가 각 입자의 파장(드 브로이 파장)보다 작을 때, 그것들의 파동 묶음이 서로 겹친다. 입자들은 자신의 정체성을 잃고, 간섭을 일으키는데, 그러면 이것이 양자임을 바로 알 수 있다. 그렇지 않고 입자 간의 거리가 그 파장보다 충분히 크다

입자	온도	밀도	질량	Q
골프공	273K	$10000/m^3$	$2 \times 10^{24}u$	10^{-29}
네온(기체)	273K	$10^{25}/m^3$	20u	10^{-7}
헬륨(기체)	273K	$10^{25}/m^3$	4u	10^{-6}
헬륨(액체)	4K	$10^{28}/m^3$	4u	1
루비듐(BEC)	$10^{-7}K$	$10^{19}/m^3$	87u	1.5
알루미늄 속 전자	273K	$10^{29}/m^3$	$5 \times 10^{-4}u$	10^4
중성자별의 중성자	10^8K	$10^{44}/m^3$	1u	10^6

Q는 드 브로이 파장의 크기를 입자 간의 평균 거리로 나눈 값이다. Q가 1보다 크면 그것은 양자이다. 클수록 더 많은 양자적 특성을 지닌다. 전자는 항상 양자적이다. 골프공과 귀금속 기체들은 분명히 그렇지 않다. 단, u는 원자 질량 단위인데, 1u는 탄소-12 원자 질량의 1/12에 해당하는 질량이다. 즉 1u = 1.66×10^{-27}kg.

면, 뉴턴의 고전 물리학이 우리를 도와주며, 그때는 양자가 필요 없다. 드 브로이 파장이 입자 간 거리보다 커질 수 있는 세 가지 상황이 있다. 즉 입자가 매우 많이 모여 있을 때(입자가 많을수록 더 촘촘히 모인다), 매우 가벼운 입자일 때(질량이 작을수록 드 브로이 파장이 더 커진다), 매우 낮은 온도일 때(온도가 낮을수록 입자의 에너지가 적어진다)이다.

일상적인 것들에는 언뜻 보기에 양자역학이 필요하지 않은 것처럼 보인다. 그러나 그렇다고 해서 양자역학이 일상생활에서 중요하지 않다는 뜻은 아니다. 물질을 단단하게 만드는 것은 무엇인가? 양자! 화학 반응과 결합을 가능하게 하는 것은 무엇인가? 양자! 모든 것에 색을 부여하는 것은 무엇인가? 양자!

3.5 이중 슬릿 실험으로 본 양자역학

만약 드 브로이 공작이 그의 신비롭고도 천재적인 박사 논문에서 그렇게 단호하게 주장했던 것을 실험적으로 증명할 수 있다면 얼마나 좋을까? 우리는 전자들이 파동 성질을 가진다는 것을 실제로 보고 싶다. 드 브로이는 양자역학의 이 기이한 특성을 입증하는 데 '이중 슬릿 실험'보다 더 나은 방법이 없다는 것을 알고 있었다. 하지만 그는 그 실험을 직접 해본 적이 없었다. 클린턴 데이비슨(Clinton Davisson, 1881~1958년)과 레스터 거머(Lester Germer, 1896~1971년)는 1927년에 웨스턴 일렉트릭의 실험실에서 그 실험을 수행했다. 나중에 그곳은 유명한 벨 연구소로 이름이 바뀌었다.

두 사람은 실험하는 동안 전자들을 하나씩 니켈 결정 격자에 발사했다. 이 결정은 두 개의 슬릿 역할을 했다. 격자 뒤에는 투사 화면이 설치되어 있었다. 실험의 목적은 입자들이 그 투사 화면에서 어디에 도달하는지 관찰하는 것이었다. 드 브로이에 따르면, 간섭 패턴이 나타나야 한다. 왜냐하면 간섭은 두 파동이 서로 만날 때 발생하기 때문이다. 파동들은 서로 보강되기도 하고(진폭이 높아짐), 또는 상쇄

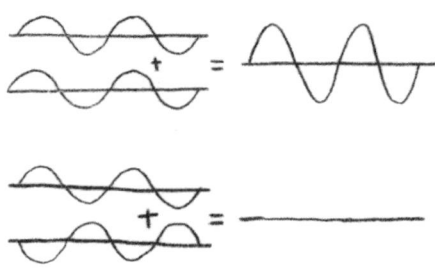

보강 간섭과 상쇄 간섭

되기도 한다(진폭이 줄어들거나 완전히 사라짐). 이제 우리는 실험을 통해 이를 확인해보려 한다.

이 실험의 중요성을 좀 더 강조하기 위해, 우리는 먼저 명확하게 입자임이 드러나는 물질, 예를 들어 토마토를 사용하여 이중 슬릿 실험을 진행하고, 그다음에는 확실히 파동인 물질(물결파)을 사용하며, 마지막으로 전자를 이용해 실험을 진행할 것이다.

먼저 토마토(a). 왼쪽 슬릿을 막았다고 가정하자. 그러면 정확하게 조준된 토마토들이 오른쪽 슬릿을 통과하며, 투사 화면 오른쪽에 퍼져 나간 토마토들로 이루어진 길고 붉은 자국이 나타난다. 오른쪽 슬릿을 막으면, 토마토들은 왼쪽 슬릿을 통과하고, 투사 화면 왼쪽에 부서진 토마토들의 길고 지저분한 자국이 나타난다. 두 슬릿 모두 막지 않으면, 투사 화면에 두 개의 겹쳐진 토마토 자국이 나타난다. 최종 결과는 첫 번째와 두 번째 결과의 합산이다. 결론적으로 토마토는 입자다. 의심의 여지가 없다.

이제 물결파로 실험을 수행해보자(b). 우리가 물에 돌을 던질 때마다 물 표면에서 파동이 발생하며 점점 더 퍼져 나간다. 다시 시나

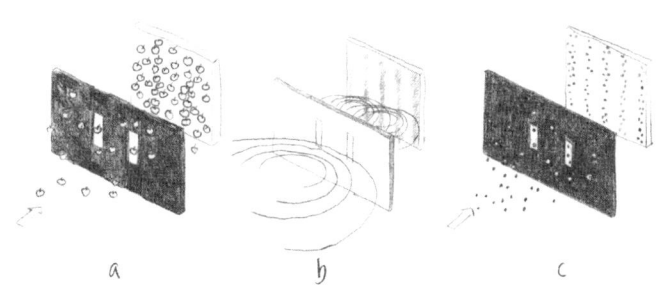

이중 슬릿 실험이 (a) 토마토, (b) 물결파, (c) 양자 입자(전자)로 수행된 경우

리오를 반복해보자. 즉 한 슬릿을 막고, 다른 슬릿을 막고, 그리고 두 슬릿을 모두 열어본다. 여기서 결과는 훨씬 더 흥미롭다. 왼쪽 슬릿이 막히면, 파동은 오른쪽 슬릿을 통과하면서 갈라지고(이를 회절이라고 한다), 화면 반대편에 여러 개의 작은 파동이 나타난다. 반대로 오른쪽 슬릿이 막히면, 파동은 왼쪽 슬릿을 통과하면서 갈라진다.

동시에 두 슬릿을 통해 파동을 흘려보내면, 모든 '갈라진' 파동들이 서로 겹친다. 파동들의 이런 중첩은 서로를 보강하거나 약화시키도록 만들고, 그게 바로 간섭이다. 결국 투사 화면에 어디에 도달하는지는 두 슬릿에서 나온 각각의 파동 흐름이 서로 영향을 미치는 정도에 전적으로 달려 있다. 결론적으로 파동은 실제 파동처럼 행동한다.

마지막으로 전자를 이용한 실험(c)을 살펴보자. 중요한 세부 사항은 전자들을 하나씩 화면에 발사한다는 점이다. 전자들이 (양자) 입자

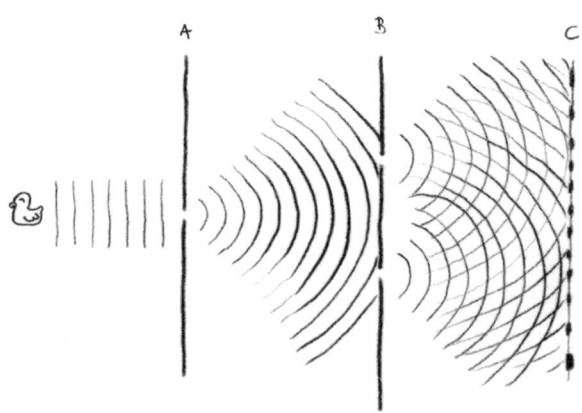

간섭은 파동이 첫 번째 벽(A)을 통과한 후, 두 번째 슬릿(B)을 통과하면서 '회절'되어 나뉘고, 다시 만날 때 발생한다. 두 파동이 서로 보강하거나 상쇄되며, 이로 인해 투사 화면(C)에서 간섭 패턴이 형성된다.

라는 사실을 알면, 토마토 실험에서와 같은 결과를 예상할 수 있다. 그러나 전혀 그렇지 않다. 전자는 물결파 실험과 같은 결과를 보인다. 따라서 드 브로이가 옳았다. 전자가 동시에 첫 번째와 두 번째 슬릿을 통과한다면, 그 입자는 그 전체 파장에 걸쳐 퍼져 있을 수밖에 없다. 여기서 결정적 요소는 슬릿 사이의 거리다. 이 거리가 전자의 드 브로이 파장보다 작으면 전자는 파동처럼 행동하고, 슬릿 사이의 거리가 훨씬 크면 (토마토 실험에서처럼) 입자처럼 행동한다. 요약하자면, 입자와 파동의 차이는 바로 드 브로이 파장에 달려 있다.

마무리로 하나 더 소개하고 싶은 내용은 동일한 실험에 (큰 결과를 초래하는) 작은 변형이 뒤따른다는 점이다. 두 개의 슬릿 중 하나에 검출기를 설치하여 전자가 어느 슬릿을 통과했는지 확인하면, 간섭 무늬가 사라지고 전자는 다시 입자처럼 행동한다. 이보다 더 명확하고 신비로울 수는 없다. 무언가를 관찰함으로써 그것의 특성이 변한다는 것이다. 리처드 파인만(Richard Feynman, 6장의 핵심 인물)은 이중 슬릿 실험에 대해 "고전 물리학으로는 절대로 설명할 수 없으며, 양자역학의 모든 신비를 설명한다"고 간명하게 결론지었다. 이 실험에서 양자와 관련된 모든 것을 도출할 수 있다. 이를 이해한다면, (거의) 모든 것을 이해할 수 있는 셈이다.

3.6 하이젠베르크의 현미경

"이봐, 어리석은 자야, 무슨 일이 일어나는지 이해하려면 어서 네 현미경을 집어 들어라. 그러면 놀라고 겁먹게 될 것이다. 무한히 큰 세계는 무한히 작은 세계 안에 감춰져 있다. 그것들은 모두 끝없는 통속의 파도일 뿐. 무한히 큰 세계의 경계는 자연 속에 있지 않다. 그 경계는 서투른 도구, 불완전한 기관에서 찾아보라. 네 눈알은 동료라기보다 장애물에 가깝지. 그러니 눈을 뜨고 이 광경을 보라. 그리고 보라. 작은 것이 얼마나 이해할 수 없을 만큼 거대하고 비현실적이라는 것을!" - 빅토르 위고

이중 슬릿 실험은 우리를 베르너 하이젠베르크(1901~1976년)와 그의 '현미경'으로 자연스럽게 이어준다. 이 현미경은 단순히 실제 현미경이 아니라 보는 방식을 뜻한다. 즉 관찰의 방식을 상징한다. 관찰한다는 것은 과연 무엇을 의미하는가? 어떤 것이 속성을 가진다는 것은 무엇을 뜻하는가? 우리가 무언가를 이해한다고 생각할 때, 우리는 실제로 무엇을 아는가? 우리가 무언가를 연구하고자 한다면, 우선 그것을 봐야 한다. 하지만 무언가를 보기 위해서는 빛이 필요하다. 그러나 빛(광자)을 어떤 시스템에 비추면, 그 빛은 대상에서 반사되어 필연적으로 그것을 교란하게 된다.

여기에 대해선 섬세한 논의가 필요하다. 우리가 단순히 눈으로 거시적 물체를 관찰한다고 해서 사물에 아무런 변화도 일어나지 않는다. 예를 들어, 시간을 확인하기 위해 시계를 본다고 해서 시곗바늘이 갑자기 움직이는 일은 없다. 그러나 전자의 정확한 위치를 파악하려고 할 때는 상황이 다르다. 이 모든 것은 관찰 대상의 운동량에 비해 광자의 운동량이 얼마나 큰가에 따라 달라진다.

이것은 놀이공원에 있는 범퍼카로 설명할 수 있다. 움직이는 범퍼카가 정지된 범퍼카와 충돌하면, 첫 번째 범퍼카는 멈추고 두 번째 범퍼카는 튕겨 나간다. 운동량이 전달된 것이다. 반면, 파리가 자동

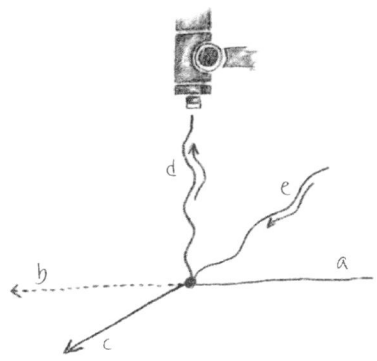

하이젠베르크 현미경. a, b: 전자의 원래 경로. c: 굴절된 전자. d: 반사된 광자. e: 입사된 광자.

차 창문에 부딪힌다면 그 영향은 무시할 수 있을 정도로 작다. 다시 말해, 모든 것은 크기에 달려 있다.

만약 10^{-10}미터의 정밀도로 어떤 것을 측정하려 한다면, 10^{-10}미터의 파장을 가진 빛이 필요하다. 그러나 골프공의 운동량은 이 같은 파장을 가진 빛의 운동량보다 훨씬 더 크다. 이것은 왜 10^{-10}미터 파장의 빛이 골프공을 흔들지 못하는지를 설명한다. 반면 전자의 운동량은 이러한 빛 입자(광자)의 운동량과 거의 동일하다. 이로 인해 전자는 훨씬 더 큰 방해를 받을 것이다.

이 같은 사고는 하이젠베르크를 하나의 보편적인 법칙으로 이끌었다. 이 법칙은 어떤 물체의 위치를 더 정확히 알려고 하면 할수록 그 물체를 더 많이 방해하게 된다는 것을 말한다.

이 법칙은 물질 입자의 드 브로이 파장을 매우 직관적으로 설명해준다. 즉 물질 입자의 운동량과 동일한 운동량을 가진 빛의 파장이다. 다시 말해, 물질 입자를 드 브로이 파장과 동일한 파장의 빛으로 관찰하면, 그 입자는 매우 크게 방해를 받게 된다. 골프공의 드 브로이 파장은 10^{-20}미터이다. 여기에 어떤 영향을 미치려면 최소 10^{-20} 미터의 파장을 가진 빛이 필요하다. 그러나 이렇게 극도로 짧은 파장을 가진 빛은 엄청난 에너지를 가지기 때문에 골프공뿐만 아니라 그 경로에 있는 모든 것을 순식간에 태워버린다. 전자는 골프공보다 훨씬 큰 드 브로이 파장을 가진다. 따라서 전자는 일반적인 빛으로 관찰하면 필연적으로 매우 심각한 방해를 받게 된다. 관찰하는 것은 곧 방해하는 것이다.

하이젠베르크는 다음 장에서 더 중요한 역할을 하게 된다. 그는 현미경을 이용한 자신의 사고 실험에서 영감을 받아 유명한 불확정성 원리를 도출하게 된다. 이를 간략히 설명하면 다음과 같다.

물체의 위치를 더 정확히 알수록 그 운동량(질량 × 속도)을 잘 알 수 없으며, 그 반대도 마찬가지다. 따라서 미시적으로 작은 물체의 위치와 운동량을 동시에 정확히 아는 것은 불가능하다. 이것은 고전 물리학의 법칙과 완전히 모순되지만, 동시에 양자역학의 본질을 구성하는 것이다. 이는 빛의 양자 이론과 우리가 전자를 관찰하는 방식을

베르너 하이젠베르크

연결하는 유일하게 논리적인 방법이다. 그의 사고 실험이 이미 많은 기초를 마련했지만, 하이젠베르크는 자신의 불확정성 원리를 통해 양자역학의 가장 견고한 초석을 세우게 될 것이다.

4장 요약

- 양자 입자는 파동과 그것들의 중첩으로 표현된다. 당신이 파동 함수를 준다면, 슈뢰딩거는 그것이 어떻게 진화할지 말해줄 것이다.
- 파동 함수는 실제 파동이 아니다. 그것은 현실 그 자체가 아니라 정보이다. 측정이 특정 결과를 산출할 확률을 나타낸다. 양자역학의 많은 부분, 특히 상당히 많은 부분은 우연성에 달려 있다.
- 중첩. 양자 세계에서는 사물이 '이것이나 저것(또는)'이 아니라 '이것이면서 저것(그리고)'이다. 큐비트(qubit)는 이를 가장 잘 보여주는 사례다.
- 주요 인물: 에르빈 슈뢰딩거, 막스 보른, 베르너 하이젠베르크, 볼프강 파울리, 폴 디랙.

4장
첫 번째 양자 혁명

4.1 파동의 수용

> "계획이 잘 맞아떨어질 때가 좋다."
>
> – 한니발, 'A 특공대'

20세기 초반, 무언가가 움트기 시작했다. 많은 사람이 가설과 추측, 그리고 '아마도'로 가득 찬 거대한 물결에 압도당했다. 그러나 분명해진 것은 미시 세계가 단순히 거시 세계를 그대로 반영하지는 않는다는 사실이었다. 수많은 이론이 점점 더 신비한 성격을 띠기 시작했다. 입자가 동시에 모든 곳에 존재하면서도 어디에도 없을 수 있고, 입자가 파동이기도 하며, 측정되는 순간 더 이상 파동이 아니라는 주장도 나왔다. 이런 상황에서 누가 이를 이해할 수 있었겠는가?

하지만 세상은 계속 돌아갔다. 전쟁은 끝났고, 삶은 다시 시작되었으며, 어느 날 '1925년'이라는 결정적인 해가 도래했다. 그해부터 발견 하나가 일련의 새로운 사고와 탐구의 도미노를 촉발시켰다. 이전 장에서 계산 불가능해 보였던 실험들이 실행되고 설명될 수 있었으며, 가설과 추측은 확률과 우연으로 대체되었다. 추상적인 물리학은 점점 더 선명한 형태를 띠기 시작했다. 물리학은 죽었다. 양자역학 만세!

에르빈 슈뢰딩거

우리는 에르빈 슈뢰딩거(1887~1961년)로 시작하지만, 사실 이 장은 베르너 하이젠베르크, 막스 보른(Max Born), 또는 폴 디랙(Paul Dirac)으로도 시작할 수 있었다. 1925년경에는 당시 발견된 파동-입자 이중성에 대해 연구하지 않는 사람이 거의 없었다. 따라서 이 미스터리를 설명하기 위한 여러 방법들이 짧은 시간 안에, 그리고 거의 동시에 발견된 것은 우연이 아니다. 결국 시간적 순서는 그렇게 중요하지 않다. 중요한 것은 이 모든 이론이 어떻게 탄생했는지, 그리고 왜 그것이 그렇게 중요한지를 보여주는 것이다.

혁명은 여러 전선에서 동시에 시작되었다. 슈뢰딩거는 드 브로이의 결론에서 출발했다. 모든 입자는 파동의 특성을 지니고 있다는 것이다. 이는 매우 고상한 출발점이지만, 여전히 다음과 같은 질문이 남는다. 그 파동, 그리고 그것이 시간에 따라 변화하는 방식은 어떻게 수학적으로 설명할 수 있을까? 다시 말해, 파동 방정식이란 무엇인가?

1장에서 우리는 파동(많은 고전적 입자로 구성된 것)이 행렬과 미분 방정식을 통해 설명될 수 있다는 것을 보았다. 슈뢰딩거는 이런 동일한 방정식을 하나의 단일한 양자 입자를 설명하는 데 사용하는 과감한 결정을 내렸다. 그는 이 작업을 그리스 문자 ψ(psi)로 표기된 파동 함수를 하나의 입자에 연관시킴으로써 수행했다. 이 파동 함수는 현의 파동 함수와 비교될 수 있는데, 현의 파동 함수는 x축 위의 각 지점과 시간(t)의 각 순간에서 현이 x축에서 얼마나 떨어져 있는지(진폭)를 설명한다.

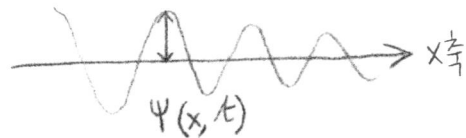

그러나 슈뢰딩거는 보어와 드 브로이의 이론과 일관성을 유지하기 위해 고전적인 파동 방정식에 몇 가지 중요한 변화를 도입해야 했다. 첫 번째 주요 차이는 슈뢰딩거가 양자 파동 함수에서 실수 대신 복소수를 사용했다는 것이다. 공간 전체가 점들로 채워져 있다고 가정하면, 각 점에서 파동 함수는 복소수 형태의 값을 갖게 된다.

그는 또 파동 방정식이 시간에 따라 다른 방식으로 진화하도록 만들었다(궁금해하는 사람들을 위해 설명하자면, 시간에 대한 2차 도함수가 아니라 1차 도함수를 따름). 필요한 계산과 조정을 거친 후, 그는 마침내 양자역학에서 가장 중요한 공식을 종이에 써 내려갔다. 이는 그의 이름을 따 슈뢰딩거 방정식으로 불리게 되었다.

이 책에서 수식을 포함하지 않으려는 의도에도 불구하고, 슈뢰딩거 방정식만큼은 예외로 한다. 이는 그 방정식이 매우 혁신적일 뿐 아니라(그리고 더 놀라운 이유로) 수학적으로도 아름답기 때문이다. 아인슈타인이 옳았다. 옳은 이론은 명쾌하고 영감을 주는 방식으로 아름다워야 한다고 했는데, 이는 자연에 대한 깊은 진실을 드러내야 한다는 뜻이다. 그리하여 슈뢰딩거 방정식은 다음과 같다.

$$i\hbar \frac{\partial}{\partial t} \psi(x, t) = -\frac{\hbar^2}{2m} \frac{\partial^2}{\partial x^2} \psi(x, t) + V(x) \psi(x, t)$$

- i = -1의 제곱근(허수 단위)
- $\hbar$ = 플랑크 상수(h)를 2π로 나눈 값
- $\psi(x, t)$ = 각 위치(x)와 시간(t)에서 복소수 값을 갖는 파동 함수
- $\frac{\partial}{\partial t}$ = 파동 함수의, 시간에 대한 미분(시간에 따라 파동 함수가 어떻게 변하는가)
- m = 입자의 질량
- $\frac{\partial^2}{\partial x^2}$ = 파동 함수의, 위치에 대한 2차 미분
- $V(x)$ = 외부 퍼텐셜(위치 x에서 시스템의 퍼텐셜 에너지)

슈뢰딩거 방정식은 본질적으로 무한 차원의 행렬 방정식(이른바 해밀토니안)으로, 공간의 각 점에서 파동 함수의 복소수가 시간에 따라 어떻게 변화하는지를 설명한다. 슈뢰딩거 방정식이 등장하면서 모든 것이 달라졌다. 결론적으로 이 방정식을 사용하면 전자 궤도와 그 에너지를 계산할 수 있다. 흥미를 느끼는 이들을 위해 덧붙이자면, 이 궤도는 해밀토니안이라 부르는 행렬의 고유벡터(정상 상태)이고, 그 궤도의 에너지는 고유진동수이다.

사실 슈뢰딩거 방정식은 단순히 정상 상태를 설명하는 것에 그치

지 않고 훨씬 더 많은 가능성을 열어주었다(그 악명 높은 비합리적인 효율성이 또다시 발휘된 것이다!). 이 방정식 덕분에 비정상 상태(전자가 시간에 따라 진화하는 여러 궤도가 중첩된 상태)가 어떻게 변화하는지를 설명할 수 있으며, 빛이 전자와 어떻게 상호작용하는지, 그리고 전자들끼리 어떻게 상호작용하는지도 기술할 수 있었다.

간단히 말해, 슈뢰딩거 방정식은 완전히 새로운 시대의 서막을 열었다. 이 책에서 다루는 모든 내용은, 적어도 수학적 관점에서 보면, 직접적이든 간접적이든 모두 이 하나의 방정식을 응용한 것이다. 슈뢰딩거 자신도 몰랐던 것은, 다른 사람들이 (그리 오랜 시간이 지나지 않아) 그의 마법 같은 방정식을 사용해 물질 전체를 완벽히 설명할 수 있을 것이라는 사실이었다. 초전도 현상과 핵력, 그리고 사실상 모든 물질까지 말이다. 슈뢰딩거의 많은 연인 중 한 명이 장난삼아 이렇게 지적한 적이 있다. "당신이 이 일을 시작했을 때, 이렇게 기발한 결과가 나올 줄은 몰랐지, 그렇지?"[15]

그럼에도 여전히 풀리지 않은 모호한 부분이 있었다. 허수와 복소수로 구성된 골치 아픈 숫자들로부터 파동 함수를 도출할 수 있었고, 그 파동 함수로부터 입자에 대한 모든 정보를 추출할 수 있었다. 하지만 이 모든 정보를 정확히 어떻게 해석해야 할까? '무엇이 어떻게 작동하는지를 설명하는 수식을 찾는 것'과 '왜 그것이 작동하는지를 이해하는 것'은 전혀 다른 문제였다. 그리고 솔직히 말하자면, 슈뢰딩거도 그 '파동'이라는 것이 정확히 무엇을 의미하는지 아직 알지 못했다. 그 답은 양자역학 분야의 또 다른 거물, 막스 보른에게서 나왔다.

---

[15] Erwin Schrödinger, Collected papers on wave mechanics, Minkowski Institute Press, 2020, p. xxi.

흥미로운 뒷이야기 1

슈뢰딩거는 그의 유명한 고양이 실험(5장에서 다룸)으로 잘 알려져 있다. 하지만 그의 사생활은 과학적 업적에 어두운 그림자를 드리웠다. 그가 미성년 소녀들과 관계를 맺었다는 여러 정황이 존재한다. 그에게 심정을 묻는다면 그는 만성적으로 사랑에 빠진 상태라고 대답했을 것이다. 그의 생활 방식과 연애 스타일은 많은 비판을 일으켰고, 여러 명의 사생아를 남겼다.

그럼에도 불구하고, 슈뢰딩거의 품위와 예절은 흠잡을 데 없었으며 심리학, 동양 철학, 문학에 대한 지식은 탁월했다. 타인에 대한 관심 또한 그야말로 지칠 줄 몰랐고, 그의 영어 실력은 완벽에 가까웠다. 그뿐만 아니라 프랑스어, 스페인어, 이탈리아어, 그리스어, 라틴어에도 능통했다. 게다가 시인이기도 했다!

슈뢰딩거의 파동 방정식은 스위스 알프스 어딘가에서 2주간 휴양하던 중 탄생한 것으로 알려져 있다. 당시 그는 한 여성과 동행했는데, 그 여성이 누구인지는 아무도 정확히 알지 못한다. 하지만 이는 아무도 놀라거나 부인하지 않는 사실이다. 이 유명한 성취 이후 몇 달 동안, 그는 양자역학의 진정한 기초를 이루는 주요 논문을 6편 더 작성했다. 결국, 이 모든 것은 영감을 주고받는 문제였다.

슈뢰딩거는 1944년에 출간한 자신의 저서 『생명이란 무엇인가?(What is Life?)』에서 생물학의 큰 미스터리를 물리학을 통해 해독하려고 시도했다. 이 책은 제임스 왓슨(James Watson)과 프랜시스 크릭(Francis Crick)을 포함한 많은 젊은 물리학도들에게 깊은 영향을 끼쳤다. 그 결과 그들은 학문적 방향을 바꿔 (분자)생물학을 연구하게 되었으며, 왓슨과

> 크릭은 결국 DNA의 공동 발견자가 됐다.

플랑크와 아인슈타인처럼, 슈뢰딩거 역시 자신의 발견이 가져온 철학적 결과를 받아들이는 데 큰 어려움을 겪었다. 이는 양자역학 초창기 시절에 나타난 공통된 현상이었다. 그는 고전 물리학의 전통적 방법에 충실하고자 했지만, 양자 이론을 무시하는 것이 점점 더 어려워졌다. 결국 그는 자신의 원칙을 내려놓고 관점을 수정할 수밖에 없었다. '맞지 않으면…' 이로 인해 슈뢰딩거는 양자역학을 조롱하고 가능하다면 조금은 우스꽝스럽게 만들려고 했던 아인슈타인과 같은 입장에 서게 되었다.

4.2 정보의 파동

> "가능한 경험이나 가능한 진리는 실제 경험이나 실제 진리에서 '실제성'의 가치를 뺀 것과 동일하지 않다. 그러나 그것들은, 적어도 추종자들의 눈에는 매우 신성한 무언가, 불꽃, 상승하려는 비상, 건설하려는 의지, 그리고 현실을 회피하지 않고 오히려 과제이자 설계로 여기는 의식적 유토피아주의를 내포하고 있다.
>
> — 로베르트 무질, 『특성 없는 남자』

막스 보른(1882~1970년)은 슈뢰딩거의 논문을 읽고, 당시 시대를 따라가던 모든 사람처럼 한 가지 중요한 질문에 사로잡혔다. "입자인가, 파동인가? 아니면 입자이자 파동인가?"

보른은 슈뢰딩거 방정식을 진정으로 어떻게 해석해야 하는지 이해한 사람이었다. 하지만 솔직히 말해, 그는 약간 화가 나 있었다. 자기 자신에게 말이다. 왜냐하면 그 역시 이 양자역학의 방정식을 발견할 수 있었기 때문이다. 다만 보른은 슈뢰딩거 같은 날카로운 직관력을 가지지 못했던 것이 불운이었다. 그는 지나치게 수학에 정통한 사람이었다.

그럼에도 불구하고, 우리가 어떤 측정을 할 때 무엇을 측정하고 있는지, 그리고 그것을 어떻게 파동 함수를 기반으로 해석해야 하는지를 알게 된 것은 보른 덕분이다. 그렇다면 우리가 측정하는 '무엇'이란 무엇인가? 그것은 확률이다. 이것이 이상하게 들릴지 모르지만, 양자역학에서는 결코 우스운 이야기가 아니다.

양자역학은 미시적 수준에서 벌어지는 모든 것을 수학적으로 표현하려는 시도에 불과하다. 파동 함수는 물리적 실체가 아니고, 현실 그 자체도 아니다. 그것은 우리가 그 현실에 대해 가지고 있는 정보를 포함한다. 즉, 특정 입자가 측정 시 여기에, 저기에, 또는 어딘가에 존재할 확률에 대한 정보다.

존재의 불확정성

아인슈타인은 데카르트, 뉴턴, 라플라스(Laplace)의 결정론적 이론을 신봉했다. 즉, 현재의 어떤 상태가 특정 방식으로 존재한다면, 미래도 특정 방식으로 존재할 것이라는 사고방식이다. 이것은 그가 남긴 유명한 말로 이어진다. "신은 주사위 놀이를 하지 않는다." 이 말은 곧 우연은 존재하지 않는다는 뜻이다. 고전 물리학에서 우연은 부차적인 역할을 한다. 이는 과학자가 모든 개별 입자의 위치와 속도를 정확히 측정할 수 없다는 무지 또는 한계와 관련이 있다. 측정해야 할 입자의 수가 너무 많기 때문이다.

양자역학에서는 상황이 완전히 다르다. 우연과 확률이 중심적인 역할을 하며, 결정론적 세계관은 완전히 버려져야 한다. 측정 결과는 100% 우연에 의해 결정되며, 파동 함수는 특정 결과가 나올 확률을 결정한다.

아인슈타인은 입자가 파동이자 입자라는 사실을 발견하며 양자역학의 탄생에 중요한 역할을 했지만, 드 브로이, 슈뢰딩거, 하이젠베르크의 이론에서 비롯된 모든 발전을 받아들이는 데는 어려움을 겪었다. 이는 그의 세계관과 맞지 않았기 때문이다.

보른의 이론에는 당연히 기술적인 측면이 존재한다. 간단히 살펴보자. 파동 함수가 실수로 구성된다고 가정해 보자. 파동 함수의 값은 0보다 작을 수도 있고(파동이 축 아래에 있을 때), 0과 같을 수도 있으며(파동이 축과 만날 때), 0보다 클 수도 있다(파동이 축 위로 나올 때). 파동 함수의 값이 가장 큰 곳(즉, 진폭이 가장 큰 곳)은 입자를 발견할 확률이 가장 높은 곳이다. 문제는, 확률은 절대로 음수가 될 수 없으나, 파동 함수는 음수 값을 가질 수 있다는 것이다. 그러나 보른은 이를 문제로 보지 않았다. 오히려 그는 이를 해결책으로 전환했다. 파동 함수의 값을 제곱하면 항상 양의 값을 얻을 수 있다는 것이다.[16]

보른의 확률 해석 덕분에 전자의 '궤도'를 어떻게 이해해야 하는

---

[16] 파동 함수의 제곱은 확률로 해석할 수 있다. 만약 파동 함수가 복소수로 이루어져 있다면, 확률은 그 복소수의 절댓값을 제곱하여 계산한다.

지가 명확해졌다. 전자는 다른 파동 입자들과 마찬가지로, 어디에도 없으면서 동시에 어디에나 있다. 이것이 우리가 받아들여야 할 현실이다. 이 아이디어는 전자의 궤도를 전통적인 궤도로 생각하는 대신, 구름이나 안개처럼 퍼진 흔적으로 상상할 때 훨씬 더 이해하기 쉽다.

파동 함수를 사용하면, 모든 가능한 실험 결과에 대한 확률 분포를 구체적으로 계산할 수 있다. 파동 함수는 우리가 관찰자로서 양자 시스템에 대해 가지고 있는 지식을 나타낸다. 그러나 모든 새로운 측정은 새로운 정보를 제공하므로, 우리는 측정을 할 때마다 지식을 새롭게 수정해야 한다. 이 과정은 파동 함수의 붕괴를 초래한다. 이 붕괴는 필연적일 뿐만 아니라 되돌릴 수 없는 현상이다. 따라서 더 많은 정보를 얻을수록 가능한 상태들의 중첩은 줄어든다. 그렇다면 결국 무엇이 남게 될까? 깨진 중첩, 축소된 파동 함수, 그리고 매우 '고전적인' 원래 상태만 남게 된다.

4.3 두 개의 슬릿에 관한 이론적 설명

이전 장에서 우리는 입자들이 파동임을 알게 되었다. 이제, 입자와 파동이 서로를 보강하거나 약화시킨다는 사실은 하나의 문제다. 하지만 이를 수학적으로 설명하는 것은 또 다른 문제다. 도대체 무엇이 무엇과 간섭하는 걸까? 그리고 그것을 어떻게 계산할 수 있을까?

이 질문에 대한 답을 슈뢰딩거와 보른의 이론이 제공한다. 이중 슬릿 실험에서, 투사 화면의 위치 x에서 감지된 전자는 두 가지 서로 다른 경로를 거쳤을 수 있다. 즉 한 슬릿 또는 다른 슬릿을 통해서 말

이다. 이 각각의 경로는 해당 위치에서 전자의 파동 함수에 기여한다 ($\psi_L(x)$와 $\psi_R(x)$). 보른에 따르면, 위치 x에서 전자를 만날 확률은 이 두 진폭의 합의 제곱이다. 이는 $|\psi_L(x) + \psi_R(x)|^2$과 같이 표기할 수 있다. 이 확률은 두 개의 개별 파동 함수가 0이 아니더라도 그 부호가 반대(플러스와 마이너스)일 경우 0일 수 있다. 이것이 바로 간섭이다. 그리고 이는 이중 슬릿 실험에서 나타나는 간섭무늬를 설명해준다.

슈뢰딩거 방정식과 그것에 대한 보른의 해석은 또 다른 중요한 사실을 드러낸다. 그것은 아마도 가장 상상력을 자극하는 부분일 것이다. 바로, 이중 슬릿 실험이 전자가 어느 슬릿을 통과했는지 관찰하면 제대로 작동하지 않는 이유를 설명한다. 왜냐하면 그렇게 관찰하면 결국 토마토 실험과 같은 결과가 나오기 때문이다. 뭐라고?! 어떻게 입자가 관찰에 영향을 받고, 그로 인해 파동 함수가 카드로 만든 집처럼 붕괴하는 것일까?

왜냐하면 우리가 전자를 관찰하기 위해 빛을 비추면(하이젠베르크의 현미경을 떠올려 보라) 전자가 빛 입자(광자)와 얽히게 되기 때문이다. 이 얽힘(또는 중첩)을 통해 전자를 더 잘 관찰할 수는 있지만, 동시에 간섭도 방해받게 된다. 다시 말해 빛 입자들이 어떤 방식으로든, 약간의 상상력을 발휘해 표현하자면, '어떤 슬릿을 통과하는지 살펴보려' 한다는 셈이다. 관찰 행위 자체가 시스템에 대해 불가피하게 측정을 수행하게 만든다. 그리고 바로 그것이, 보른에 따르면 파동 함수의 붕괴를 초래한다.

이는 파울리 효과의 극단적인 적용으로 볼 수 있다. 즉 방해하는 입자들이 실험에 너무 가까이 다가가면 실험은 실패할 수밖에 없다는 뜻이다. 이중 슬릿 실험에서는 그 결과로 간섭이 발생하지 않으며,

입자들은 (토마토처럼) 다시 고전적으로 행동하게 된다. 측정의 행위와 그 영향을 설명하는 또 다른 보완적인 방법은 전자가 그것을 관찰하기 위해 사용된 광자와 얽힌다는 것이다. 이 얽힘으로 인해 파동 함수들이 더 이상 간단히 합쳐질 수 없게 된다. 그렇다면 간섭 현상은 어떻게 확인될 수 있었던 것일까? 그 이유는 '관찰하지 않았기 때문' 이다. 즉, 슬릿 자체(과정)를 관찰하지 않고, 최종 결과(프로젝션 스크린)만 관찰함으로써 간섭무늬를 확인할 수 있었다. 결론적으로, 세상은 당신이 보는 것만이 전부가 아니다. 현실은 훨씬 더 경이롭다.

> 달을 본다면
> 그녀는 그 자리에 있지.
> 그러나 보지 않는다면,
> 누가 보장할 수 있는가?
> 그녀가 여전히 존재할 것이란 것을.

이중 슬릿 실험은 오늘날까지도 우리를 매료시킨다. '큰 것'의 한계는 무엇일까? 무엇이 어느 크기부터 더 이상 양자처럼 행동하지 않게 되는 걸까? 그렇다면 버키볼은 어떻게 될까? 그것들은 토마토처럼 행동할까, 아니면 전자처럼 행동할까?

버키볼(풀러렌)은 60개의 원자로 구성된 분자이며, 지속적으로 광자를 흡수하고 방출하기 때문에 주변 환경과 강하게 상호작용한다. 이런 특성(큰 크기, 많은 상호작용)을 고려할 때, 많은 이론가가 버키볼의 간섭 현상을 실험적으로 증명하는 게 불가능하다고 단언했다. 몇몇 실험 물리학자들, 특히 마르쿠스 아른트(Markus Arndt)와 안톤 차일링거

(Anton Zeilinger, 오스트리아 빈 대학교의 동료들)는 '절대 불가능'이라는 주장에 동의하지 않았다. 이들은 이론가들에게 정중히(?) 반기를 들었다. 이론 물리학자는 무엇을 말하든 상관없지만, 실험 물리학자의 위상은 그보다 높았다. 이것이 바로 스테빈의 유산이다.

이 실험은 1999년에 이루어졌고, 정말로 성공했다. 명확하게 보이는 간섭무늬는 거짓말을 하지 않았다. 그에 대해 이 실험이 불가능하다고 주장했던 이론가들은 즉시 새로 꾸며낸 이론을 내세웠다. 그 이론에 따르면, 마치 그런 생각을 하지 못한 것처럼 버키볼이 방출한 광자는 당연히 두 슬릿 사이의 거리보다 더 긴 파장을 가지고 있다고 주장했다(그래야만 두 슬릿을 동시에 통과할 수 있기 때문이다). 따라서 버키볼이 어느 슬릿을 통과했는지에 대한 정보를 제공하지 않으며, 결과적으로 파동 함수의 붕괴도 일으킬 수 없다. 만약 우리가 버키볼을 끊임없이 관찰하고, 슬릿 사이의 거리보다 짧은 파장을 가진 빛으로 그것을 비춘다면, 간섭은 전혀 발생하지 않을 것이다. 결과는 명백하다. 즉 이중 슬릿 실험은 보른의 파동 함수 해석이 정확하다는 가장 강력한 증거를 제공한다. 파동 함수는 정보와 확률을 담고 있는 그릇이다.

4.4 양자 터널링

양자 입자의 파동적 특성에서 비롯된 또 다른, 똑같이 매혹적인 결과는 양자 터널링(혹은 터널 효과)이다. 이는 참으로 이상한 현상이다. 하지만 이 현상 덕분에 사람들은 양자 이론을 믿을 수밖에 없었는데, 왜냐하면 이 현상을 설명할 수 있는 이론은 양자 이론밖에 없기 때문이다. 우리가 양자 입자들이 높은 에너지 장벽에 부딪혀서 튕겨 나올 것으로 예상하는 곳에서도, 사실 입자들은 '터널링'을 통해 그 장벽을 통과할 수 있다. 비록 그들이 충분한 에너지를 가지고 있지 않더라도 말이다. 이는 직관에 반하는 이야기처럼 들린다. 고전적으로 보면 전혀 가능한 일이 아니다. 마치 자전거 타는 사람이 1등급 고개[17]를 넘는 것이 아니라, 그 고개를 뚫고 지나가는 것과 같기 때문이다. 그러나 입자가 파동 성질을 갖고 있다는 사실을 고려하면, (아마도) 무엇이든 가능하다. 이 현상이 가능한 주된 이유는 파동 함수가 연속적이기 때문이다. 즉 파동 함수는 결코 갑자기 0으로 떨어질 수 없다.

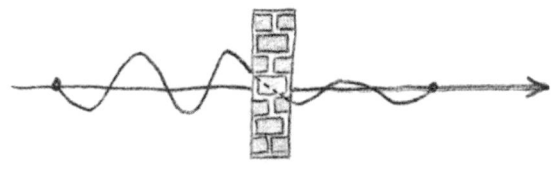

터널 효과

여기서 무슨 일이 벌어지냐면, 파동 함수의 진폭이 장벽을 통과하면서 점차 감소한다는 것이다. 만약 장벽이 너무 넓거나 높지 않다면, 파동 함수가 반대편에 도달했을 때도 완전히 사라지지 않고 그 입자가 여전히 그곳에 존재할 확률이 남아 있게 된다. 파동 곡선이 계속 출렁거린다면, 그곳에는 아직 '생명(움직임)'이 있고, 입자는 여전히 어디에나 있든, 어디에도 없든 자신의 파동을 타고 있는 셈이다. 장벽이 더 넓을수록, 파동이 반대편으로 도달할 확률은 작아진다. 입

---

[17] 자전거 경주 용어로 1등급 고개는 아주 가파르고 험한 산길을 뜻한다. 보통은 자전거로 넘기 힘든 경사를 가진다. - 편집자 주

자가 벽을 뚫고 통과할 확률은 입자의 질량이 커질수록 줄어든다. 그렇기 때문에 구슬(질량이 큰 물체)은 항상 장난스럽게 튕겨 나가게 된다.

터널링의 첫 번째 현상은 화학에서 발견되었다. 프리드리히 훈트는 전자들이 서로 다른 원자들의 궤도 사이를 터널링할 수 있는 주파수를 계산했다. 로버트 오펜하이머는 균일한 전기장이 가해졌을 때 전자가 수소 원자에서 빠져나오는 데 걸리는 시간을 계산했다. 이때 전자는 수소 원자의 결합 에너지와 같은 에너지 장벽을 넘어야 한다. 터널링의 가장 인상적인 응용은 핵물리학 분야에서 나타난다. 이 부분은 7장에서 더 자세히 다룰 것이다.

> 기차는 늘 여행을 의미하지만,
> 때로는 벽에 부딪힐 때도 있다.
> 기차가 운행을 중단했거나,
> 정시에 도착하지 않을 때.
> 그럴 때는 잠시 양자 상태로 들어가는 것보다 더 좋은 것은 없다.
> 그러면 즉시 터널링을 통해
> '무(無)'에 가까운 존재 상태로 이동할 수 있다.

4.5 행렬역학

> '보라. 존재한다는 것은 인식되는 것이다.'
> (‘보이지 않는 것은 존재하지도 않는다’)
>
> — 조지 버클리

베르너 하이젠베르크(1901~1976년)는 이미 양자 시대가 도래한 시점에 태어났다. 그는 문자 그대로 태어날 때부터 젖병처럼 양자를 받아들였다. 그는 보른의 제자였으며, 보어의 아이디어에 익숙했고, 많은 동료와 마찬가지로 덜 대수적인 형태의 예술인 피아노에도 조예가 깊었다.

어느 날, 하이젠베르크는 심한 꽃가루 알레르기 발작을 겪은 뒤, 또한 그의 스승인 보어와의 끊임없는 논쟁을 피하기 위해 헬골란트로 도망쳤다. 모든 논쟁과 꽃가루에서 벗어난 그곳에서 그는 다른 모든 물리학자가 집중하고 있던 일, 즉 일관된 양자 이론을 개발하는 일에 조용히 몰두할 수 있었다. 마치 중첩 상태가 갑자기 인간적인 규모로 자리 잡은 것처럼, 하이젠베르크는 슈뢰딩거의 논문과 정확히 같은 결과를 도출한 논문을 작성했다.

다만 두 사람은 전혀 다른 경로를 따랐고, 시작한 질문도 완전히 달랐으며, 그들의 수학적 방법은 전혀 비교할 수 없을 정도로 달랐다. 슈뢰딩거가 드 브로이의 어깨에 올라타 자신의 아이디어에 도달했다면, 하이젠베르크는 헬골란트의 바위, 즉 태양이 지는 데 아주 오랜 시간이 걸리는 곳에서 생각을 발전시켰다. 스포일러를 하나 해 보자면, 결국 슈뢰딩거의 이론이 채택되었다는 것이다. 그 이유는 슈뢰딩거의 이론이 그동안 물리학이 다뤄온 방식에 훨씬 더 부합했기 때문이기도 하고, 무엇보다도 해석하기가 훨씬 용이했기 때문이다.

하이젠베르크는 입자의 위치, 운동량, 에너지(즉 '상태')를 표현하는 매우 독창적인(즉 상당히 추상적이고 복잡한) 수학적 방법을 발견했다. 그는 이를 무한히 이어질 수 있는 행과 표로 배열된 숫자들을 이용해 나타냈다. 그가 이를 통해 획기적인 돌파구를 마련했다고 즉시 깨달았다.

왜냐하면 그 안에 분명히 파동/입자 이중성이 포함되어 있었기 때문이다.

막스 보른이 이를 보고 나서, 그는 즉시 해밀턴의 이론으로 연결시켰다. 보른은 하이젠베르크에게 그의 퍼즐 같은 표현들이 사실상 행렬이라는 것을 지적했다. 보른과 하이젠베르크는 힘을 합쳤고, 이 두 사람은 파스쿠알 요르단(Pascual Jordan, 1902~1980년)의 합세로 더욱더 강해졌다. 이 세 사람은 하이젠베르크의 방법을 열심히 다듬으며 공동작업을 이어갔고, 그들의 공동 논문은 1925년, 마법 같은 그해에 '행렬역학(Matrizenmechanik)'이라는 제목으로 발표되었다.

하이젠베르크 방법의 핵심은 입자의 위치와 운동량을 서로 교환할 수 없는 행렬로 나타내는 데 있다. 행렬의 순서를 바꾸면 결과도 달라진다. 즉, 운동량을 위치와 곱하는 것과 위치를 운동량과 곱하는 것은 동일하지 않다. 따라서 위치와 운동량은 독립적인 변수가 아니다. 이로 인해 가장 중요한 결과는, 입자의 정확한 위치와 운동량을 동시에 알 수 없다는 것이다. 그러나 정확히 알 수 없다고 해서 조금도 알 수 없다는 의미는 아니다. 어느 정도는 알 수 있다.

그리고 그 정도는 수학적으로 표현하면 플랑크 상수로 나타낼 수 있다. 즉, 위치의 불확실성과 운동량의 불확실성을 곱한 값은 플랑크 상수 h보다 커야 한다. 속도를 더 정확하게 알면 위치는 더 불확실해지고, 입자의 위치를 더 정확히 알면 속도는 더 불확실해진다. 하이젠베르크의 이 불확정성 관계는 양자역학의 가장 중요한 기초다. 보라, 인생에는 여전히 확실한 것이 있다는 것을.

결국, 본질적으로 당신은 결코 입자가 정확히 어디에 있는지 완전히 확신할 수 없다. 그리고 이것은 우리가 사용하는 측정 시스템이 충분히 정확하지 않기 때문이 아니다. 이것은 자연의 근본적인 속성으로, 쉽게 측정할 수 있는 것이 아니다. 원자나 전자가 이동하는 경로는 우리가 일반적으로 상상하는 것처럼 점 A에서 점 B로 가는 명확한 직선을 따라 진행되는 확정된 움직임과는 전혀 다르다.[18]

그리고 또 하나가 있다. 계산을 통해 입자가 정확히 어디에 있을지를 (모든 가능성을 고려하여) 알아낼 수 있지만, 나중에 측정을 다시 하면 입자는 다시 어디에나 있을 수 있다. 그리고 두 번의 측정 사이에 입자가 어디에 있었는지 파악하는 것도 불가능하다. 하지만 하이젠베르크에게는 그것이 중요하지 않았다. 그가 관심을 가졌던 것은 오직 관찰할 수 있는 것들, 즉 측정할 수 있는 것들이었다. 두 번의 측정 사이에 전자가 어디에 있었는지에 대한 논의는 그를 매우 짜증나게 했다.

한편 슈뢰딩거는 자신의 이론이 하이젠베르크의 이론과 접근 방식은 다르지만 그 결과가 의심스러울 만큼 유사하다는 것을 깨달았다. 그는 그 사실이 그다지 기쁘지 않았던 것 같다. 두 사람은 원래 그렇게 좋은 친구가 아니었기 때문이다. 하지만 그것이 무슨 상관이 있었겠는가? 두 이론 간의 유사점은 파울리도 간과하지 않았지만, 특히 폴 디랙이 하이젠베르크의 행렬역학과 슈뢰딩거의 파동 역학이 전혀 서로 밀리지 않는다는 점을 지적했다. 그는 약간의 수정과 변환 작업을 통해 한 이론에서 다른 이론을 완벽하게 유도할 수 있었다. 따라서 명백히 일치점이 있었지만, 그것은 매우 미묘한 차이였고, 무

---

[18] 아주 작은 입자에 관한 이야기라면 그렇지 않지만, 질량이 큰 입자들은 거의 직선에 가깝게 움직인다. 하이젠베르크 이론의 구성에서 핵심이 된 전제는, 질량(또는 양자수)이 큰 입자들은 뉴턴 역학에서 설명하는 대로 입자처럼 행동해야 한다는 조건이었기 때문이다. 이것이 바로 보어의 대응 원리이다.

한대가 여러 가지 방식으로 표현될 수 있다는 사실에서 비롯된 결과였다. 슈뢰딩거는 그의 파동 함수를 유한한 구간 내에서 연속적인 변수 x의 함수로 제시한 반면, 하이젠베르크는 양자 시스템을 무한히 많은 행과 열을 가진 행렬로 표현했다. 이 두 가지 방식은 확실히 동등하다. 왜냐하면 두 경우 모두 자연수와 유한 구간의 연속 함수 간에 일대일 대응 관계가 있기 때문이다(1장에 나오는 푸리에 분석에 의해 제공됨). 따라서 두 표현의 무한대는 동일하다. 이것이 바로 무한대의 힘이다. 영원토록, 아멘.

4.6 아름다움은 진리요, 진리는 아름다움이니

20세기 초는 요란한 나팔 소리, 종소리와 함께 시작되었다. 나팔 소리는 상대성 이론이었고, 종소리는 양자 이론과 함께 울렸다. 상대성 이론이 가장 빠르게 움직이는 입자들에 집중한 반면, 양자 이론은 가장 작은 입자들의 흐름과 움직임에 초점을 맞춘다. 수년 동안 이 두 이론은 서로 멀어진 형제자매처럼 나란히 존재했지만, 두 이론은 같은 할아버지, 알베르트 아인슈타인의 유전자를 공유하고 있었다.

폴 디랙(1902~1984년)은 아인슈타인과 존 키츠(John Keats)처럼 물리학에서 수식의 아름다움에 사로잡힌 인물이었다. "아름다움은 진리이고, 진리는 아름다움이다 – 그것이 바로 지구에서 우리가 아는 모든 것이며, 우리가 알아야 할 전부다." 디랙은 외톨이 중의 외톨이였으며 대인 관계에서 다소 어려움을 겪었지만, 매우 성실했다. 그는 무미

폴 디랙은 다음과 같이 말했다. "나는 어떻게 사람이 동시에 물리학의 한계를 연구하면서 시를 쓸 수 있는지 이해할 수 없다. 그것은 서로 반대되는 일이다. 과학에서는 아직 아무도 알지 못한 것을 말하려고 하고, 그 말은 모두가 이해할 수 있는 언어여야 한다. 하지만 시에서는 모두가 이미 알고 있는 것들에 대해 말해야 하고, 그 말은 아무도 이해할 수 없는 언어여야 한다."

건조한 유머를 구사했으며 양자 세계에서 꽤나 특이한 존재였다.

1925년 여름, 하이젠베르크는 케임브리지에서 자신의 최신 이론인 행렬역학에 관한 강연을 했는데, 그 당시 그는 자신이 발견한 이론이 얼마나 혁신적인지 깨닫지 못했다. 사실 그때는 아무도 그 이론의 중요성을 제대로 인식하지 못했다. 하이젠베르크의 논문은 우연히 디랙의 손에 들어갔고, 디랙은 그 이론이 더 깊은 탐구와 사고를 위한 좋은 자원이 될 것을 직감했다. 그는 열정적으로 이를 받아들였으며, 하이젠베르크의 아이디어를 바탕으로 광신자처럼 연구를 계속했다.

분명히 말하자면, 디랙은 논문 발표 시기에 종종 운이 없었다. 하이젠베르크의 연구를 바탕으로 디랙은 파동 방정식의 관점에서 대안을 찾아냈지만, 슈뢰딩거가 자신의 슈뢰딩거 방정식을 발표하며 그보다 조금 더 빨랐다. 디랙 또한 불확정성 원리를 도출했으나, 이 과정에서도 하이젠베르크가 앞질렀다. 하이젠베르크의 행렬역학을 기반으로 수소 원자의 스펙트럼을 계산했으나, 파울리(아, 파울리!)가 겨우 3일 먼저 발표했다. 그는 또한 양자장론(7장 참조)을 발견했지만, 이번에는 요르단이 공로를 차지했다. 그리고 또 있었다. 엔리코 페르미(Enrico Fermi)는 디랙과 거의 동시에, 하지만 독립적으로 양자역학을 통해 다수의 전자를 설명하는 방법을 발견했다. 다행히도 이 마지막 발견은 디랙의 이름도 함께 붙여졌다(페르미-디랙 통계). 결국, 이 모든 것은 잘못된 출발로 인한 단순한 방황에 불과했다. 왜냐하면 디랙은 성대한 문을 통해 진짜 등장했기 때문이다. 그의 많은 발견들은 그 누구도 그를 앞서지 못했고, 이는 그를 양자역학의 가장 위대한 설계자 중 한 사람으로 자리매김하게 했다.

하이젠베르크는 뉴턴의 고전 물리학과 양자역학 사이에 아무런 연결고리가 없다고 보았다. 그에게 양자역학은 과거와의 완전한 단절이었다. 하지만 그는 고전 물리학에 접근하는 다양한 방법들(예를 들면, 해밀토니안, 푸아송 괄호, 혹은 라그랑주 방식)을 간과했다. 이에 대해 디랙은 다른 관점을 가지고 있었다. 그는 고전 물리학과 하이젠베르크의 행렬역학 사이에 확실히, 그리고 상당히 많은 유사점이 존재한다는 것을 발견했다. 디랙은 고전 물리학을 양자화할 수 있다는 것을 증명해냈다. 그는 고전 물리학의 방정식을 여러 가지 방식으로 변환해 양자역학에서 동등한 형태로 표현할 수 있다는 것을 보여주었다. 이것은 양자 세계에서 다입자 시스템을 기술해야 하는지를 이해하는 데 매우 중요한 발걸음이었다.

경로와 적분

디랙이 고전적 방정식을 양자 세계로 변환한 가장 직관적인 방법은 경로 적분 형식을 사용하는 것이었다. 이는 처음에 디랙의 논문 중 하나에 등장한 단순한 각주에 불과했지만, 나중에 리처

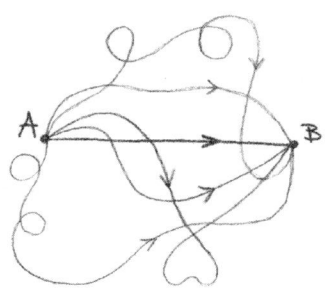

드 파인만이 이를 사용해 엄청난 성공을 거두었다. 간단히 말해서, 경로 적분이란 입자가 위치 A에서 위치 B로 이동하는 과정을 설명하려고 할 때, 입자가 A에서 B로 갈 수 있는 모든 가능한(즉, 무한히 많은) 경로를 그려야 한다는 것이다.

이 경로들 각각에는 하나의 복소수를 할당하는데, 이를 '작용'이라 한다. 이 값은 경로가 굽이치고 복잡할수록 더 커진다. 고전 물리학에서 입자는 '최소 작용의 경로'를 선택하지만, 양자역학에서는 입자가 가능한 모든 경로를 동시에 따른다. 이런 경우 입자는 다양한 경로에 걸쳐 퍼져 있는 상태가 된다. 복소수를 사용하면 입자가 특정 위치에 있을 확률을 매우 정확하게 계산할 수 있다. 고전적 경로 주변의 변동은 입자의 드브로이 파장에 따라 달라진다. 파장이 작을수록 입자는 더 고전적으로 행동한다. 이는 마치 이중 슬릿 실험에서 입자의 행동과 유사하다. 이런 의미에서, 입자의 전개 과정은 무한히 많은 슬릿이 존재하는 거대한 이중 슬릿 실험과도 같다. 고전적 경로에서 멀리 떨어진 지점일수록 입자가 그곳을 지나갔을 확률은 더 낮아진다. 이는 해당 지점의 파동 함수가 수많은 양수와 음수를 더한 값(결국 0이 됨)이 되기 때문이다.

그럼에도 불구하고, 디랙은 주로 전혀 다른 이유로 잘 알려져 있다. 그는 아인슈타인의 특수 상대성 이론과 양자 이론을 조화시킨 인물이다. 디랙 방정식을 통해 크기가 작으면서도(양자적) 빠른(상대론적) 입자들을 설명할 수 있었다. 시간과 공간이 생각보다 더 밀접하게 연관되어 있다는 것이 밝혀졌다. 여기에는 대칭성이 숨어 있었다!

분명히 말하자면, 양자역학이 갑자기 등장했다고 해서 뉴턴 물리학이 완전히 쓸모없어지는 것은 아니다. 양자역학과 고전 물리학은 서로 대체 관계가 아니다. 고전 물리학은 큰 물체를 다룰 때 여전히 유효하다. 닐스 보어는 이를 특유의 모호하면서도 정확한 방식으로 '대응 원리'라 부르며 설명했다. 즉, 양자수가 큰 한계에서는 양자역학이 고전 물리학으로 수렴한다는 것이다. 이 대응 원리는 하이젠베르크의 행렬역학에서 중심적인 역할을 했다. 관측 가능한 물리량(측정 가능한 시스템의 속성들)을 이 원리를 바탕으로 조정할 수 있었기 때문이다. 양자역학을 사용할지 고전 물리학을 사용할지는 전적으로 드 브로이 파장에 달려 있다. 무엇이 크고 작은지를 판단하는 기준은 플랑크 상수에 의해 결정된다.

이는 상대성 이론에서도 마찬가지로 적용된다. 상대성 이론이 존재한다고 해서 뉴턴 역학이 폐기되는 것은 아니다. 두 이론은 서로 다른 조건에서 유효하며, 특정 상황에서 서로를 보완한다. 상대성 이론(매우 빠르게 움직이는 입자를 다루는 이론)은 느리게 움직이는 입자를 설명할 때 고전 이론으로 수렴한다. 여기서 무엇이 빠르고 느린지는 빛의 속도라는 상수에 대한 비율로 결정된다.

그리고 덧붙이자면, 디랙이 슈뢰딩거와 하이젠베르크 이론의 상대론적 버전을 도출했다고 해서 그들의 이론이 잘못되었다는 뜻은 아니다. 빛의 속도에 비해 느리게 움직이는 입자를 설명하는 한, 여전히 슈뢰딩거 방정식이 유효하다.

요약하자면 다음과 같다.

- 크고 느린 경우 뉴턴의 고전 이론
- 크고 빠른 경우 아인슈타인의 상대성 이론
- 작고 느린 경우 슈뢰딩거/하이젠베르크의 파동 방정식
- 작고 빠른 경우 디랙의 파동 방정식

디랙 방정식을 사용해 빛의 속도보다 훨씬 느리게 움직이는 입자를 설명하면, 결국 슈뢰딩거 방정식에 도달한다. 하지만 완전히 정확한 것은 아니다. 슈뢰딩거 방정식에 독특한 '변화'가 추가된다. 이는 전자의 추가 자유도, 즉 스핀이라는 추가적 속성을 도입해야 한다는 뜻이다. 전자의 경우 이 스핀의 크기가 ½이다. 이는 스핀 측정 시 두 가지 결과만 나타날 수 있음을 의미한다. 즉 '업(up)' 또는 '다운(down)'.[19]

이것은 슈테른-게를라흐(Stern-Gerlach) 실험의 주제인데, 이 실험을 통해 스핀이 작은 자석처럼 작용한다는 것이 밝혀졌다. 스핀은 매우 추상적인 개념이지만, 이를 비유하자면 팽이와 같다. 팽이가 오른쪽(업) 또는 왼쪽(다운)으로 회전하는 것처럼 스핀도 이러한 방식으로 묘사될 수 있다. 흥미로운 점은, 스핀이 ½인 이유가 360도 회전이 아니라 720도 회전을 해야 원래 상태로 돌아온다는 데 있다.

---

[19] 피치 못하게 영어를 사용하지만, 네덜란드어 용어는 스핀 운동과 관련해서 흔히 쓰이지 않는다.

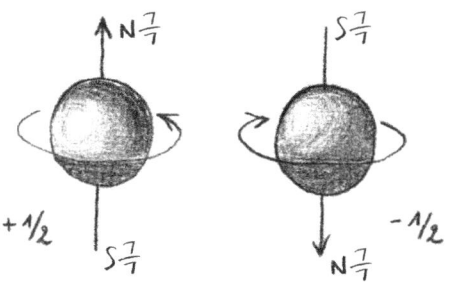

스핀이 어떻게 회전하는지는 각각 업(↑)과 다운(↓) 상태로 나타난다.

디랙이 예측한 ½ 스핀의 존재는 파울리가 자신의 배타 원리를 이용해 멘델레예프의 주기율표를 설명하기 위해 도입한 요령과 정확히 일치했다. 파울리는 특정한 자기 모멘트를 가진 스핀을 도입했는데, 이 스핀은 정확히 두 가지 다른 값을 가질 수 있었다. 이 특성은 무엇보다도 두 전자가 같은 에너지 궤도(오피탈)에 있을 수 있는 이유를 설명하는 데 중요한 역할을 했다. 파울리의 요령은 효과적이었지만, 디랙은 왜 그런지 처음으로 이해한 사람이었다.

따라서 이후에 나오는 모든 것은 슈뢰딩거 방정식뿐만 아니라 디랙 방정식에도 기초하고 있다. 그 아이디어만으로도 상당히 인상적이다. 하지만 우리가 이어지는 내용으로 넘어가기 전에, 디랙의 뛰어난 업적 목록을 조금 더 확장해보자. 디랙은 방정식을 가지고 많은 사고와 계산을 거친 후, 음전하를 가진 전자마다 양전하를 가진 반(反)전자가 존재해야 한다고 예측했다. 그리고 실제로 이 반입자는 1932년에 발견되었고, '양전자(positron)'라는 그다지 창의적이지 않은 이름이 붙여졌다. 이 발견으로 디랙이란 이름은 훨씬 더 큰 의미를 지니게 되었다. 왜냐하면 양전자의 발견으로 디랙은 이론 물리학자의 꿈을 실현했기 때문이다. 이론적 예측이 아무리 이상하거나 어렵더라도 실험을 통해 확인되는 놀라운 꿈 말이다.

또한 디랙은 '양자 진공'이라는 개념을 도입했다. 이는 진정한 절대적인 무(無)에 대한 언급으로, 블랙박스라는 개념의 부류에 속한다. 디랙은 이를 세밀하게 설명했다. 즉 겉보기에는 '비어 있는' 시스템조차도 생명으로 가득 차 있다는 것이다. 절대적인 무는 0도에서 엄청나게 크고 복잡한 양자 입자들의 수프 같은 상태로, 이 입자들이 '디랙 바다'를 채운다. 디랙 바다는 음의 에너지를 가진 모든 입자를 의미하는 총칭이다. 디랙 바다에 음의 에너지를 가진 입자가 추가될 때마다 전체 에너지는 내려가고, 자연은 항상 가능한 가장 낮은 에너지를 추구한다.

이를 설명하기 위해, 예를 들어 에미 뇌터의 금붕어를 이 거대한 디랙 바다에 풀어놓으면, 금붕어는 현미경 같은 눈으로 특별한 것을 보지 못할 것이다. 왜냐하면 모든 것이 물이기 때문이다. 금붕어가 볼 수 있는 유일한 것은 정말 아무것도 없는 곳뿐이다. 예를 들어 부풀어 오르는 공기 방울처럼 양의 에너지를 가진 것들만 보일 것이다. 그러므로 여기서 양과 음은 사실 단순히 뒤집힌다. 금붕어가 보는 모든 것은 바로 '무'이고, 진정한 '무'가 있는 곳만 그가 볼 수 있다. 이것이 바로 양자역학이 다루고 있는 주제, 즉 절대적인 무이다. 이것은 매우 나쁜 광고처럼 보일 수 있지만, 사실은 전혀 그렇지 않다. 오히려 과학을 위한 최고의 홍보이다! 누구나 무엇이든 다룰 수 있고, 누구나 뭔가를 이해할 수 있다. 그러나 '무'를 이해하고, 그로써 모든 것을 이해하는 것은 그 어떤 것보다 더 어려운 일이다.

디랙의 전체적인 형식주의는 수학적으로 너무 멀리 나아갔고, 너무 추상적인 형태를 취하여 현실(그리고 물리학)과의 연결이 끊어진 것처럼 보였다. 더 이상 그것과 어떤 감각적인 연관을 느끼기 어려웠다. 점점 더 직관은 배제되었고, 양자역학은 순전히 수학적인 문제로 변해갔으며, 신비롭기까지 한 지경에 이르렀다. 리처드 파인만은 냉정하게 결론지었다. "아무도 양자역학을 이해하지 못한다고 확실히 말할 수 있다."

세상에서 가장 똑똑한 사람

슈뢰딩거, 하이젠베르크, 디랙이 '엔지니어처럼'(그러니까 조금 대충, 단지 작동만 하면 된다는 식으로) 수학을 다뤘던 반면, 이들의 수식을 완전히 정리한 사람은 바로 헝가리계 미국인 수학 천재 존 폰 노이만(John von Neumann, 1903~1957년)이었다. 그는 당시 세상에서 가장 똑똑한 사람으로 손꼽혔던 인물로, 생일 파티에 초대하고 싶을 만큼 삶을 유쾌하게 즐기던 보헤미안이기도 했다. 그는 자동차 운전 중에도 책을 읽었으며, 10대 시절에 20권짜리 백과사전을 거뜬히 외워서, 몇십 년 후에도 7권 1729 페이지에 쓰인 내용을 앵무새처럼 정확히 되뇔 수 있었다. 또, 그는 현대 컴퓨터의 기본 아키텍처를 고안한 발명가이기도 하다. 폰 노이만에 대해 이야기할 놀라운 에피소드는 1001가지가 넘지만, 여기서는 양자역학에 관한 그의 기여로 한정하겠다.

결국 폰 노이만은 당시 등장했던 최신 양자 이론들을 명확하고 일관되며 모순 없이 정리해냈다. 그는 슈뢰딩거와 하이젠베르크가 제시한 양자역학의 기술 방식이 본질적으로 동일하다는 것을 완벽하게 수학적으로 증명해냈다(전문가들을 위해 부연 설명을 하자면 정준 교환 관계를 표현하는 모든 방식은 결국 동등하다는 것이 밝혀졌는데, 이것이 바로 유명한 '스톤-폰 노이만 정리'의 핵심이다). 또 그는 양자역학을 힐베르트 공간에서 표현함으로써 양자역학 전체에 탄탄한 수학적 기반을 마련했다. 힐베르트 공간은 모든 가능한 파동 함수가 저장될 수 있는 무한히 큰 공간이다. 문제는 이 힐베르트 공간이 무한한 차원을 가진다는 점이었다. 그러나 폰 노이만 같은 천재가 있어 이 무한한 '숲' 속에서 '나무'를 제대로 볼 수 있었다. 그의 작업 덕분에 힐베르트 공간은 이후 수많은 세대의 물리학 학생들에게 흥미로운 '놀이터'가 되었다.

폰 노이만의 업적은 양자역학뿐만 아니라 컴퓨터과학, 경제학, 게임 이론 등 광범위한 분야에 걸쳐 있으며, 그의 천재성은 여전히 많은 사람에게 영감을 준다.

4.7 큐비트가 된 스핀 슈테른

슈테른-게를라흐 실험

1922년, 오토 슈테른(Otto Stern)과 발터 게를라흐(Walther Gerlach)는 실험을 통해 양자역학에 회의적이었던 물리학자들조차 양자이론을 받아들일 수밖에 없도록 만들었다. 이 실험은 스핀이라는 개념이 부정할 수 없을 정도로 양자화되어 있다는 사실(즉, 측정 시 두 가지 값만 가질 수 있음)을 입증했다. 또, 이 결과는 오직 양자역학으로만 설명 가능했다. 이 실험의 중요성을 높이 평가한 아인슈타인은 슈테른과 게를라흐를 즉시 노벨상 후보로 추천했다.

우선, 슈테른과 게를라흐는 누구일까? 오토 슈테른(1888~1969년)은 아인슈타인의 첫 번째 제자였다. 그는 아인슈타인과 함께 시간을 보냈기에 자연스럽게 빛의 양자, 원자, 전자기학에 매료되었다. 그러나 슈테른은 분명히 그의 스승인 아인슈타인의 회의적인 태도를 물려받았고, 보어의 원자 모델을 거부했다. 보어는 이미 원자의 자기 모멘트가 양자화되어 있다고 예측했었는데, 슈테른은 보어의 말이 맞다면, 물리학에 대한 모든 관심을 포기하겠다고 주장했다. 그래서 그는 스핀은 양자화되지 않았다는 것을 증명하기 위해 실험을 고안했다.

발터 게를라흐(1889~1979년)는 슈테른-게를라흐 실험을 설계한 용감한 실험가였다. 실험이 끝난 후, 파울리는 그에게 축하 카드를 보냈다. 물론, 파울리답게 개인적인, 냉소적이고 날카로운 말투를 잃지 않았다. "부디 이번 일이 스핀 이론을 믿지 않던 슈테른을 설득시켜 주기를."

실험을 위해, 슈테른과 게를라흐는 많은 장비가 필요하지 않았다. 자석, 투사 화면(스크린), 그리고 수백만 개의 은 원자가 전부였다. 은 원자들은 하나씩 수직으로 배치된 자석 사이를 통과하도록 발사되었다(양극은 위쪽, 음극은 아래쪽). 슈테른은 원자의 자기 모멘트가 임의의 방향을 가리킬 것이라고 믿었다. 고전적인 예측에 따르면, 원자들이 자기장에 의해 무작위로 휘어지고 결국 투사 화면에서 수직으로

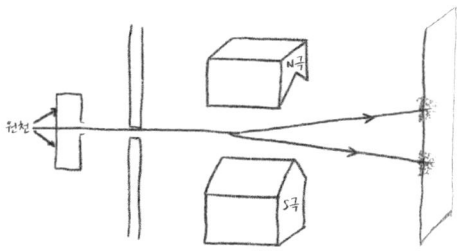

슈테른-게를라흐 실험은 원자들이 한 원천에서 방출된다. 자석의 북극과 남극을 지나면서 그들의 궤도가 휘어지게 된다.

길게 뻗은 다발(띠) 위에 엉켜 있을 것이라 예상되었다. 스핀이 자기장 방향과 더 평행할수록 더 많이 휘어지게 되기 때문이다.

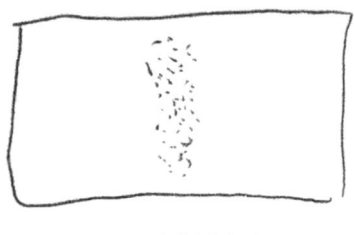

그들이 기대했던 모습

그렇다면, 그들이 실제로 본 것은? 전혀 달랐다! 튀어나온 원자들이 하나의 긴 다발을 이루는 대신, 두 개의 명확하고 국지화된 수직 '구름' 같은 구조로 화면에 나타난 것이다. 이 결과는 중요한 의미를 담고 있었다. 스핀은 단 두 가지 값만 가질 수 있다는 뜻이다. 즉, 스핀은 양자화되어 있었다. 추가로, 자석을 특정 각도로 회전시키면, 두 '구름'도 동일한 각도로 함께 회전한다는 사실이 관찰되었다. 모두가 충격을 받았다. 스핀은 모든 방향에서 양자화되어 있었던 셈이다!

모두(심지어 아인슈타인조차도) 동의한 한 가지가 있었다. 이 실험은 고전 물리학으로는 도저히 설명할 수 없다는 점이다. 그렇다면, 그 '거

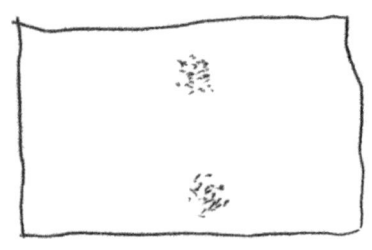

그들이 본 모습

미줄 속의 스핀'은 누구(또는 무엇)일까? 모든 퍼즐 조각이 명확히 맞춰지기까지는 3년이 걸렸다. 여담이지만, 이 실험이 성공할 수 있었던 이유는 꽤 웃긴 우연 덕분이었다. 원자는 매우 작아서 육안으로 볼 수 없다. 슈테른과 게를라흐도 처음에는 아무것도 보지 못했다. 그런데 공교롭게도 슈테른은 열렬한 시가 애연가였지만, 그의 초라한 조교 월급으로는 고급 시가를 살 수 없었다. 이게 오히려 다행이었다. 저급 시가에는 유황이 많이 포함되어 있었고, 이 유황 연기가 투사판의 은을 예상치 못하게 검은 황화은으로 변환시켰다. 덕분에 그들의 실험에서 아무것도 안 나온 것처럼 보이던 결과가 갑자기 두 개의 구름 모양 구조로 선명하게 나타났다. 이를 본 게를라흐도 곧바로 시가를 입에 물었다.

퍼즐은 어떻게 맞춰졌을까? 은 원자는 스핀을 가지고 있다. 이로 인해 매우 작은 자석처럼 행동하며, 스핀은 두 가지 값만 가질 수 있다. 즉 업(up) 또는 다운(down). 그리고 이 둘의 중첩 상태도 가능하다. 입자가 외부 자기장을 통과하면, 스핀의 방향에 따라 위쪽이나 아래쪽으로 힘을 받는다. 스핀이 업과 다운의 중첩 상태에 있다면, 입자는 분리된다. 스핀이 양(positive)인 부분은 위로 밀려 올라가 투사판(스크린) 상단에 도달하고, 스핀이 음(negative)인 부분은 아래로 꺾여 투사판 하단에 도달한다. 이때, 두 경로 사이의 거리는 은 원자의 드 브로이 파장보다 훨씬 클 수 있다. 입자의 경로는 스핀과 얽혀 있다. 투사판에 닿아 관찰이 이루어지면, 파동 함수가 '붕괴(collapse)'하여 입자는 더 이상 두 상태에 동시에 있을 수 없다. 결과적으로, 입자는 하나의 구름에서만 발견될 수 있으며, 두 구름에서 동시에 발견될 가능성은 없다.

이 실험이 왜 그토록 중요했을까? 몇 가지 핵심적인 통찰을 입증했기 때문이다. 첫째, 중첩 원리가 정확하다는 것을 보여준다. 고전 물리학에서는 입자가 하나의 상태에만 존재할 수 있지만, 양자역학적으로는 입자가 두 상태에 동시에 존재할 수 있다. 게다가, 이는 그 입자의 드 브로이 파장보다 훨씬 더 큰 거리에도 성립한다.

아무리 신비로워 보일지라도, 중첩은 양자역학의 본질이다. 이 실험을 통해 제거된 두 번째 의문은 다음과 같다. 스핀은 양자화되어 있으며 단 두 가지 방향만 가질 수 있다는 것이다. 즉, 스핀 업(spin-up) 또는 스핀 다운(spin-down)(그리고 이 둘의 중첩)만 존재할 수 있다. 그 이상은 없다.

모든 좋은 것은 세 가지로 이루어진다는 말처럼, 약간의 운과 필요한 창의성을 더한다면, 이 실험이 더 많은 것을 보여줄 수 있지 않았을까? 여러 개의 자석을 직렬로 배열한다면? 특정 자석을 90도 회전시킨다면? 특정 경로를 차단하고 다른 경로는 열어둔다면?

이런 질문들을 실험에 적용함으로써, 연구자들은 세 번째로 중요한 결론에 도달했다. 즉 간섭은 실제로 존재한다는 것이다. 원자는 단순히 여러 곳에 동시에 존재할 수 있을 뿐만 아니라, 그들의 특성이 서로 영향을 미칠 수도 있다(마치 서로를 강화하거나 상쇄시키는 파동처럼). 이는 이른바 이중 슬릿 실험의 하드코어 버전이라 할 수 있다! 마지막으로, 이 실험을 통해 확고해진 또 다른 사실은 다음과 같다. 즉 측정은 (양자) 시스템에 실제로 영향을 미친다.

큐비트

아인슈타인의 좌우명인 "모든 것은 가능한 한 단순하게 만들어야 하지만, 더 단순해서는 안 된다"라는 말에 따라, 오늘날 물리학 학생들은 슈테른-게를라흐 실험을 통해 양자역학을 배우기 시작한다.

여기에는 큐비트(qubit, 양자 비트)라는 개념이 필연적으로 사용된다. 다음의 설명은 왜 양자역학이 학생들에게 가장 어려운 과목 중 하나로 여겨지는지를 보여준다.

간단히 요약하면, 큐비트는 슈뢰딩거의 파동 함수를 압축한 버전이라 할 수 있다. 슈뢰딩거의 파동 함수는 입자가 무한히 많은 장소에 동시에 있을 수 있다고 가정하는 반면, 큐비트의 선택지는 두 가지로 제한된다. 즉 여기에 있거나, 저기에 있거나. 또한, 하이젠베르크의 힐베르트 공간은 무한히 많은 벡터($|0\rangle, |1\rangle, |2\rangle, |3\rangle, \cdots$)로 구성되어 있는 반면, 큐비트의 선택은 $|0\rangle$ 또는 $|1\rangle$로 제한된다. 그러나 중첩 원리에 따라 큐비트가 동시에 $|0\rangle$과 $|1\rangle$일 수도 있다.

비교를 위해 말하자면, 컴퓨터는 두 가지 단위인 0과 1을 기반으로 작동한다. 이것이 바로 비트(bits)다. 비트의 조합은 기하급수적으로 많은 조합을 가질 수 있으며, 이는 숫자를 형성하고 정보를 담는다.[20] 트랜지스터는 단순히 0과 1을, 다른 0과 1로 변환하는 장치다. 비트는 컴퓨터에만 국한되지 않는다. 비트는 0과 1 이외의 형태도 가질 수 있다. 예를 들어, 스위치는 '켜짐'과 '꺼짐'의 두 가지 상태를 가질 수 있다. 크리스마스 트리의 전구가 켜졌다 꺼졌다 반복하는 것도 마찬가지다. 또는 (고전적인) 연애 관계를 예로 들면, 그것은 '사귀는 중'이거나 '끝난 사이'다.

비트와 마찬가지로, 큐비트(qubit)도 두 가지 서로 다른 상태를 가질 수 있으며, 그 둘의 가능한 모든 중첩 상태를 표현할 수 있는 양자

---

[20] 이것이 바로 십진법이다. 시몬 스테빈에 의해 대중화된 십진법이 로마 숫자 체계보다 훨씬 더 강력한 이유이다. 로마 숫자 체계에서는 사용되는 기호의 수가 늘어날수록 조합의 수가 기하급수적으로 증가하지 않기 때문이다.

시스템의 추상화다. 예를 들어, 전자는 동시에 스핀 업(spin-up)과 스핀 다운(spin-down)을 가질 수 있다. 또 다른 예로는 빛의 편광을 들 수 있다. 빛은 오른쪽 또는 왼쪽으로 회전할 수 있고 이 두 가지의 중첩 상태일 수도 있다. 혹은 비고전적인 관계를 예로 들 수 있는데, 연애 관계는 진행 중이나 끝난 사이라 할 수 있고 어느 하나로 단정할 수 없는 애매한 상태도 있다. 또 하나의 예는 전자의 궤도다. 전자는 한 궤도(S 궤도)에 조금 존재하면서 동시에 다른 궤도(P 궤도)에 조금 존재할 수 있다. 양자역학이 어려운 – 아니, 재미있는 – 이유는 전자가 한 궤도에 얼마나 있고 다른 궤도에 얼마나 있는지를 알아내야 하기 때문이다.

더 시각적으로 이해하기 위해 완벽하게 둥근 지구본을 상상해보자. 표면의 모든 점은 큐비트의 가능한 양자 상태에 해당한다. 상태 |0⟩은 북극에, 상태 |1⟩은 남극에 대응한다. 어떤 방향으로든 스핀이 가리키는 상태는 항상 |0⟩과 |1⟩의 중첩으로 표현될 수 있다. 예를 들어, 적도 위에서는 상태 |0⟩ + |1⟩과 |0⟩ - |1⟩이 된다. 이는 x 방향으

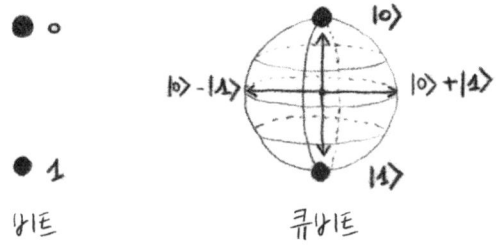

고전적인 비트(왼쪽)는 명확히 0이거나 1이다. 반면, 큐비트(오른쪽)는 0이거나 1일 수 있을 뿐만 아니라 0과 1의 중첩 상태일 수도 있다. 큐비트는 구면상에서 어떤 값도 가질 수 있다. 그림에서는 네 가지 가능한 값이 표시되어 있다. 즉 |0⟩, |1⟩, |0⟩ - |1⟩, 그리고 |0⟩ + |1⟩.

로 편광된 큐비트 상태이며, 특정 운동량을 가진 상태의 큐비트 버전으로 간주할 수 있다. 큐비트의 위치를 측정하면 결과는 |0⟩ 또는 |1⟩ 중 하나로 나타난다. 반면, '운동량'을 측정하면 결과는 |0⟩ + |1⟩ 또는 |0⟩ - |1⟩ 중 하나가 된다. 큐비트는 동시에 명확한 위치와 운동량을 가질 수 없으며, 이는 하이젠베르크의 불확정성 원리와 완전히 일치한다. 구면에서 마주 보는 두 점은 서로 직교하는 상태를 나타내며, 이는 측정이 이루어질 수 있는 기저(basis)를 정의한다.

슈테른-게를라흐 실험의 심화 설명

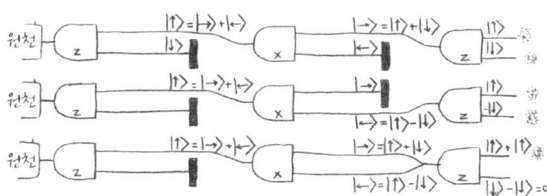

세 가지 슈테른-게를라흐 실험

위 그림은 세 가지 다른 슈테른-게를라흐 실험을 그래픽으로 표현한 것이다. 은 원자들은 원천(가장 왼쪽)에서 나오며, 그들의 스핀은 |↑⟩(스핀 업)과 |↓⟩(스핀 다운)의 임의적인 중첩 상태에 있다. 이는 |ψ⟩=a|↑⟩+b|↓⟩로 표현된다. 은 원자가 수직 방향(z 방향)의 자기장을 통과하게 되면, 파동 함수는 두 개의 경로로 분리된다. 스핀 업 부분은 위쪽 경로를, 스핀 다운 부분은 아래쪽 경로를 따른다. 이 실험에서는 아래쪽 경로를 차단하고 위쪽 경로의 스핀만 자유롭게 통과하도록 하면, 스핀 업 상태의 원자를 분리하는 방법을 얻을 수 있다. 결과적으로 파동 함수는 |ψ⟩=|↑⟩로

단순화된다. 이 방식으로 스핀 업 상태의 은 원자를 효과적으로 분리할 수 있다.

이제 두 번째 단계로 넘어간다. 이 스핀 업 원자들을 x 방향의 자기장을 통과시킨다. 이로 인해 원자는 왼쪽 또는 오른쪽으로 휘게 된다. 하지만 스핀-업이라는 정보만 알고 있을 때, 어떻게 스핀의 x 방향(왼쪽 또는 오른쪽)을 알 수 있을까? 스핀 업을 x 방향의 스핀 기저로 표현할 수 있는데, 그 결과는 중첩 상태로 나타난다. 즉 $|\uparrow\rangle = |\rightarrow\rangle + |\leftarrow\rangle$. 따라서 스핀 업은 스핀-왼쪽과 스핀-오른쪽 상태의 중첩이다!

스핀 다운에 대해서는 다음과 같이 나타낸다. $|\downarrow\rangle = |\rightarrow\rangle - |\leftarrow\rangle$(부호에 주의). 하지만 스핀-왼쪽과 스핀-오른쪽 상태를 스핀 업과 스핀 다운으로 표현할 수도 있다. 즉 $|\rightarrow\rangle = |\uparrow\rangle + |\downarrow\rangle$ 및 $|\leftarrow\rangle = |\uparrow\rangle - |\downarrow\rangle$. 다시 말해, 스핀은 z-기저뿐만 아니라 x-기저로도 설명할 수 있다. 이는 스핀을 설명하는 두 가지 상보적인 방법이다. 마치 하이젠베르크의 위치와 운동량이 상보적인 변수인 것처럼. x 방향 자기장을 통과한 후, 파동 함수는 왼쪽 경로와 오른쪽 경로로 분리된다. 이제 우리는 세 가지 다른 실험으로 넘어간다.

첫 번째 실험에서는 왼쪽 경로를 차단하여 스핀-오른쪽 상태를 가진 원자들만 통과시키도록 한다. $|\psi\rangle = |\rightarrow\rangle = |\uparrow\rangle + |\downarrow\rangle$. 이 원자들을 다시 z 방향 자기장을 통과시키면, 스핀 업과 스핀 다운이 다른 경로를 따라가게 되며, 결국 화면에 두 개의 구름이 형성된다.

두 번째 변형 실험에서는 위쪽 경로를 차단하여 스핀-왼쪽 상태를 가진 원자들만 남게 된다. 이 상태는 $|\leftarrow\rangle = |\uparrow\rangle - |\downarrow\rangle$이므로, 이 원자들을 다시 z 방향 자기장을 통과시키면, 다시 $|\uparrow\rangle$과 $-|\downarrow\rangle$ 경로로 분리된다. 하지만 측정에서는 마이너스(-) 부호가 중요하지 않으므로 첫 번째 실험과

정확히 같은 결과를 얻게 된다.

세 번째 실험은 훨씬 더 흥미롭다. 이제 어느 경로도 차단하지 않는다. z 방향 자기장은 스핀-왼쪽과 스핀-오른쪽 상태 원자의 중첩을 유도한다. 여기서 스핀 다운 경로는 서로 음의 간섭을 일으켜 상쇄된다. 즉 $|→⟩ + |←⟩ = (|↑⟩ + |↓⟩) + (|↑⟩ - |↓⟩) = |↑⟩$. 결과적으로 위쪽 구름 하나만 나타난다. 원자가 아래쪽 구름에 도달할 확률은 0이다. 이것이 바로 간섭의 극치다. 세 번째 실험은 앞선 두 실험의 합이 아님이 분명하다.

놀랍게도, 큐비트는 생각보다 그렇게 추상적이지 않다. 우리의 몸은 물(H_2O)로 가득 차 있다. 물 분자의 수소 원자핵(양성자)은 스핀을 가지고 있으며, 그 스핀은 큐비트로 표현될 수 있다. 따라서 우리의 몸은 큐비트의 거대한 집합체라 할 수 있다.

이 스핀은 매우 강한 자기장에 의해 편광될 수 있다. 이는 MRI(자기공명영상, Magnetic Resonance Imaging) 스캔을 받는 경우 몸에 자기장이 걸릴 때 정확히 일어나는 일이다. MRI 스캔은 우리 몸속에 물이 어디에 얼마나 있는지를 감지한다. 물의 양을 통해 어떤 조직이 어디에 존재하는지 파악할 수 있다. MRI 스캔은 수소 원자핵(양성자)의 밀도를 감지한다.

강한 자기장이 가해지면 대부분의 양성자 스핀은 자기장의 방향에 정렬되어 $|0⟩$ 상태(기저 상태)에 있게 된다. 이후 전파(고주파)를 쏘면 이 편광된 스핀들이 $|0⟩ + |1⟩$의 중첩 상태로 전환된다(들뜬다). 이 스핀들은 에너지가 더 낮은 안정적인 상태(기저 상태)로 자연스럽게 돌아가면서 에너지를 방출한다. 바로 이 방출된 에너지가 MRI 스캔에 기록되어 이미지를 형성한다.

5장 요약

- 양자역학은 물리적 세계를 설명한다. 형이상학과는 별개의 문제다.
- 양자역학은 본질적으로 비국소적이다. 얽힌 입자는 멀리 떨어져 있든 가까이 있든 서로 영향을 미칠 수 있다.
- 아인슈타인은 우연을 믿지 않는다. 그는 비국소성도 믿지 않는다. 대신 국소적 실재론(local realism)을 믿는다. 그는 EPR(아인슈타인-포돌스키-로젠) 사고 실험으로 자신의 주장을 입증할 수 있다고 주장한다. 아인슈타인은 "양자역학은 끝났다!"라고 선언하지만, 보어가 이에 반박한다. 그리고 슈뢰딩거는 고양이를 보낸다.
- 존 벨은 국소적 실재론에 대한 최종 결론을 내리기 위한 실험을 제안한다. 결과는 벨의 승리다.
- 양자역학은 맥락적이다. 시스템의 속성은 고정되지 않고, 관찰 방법에 따라 달라진다.
- 주요 등장인물: 앤 탱글먼트[21], 알베르트 아인슈타인, 닐스 보어, 에르빈 슈뢰딩거, 존 벨, 사이먼 코헨, 에른스트 슈페커

---

21 양자 얽힘(entanglement)이라는 개념을 가상의 인물로 의인화한 캐릭터. - 편집자 주

5장
양자 철학

5.1 양자 헛소리

"당신의 삶을 사는 두 가지 방법이 있다. 즉 기적이 없다고 생각하며 살거나, 모든 것이 기적이라고 생각하며 사는 것이다."

— 알베르트 아인슈타인

양자역학은 철학이 아니다. 물론 철학적인 측면이 분명히 존재하며, 이는 양자역학의 중요한 부분을 차지하기도 한다. 그러나 철학이 양자역학의 본질은 아니다. 양자역학의 목표는 측정 결과를 예측하거나, 양자 입자(예: 금속, 분자, 트랜지스터 내 전자)의 시스템이 외부 자극에 어떻게 반응할지를 예측하는 것이다. 그리고 이런 점에서 양자역학은 매우 잘 작동한다. 비록 그 본질이 극도로 불확실하고 예측 불가능할지라도 말이다.

양자역학의 거의 모든 과학적 성공은 리처드 파인만의 "닥치고 계산하라(shut up and calculate)"는 태도 덕분이다. 이는 이론, 실험, 예측에 기반을 두고 있다. 실험 결과가 이론과 일치하는가? 그렇다면 계속 나아가라! 실험이 맞지 않는가? 그래도 괜찮다. 다시 시작하면 된다. 전자, 빛, 원자를 철저하고 냉철하게 이해하지 않았다면 지난 120년 동안 이처럼 양자 도약, 즉 급격한 과학적 발전이 이루어질 수 없었을 것이다. 오늘날 우리 삶을 좌우하는 기술에서 양자역학은 결코 이처럼 필수적인 역할을 하지 못했을 것이다.

핵심은 이것이다. 양자역학은 마법이 아니라는 것이다. 어떤 현상이 혼란스럽고 기이한 속성을 가지고 있다고 해서 그것이 '마법의 모자에서 나온' 것은 아니다. 어떤 것이 상상을 초월하고 직관에 반하더라도 그것이 마법적인 것으로 간주될 필요는 없다. 우리의 뇌는 모든 것을 이해하도록 설계되지 않았다.

우리는 이후에 장(field) 이론, 얽힘(entanglement), 그리고 입자들이 어떻게 서로 연결될 수 있는지에 대해 자세히 논의할 것이다. 그러나 우리가 아는 한, 인간의 의식은 누군가 주장하듯이 어떤 거대한 양자 에너지 장에 속하지 않는다(그 장에서 '무료 에너지'를 얻을 수 있다고 주장하는 사람들도 있지만, 그 역시 비용을 지불해야 한다는 점을 잊지 말자).

물론, 우리는 사람들이 대체 요법, 양자 치유, 구형(球形) 소용돌이(spherical vortex) 등에 대한 믿음을 가질 권리를 존중한다. 그리고 이 세상의 차크라(Chakra)와 초프라(Chopra)[22]에 대한 최종 판단은 독자에게 맡긴다. 하지만 한 가지는 분명히 하자. 이것은 양자역학과 전혀 관련이 없다. 이는 가짜 물리학이다. 양자역학은 우리의 시야를 넓힐 수 있지만, 그것이 깨달음의 길을 제시하는 것은 아니며, 우리의 일상 경험에 적용할 수 있는 것도 아니다. 양자 얽힘(entanglement)이란 기본 입자들(예: 원자, 전자 등)의 얽힘을 의미한다. 이것이 어떤 사람의 의식이 우주 어딘가에서 '오른쪽으로 회전하는' 구체의 에너지 상태와 깊이 얽혀 있다는 식의 이야기와는 전혀 무관하다. 그런 주장은 논의에서 제외한다.

---

[22] 차크라는 인도 전통에서 유래한 영적 에너지를 뜻하며, 초프라는 과학적으로 신빙성이 부족하다는 비판을 받는 '양자 치유' 같은 개념을 대중화시킨 인도계 미국인이다.- 편집자 주

이제 다시 좋은 관계로 돌아가, 얽힘에 대해 논의하자. 양자역학이 비록 우여곡절을 겪으면서도 20세기 사람들의 정신세계를 어떻게 점진적으로 혼란스럽게 만들었는지 그 이야기를 시작하겠다.

5.2 얽힘

> "보어는 일관성이 없었고, 불분명했으며, 의도적으로 모호했지만, 옳았다. 아인슈타인은 일관성이 있었고, 명확했으며, 현실적이었지만, 틀렸다."
>
> — 존 벨

얽힘(entanglement)은 양자역학에서 중첩(superposition) 현상에서 비롯된 가장 중요하고도 심오한 결과 중 하나다. 얽힘은 두 입자 간의 상관관계(correlation)를 의미하며, 이는 과거에 상호작용을 했던 입자들이 나중에 분리되더라도 여전히 유지된다. 처음에 이 두 입자는 하나의 통합된 시스템으로 존재했기 때문에, 두 입자의 속성은 여전히 하나의 파동의 일부로 간주돼야 한다. 그렇다면 두 입자가 얽혀 있다는 것은 어떤 결과를 초래하는가?

입자가 얽혀 있을 때, 그것이 항상 유쾌한 일만은 아니다.
한 입자가 얽히면 다른 입자에 간지러움을 줄 수도 있다.

첫째, 한 입자에 대한 측정이 즉시 다른 입자의 특성에 영향을 미친다. 예를 들어, 하나의 입자가 아나톨리아(튀르키예)에 있고, 다른 입자가 제베르헴(벨기에)에 있다고 하더라도, 첫 번째 입자의 측정 결과가 스핀 업(spin-up)이라면, 두 번째 입자가 스핀 다운(spin-down)임을 즉시 알 수 있다(혹은 그 반대도 마찬가지다). 이 현상은 비국소성(non-locality) 또는 '원격 작용(spooky action at a distance)'이라 불리며, 양자이론에서 가장 독특한 특징이다. 그러나 이는 아인슈타인에게 매우 거슬리는 부분이기도 했다.

둘째, 얽혀 있는 두 입자 중 하나만 측정하거나 관찰하면, 그 결과는 완전히 무작위적이다. 얽힘의 진정한 정보는 개별 입자가 아니라 두 입자의 측정 결과 간의 상관관계에 있다. 양자역학자인 존 프레스킬(John Preskill, 1953~)은 이를 '양자 책 vs 고전적 책'이란 비유로 설명했다. 고전적인 책에서는 한 페이지를 읽고 나서 다음 페이지를 읽을 수 있으며, 페이지를 건너뛰거나 순서를 뒤섞어 읽더라도, 결국 이야기가 무엇인지 이해할 수 있다. 그러나 양자 책에서는 각각의 페이지가 단독으로는 아무런 의미가 없다. 책의 이야기(정보)는 모든 페이지 간의 상관관계를 분석해야만 얻을 수 있다. 만약 한 페이지를 찢어버리면, 책의 모든 정보는 영원히 사라진다.

결국 모든 정보는 상관관계 속에 있다. 양자 얽힘에서 중요한 것은 개별 입자가 아니라, 얽혀 있는 입자들 사이의 연결된 정보다.

> 일란성 쌍둥이가
> 어느 날 각자 즐기러 나섰다.
> 한 명은 트램펄린을 타며 뛰었고,
> 다른 한 명은 술집에서 흥청댔다.

트램펄린 위에서 한 명이 즐겁게 뛰어오를 때,
다른 한 명은 술에 취해 의자에서 떨어져 곤두박질쳤다.

5.3 보어 vs 아인슈타인

"나는 모든 시대의 철학자들의 글을 읽으려 노력했고, 실제로 많은 통찰을 얻었지만, 더 깊은 지식과 이해로 향하는 꾸준한 진보는 찾지 못했다. 그러나 과학은 나에게 꾸준한 진보의 느낌을 준다. 나는 이론 물리학이 철학이라고 확신한다. 이는 공간과 시간(상대성), 인과성(양자이론), 실체와 물질(원자이론)에 대한 근본적인 개념들을 혁명적으로 변화시켰고, 상보성(complementarity)과 같은 새로운 사고방식을 제시하여 물리학을 넘어 다른 분야에서도 적용할 수 있게 만들었다."

— 막스 보른

아인슈타인은 몇 가지에 대해 확고한 믿음을 가지고 있었다. 첫째, 우연은 존재하지 않는다. 둘째, 우연은 존재하지 않으므로 자연의 내재적 속성이 될 수 없다. 셋째, 사물은 그것을 관찰한다고 해서 속성이 바뀌지 않는다. 아인슈타인에게 양자 실험에서의 우연 요소는 우리가 관찰할 수 없는 입자들의 존재에 대한 무지에서 비롯된 논리적 결과에 불과했다. 그는 오히려 '숨겨진 변수(hidden variables)'의 존재를 믿었다. 즉, 자연이 완전히 결정론적인, 보이지 않는 시계장치 같은 우주에 숨겨진 변수가 존재한다고 생각했다. 그리고 우연 요소를 연구하는 가장 좋은 방법은 바로 불확정성 원리를 면밀히 살펴보는 것이라고 믿었다. 불확정성 원리는 우리로 하여금 다른, 더 철학적인 질문들을 던지게 만든다. 어떤 물체는 그것을 볼 때와 보지 않을 때 속성이 달라지는가? 그 속성들은 실험에 따라 변하는가? 그리고 자연은 우리가 그것을 측정할 때 '알' 수 있는가?

불확정성 원리를 반박하는 것은 아인슈타인에게 그 어떤 취미보다도 중요한 일이었다. 그는 1925년 슈뢰딩거와 하이젠베르크가 도입한 양자이론 전체가 아마도 옳을 수는 있지만 완전하지 않다는 것을 증명하고자 했다. 그렇기에 양자이론이 현실에 대한 완전한 설명을 제공할 수 없다고 주장했다. 파동 함수를 통해 현실을 설명하고, 임의의 먼 거리에서도 즉각적인 효과를 예측하는 이론은 틀릴 수밖에 없다는 뜻이다. 사실 슈뢰딩거는 이 점에서 아인슈타인의 의견에 전적으로 동의했다. 두 사람은 양자이론의 탄생에 지대한 역할을 한 장본인임에도 불구하고 최신 양자이론의 해석과 쉽게 타협할 수 없었다.

동시에 아인슈타인은 상황을 그저 지켜보기만 하기도 했다. '그들'은 결국 양자이론이 단지 올바른 이론에 도달하기 위한 중간 단계에 불과할 것이라고 생각했다. 올바른 이론이란 숨겨진 변수는 포함하고, '원격 작용'은 포함하지 않는 이론이었다. 즉, 양자이론, 중력, 자기력, 전기력을 모두 통합하는 포괄적인 고전 이론이 될 것이다.

아인슈타인이 양자역학에 대한 (선의의) 공격을 본격적으로 시작하기에 가장 좋은 시점은 1927년 제5차 솔베이 회의 중이었다. 이 솔베이 회의는 베토벤의 5번 교향곡에 비할 정도로, 그 분야에서 가장 상징적이고 가장 많이 회자되기 때문이다. 1911년부터 3년마다 벨기에 브뤼셀의 메트로폴 호텔에서 열리던 솔베이 회의는 화학과 물리학의 가장 위대한 인물들을 모아 가장 시급한 주제들에 대해 논의하는 자리였다. 상징적인 1925년이 지나고 1927년 당연히 다뤄야 할 주제는 최신의 양자이론이었다. 이 이론에는 전자, 광자, 얽힘 현상이 포함되어 있었다. 주최자는 닐스 보어와 알베르트 아인슈타인, 즉 양자역학의 가장 위대한 옹호자와 가장 설득력 있는 반대자였다. 또한 참석한 이들 중에는 에르빈 슈뢰딩거, 볼프강 파울리, 베르너 하이젠베르크, 폴 디랙, 루이 드 브로이, 막스 플랑크, 마리 퀴리 등 물리학의 거장들이 있었다. 참석자 29명 중에는 과거와 미래의 노벨상 수상자가 17명이나 있었다.

하이젠베르크가 한때 보어를 너무 철학적이고 물리학자로서의 실질성이 부족하다고 생각해 피해 다녔던 것과 달리, 아인슈타인은 양자역학에 대한 열정적인 공격을 펼치기에, 보어보다 더 나은 대적자를 상상할 수 없었다. 이 대가들의 대결은 대략 다음과 같은 식으로 진행되었다.

밤이면 아인슈타인은 깨어 있으면서 하이젠베르크의 불확정성 원리가 허점투성이임을 입증할 수 있는 사고 실험을 끊임없이 찾으며 뒤척였다. 앞서 말했듯이, 아인슈타인은 동료 이론 물리학자들에 비해 사고 실험을 고안하는 데 천재적인 재능이 있었다. 아침이 되면, 그는 보어의 식욕을 완전히 꺾어 놓았다. 아침 식사 시간에 양자이론이 틀렸거나 적어도 불완전하다는 또 하나의 논증을 꺼내 들곤 했기 때문이다. 이에 보어는 하루 종일 반론을 고민했다. 저녁이 되면 두 사람은 다시 저녁 식탁에서 만났고, 플럼 푸딩[23]이 서빙될 즈음에 보어는 아인슈타인의 사고 실험이 아무리 독창적이고 기발하더라도 불확정성 원리와 모순되지 않음을 증명하며 다시 한번 충격을 주었다. 그럼 아인슈타인은 용기를 내어 새로운 불면의 밤을 보내며, 이 대가들의 충돌에서 다음 반론을 찾아 나섰다.

아인슈타인의 날카로움, 보어의 기량

본론에서 벗어나지 않으면서도, 아인슈타인의 가장 기발한 사고 실험 중 하나의 예를 들어보겠다. 이 실험의 중심에는 에너지와 시간의 불확정성 관계가 있다. 이는 하이젠베르크의 위치와 운동량 간의 '일반적인' 불확정성 관계의 변형이다. 이 에너지-시간 불확정성 관계는 파동 묶음의 특성에서 비롯된다. 파동 묶음이 특정 지점에 도달하는 정확한 시간은 그 크기와 관련이 있다. 그것이 작을수록 더 많은 다양한 주파수(즉, 에너지)를 포함하게 된다(이는 다시 푸리에 분석의 결과이다). 따라서 시간이 정확할수록 에너지는 불확실해지고, 그 반대도 마찬가지다.

아인슈타인의 사고 실험은 간단히 말하면 다음과 같이 진행된다. 한 상자가 특정한 시점에 열린다. 이 상자는 매우 빠르게 열리고 닫혀서 오직 하나의 광자만 상자 밖으로 탈출할 수 있다. 우리는 광자가 탈출하기 전과 후에 상자의 무게를 잰다. 상자가 시계와 연결되어 있기 때문에 우리는 상자가 언제 열릴지 정확히 알 수 있다. 변화 전후를 나란히 놓으면 에너지 변화와 그 변화가 일어나는 순간을 모두 알 수 있게 된다. 이는 에너지-시간 불확정성 관계와 모순된다. 아하! 게임 끝!

보어는 비록 깊은 인상을 받았지만, 아인슈타인의 추론에서 약점

---

23 영국에서 마른 과일로 만든 크리스마스용 푸딩. - 편집자 주

을 찾기 위해 이번엔 은밀히 몇몇 도움의 손길(하이젠베르크와 파울리를 앞세워)을 빌려야 했다. 며칠이 지나고 나서, 아인슈타인의 논리 속에서 약점을 찾아냈다. 사고 실험가인 아인슈타인이 실제로 간과한 점이 있었다. 그것은 바로 일반 상대성 이론이었다. 이 이론에 따르면, 중력장이 강할수록(즉, 지구 표면에 가까울수록) 시간은 더 천천히 흐른다. 상자가 저울 위에 있기 때문에, 광자가 하나씩 빠져나갈 때마다 상자는 아주 조금, 그러나 무시할 수 없는 정도로 가벼워지고, 그로 인해 아주 조금, 그러나 무시할 수 없는 정도로 위로 올라가게 된다. 이 아주 조금의 변화는 사실 에너지와 시간 사이의 불확정성 관계를 회복시키기에 충분하다. 왜냐하면 중력 차이가 시계에 영향을 미치기 때문이다. 보어는 차분하게 디저트를 먹었고, 아인슈타인은 또다시 배고픔을 느꼈다(그리고 또다시 불면의 밤을 맞이해야 했다).

5.4 EPR 역설

1935년, 즉 제5차 솔베이 회의로부터 정확히 8년이 지난 후, 아인슈타인은 프린스턴 자택의 아침 식탁에서 매우 기분 좋고 승리한 듯한 표정으로 나타났다. 커피는 너무 뜨겁지 않았고, 달걀은 완벽하게 삶아져 있었다. 당시 모스크바 지하철 개통식(소련 최초의 지하철!)에 얼마나 많은 관심이 쏠렸든 간에, 이날만큼은 아인슈타인의 날이 될 거라고 그는 확신했다. 아인슈타인은 마침내 양자이론에 치명적인 일격을 가할 수 있다고 믿는 새로운 논문을 막 완성했고, 그 논문을 《피지컬 리뷰(Physical Review)》에 제출했다.

그러나 그 논문이 발표되기 일주일 전에, 그의 연구원인 보리스 포돌스키(Boris Podolsky)가 아인슈타인의 동의 없이 그 결과를 일반 언론에 유출해 버렸다. 이 일로 아인슈타인은 크게 불쾌해했고, "과학적 문제는 과학 저널에 실려야 한다"며 큰 실망감을 표했다. 그로 인해 아인슈타인과 포돌스키는 다시 화해하지 못했다.

당시 아인슈타인이 행한 모든 일과 관련하여 흔히 그랬듯이, 신문들은 다시 한번 굵은 제목과 인터뷰, 그리고 대중이 열광할 만한 모든 것으로 넘쳐났다. 아인슈타인은 그야말로 '핫한' 인물이었다. 아마도 그 이후(혹은 그 이전)로도 그만큼 유명한 사람은 없었을 것이다. 그는 다시 한번 《뉴욕 타임스》의 1면을 장식했다. 치명타를 가하는 일은 당연히 1면 뉴스였다. 《피지컬 리뷰》에 실린 논문의 제목은 다음과 같았다. 「물리적 현실에 대한 양자역학적 기술은 완전하다고 볼 수 있는가?」

아인슈타인은 동료 물리학자인 보리스 포돌스키와 네이선 로젠(Nathan Rosen)과 함께, 일반적으로 EPR 역설(저자들의 이름 첫 글자를 딴 명칭)로

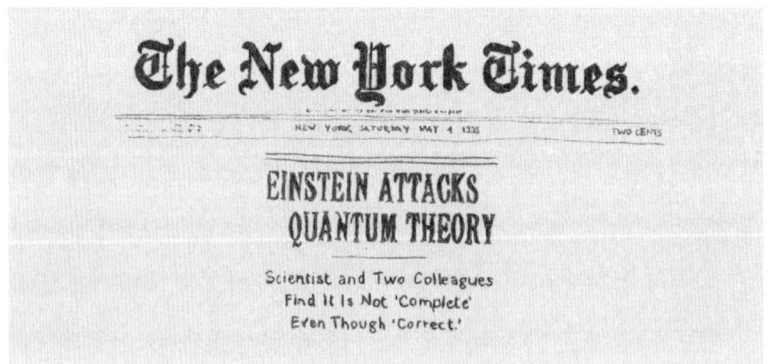

《뉴욕 타임스》에 등장한 양자역학

알려진 사고 실험을 고안했다. 이 실험은 양자 비국소성 개념이 틀렸음을 증명하려는 것이었다. 아인슈타인은 멀리 떨어져 있는 두 입자가 서로 즉각적으로 영향을 미칠 수 있다는 것을 믿지 않았다. 그리고 얽힘 상태의 한 입자에 측정과 같은 어떤 작용을 가했을 때, 그것이 다른 입자에 즉각적인 영향을 미칠 수 있다는 것도 인정하지 않았다. 그것이 사실이라면, 상태 변화에 대한 정보가 미친 속도, 즉 즉각적으로 입자 A에서 입자 B로 전달되어야 한다는 의미가 된다. 빛보다도 빠르게 말이다.

그러나 상대성 이론(바로 아인슈타인 자신이 제시한 이론) 이후 어떤 물리학자도 빛보다 빠르게 이동할 수 있는 것은 없다는 명제를 의심하지 않는다. 아인슈타인은 이런 논리에 크게 혼란을 느꼈다. 얽힘에 따른 비국소성과 그 '원격 작용'이라는 개념은 그가 받아들일 수 없는 것이었다. 그것은 단순히 말이 되지 않는다고 그는 생각했다. 그에게 양자이론은 모든 면에서 문제가 많은 이론이었다. 아인슈타인에게 이는 간단한 문제였다. 두 입자, 두 현실. 그는 비국소성에 맞서 국소적 실재론을 주장했다.

EPR 사고 실험을 간단히 요약하면 다음과 같다. 두 개의 양자 입자(1과 2)가 얽혀 있다. 이들의 파동 함수는 한 입자의 운동량을 알게 되면 다른 입자의 운동량도 알 수 있으며, 위치도 마찬가지로 한 입자의 위치를 알면 다른 입자의 위치도 알 수 있다는 특성을 가진다. 이 두 입자는 서로 거리 L만큼 떨어져 있으며, 이 거리는 매우 커야 한다. 이유는 입자 1에 대한 측정이 이루어지는 동안, 그 측정 정보가 입자 2에 도달할 수 없어야 하기 때문이다. 따라서 입자 2는 입자 1에 대한 측정이 이루어졌는지 '알' 수 없다. 이러한 상태에서는 두 입자의 운동량과 위치가 정의되지 않는다. 전문가를 위해 이를 파동 함수로 표현하면 다음과 같다. $\psi = \delta(x_1 - x_2 - L)\,\delta(p_1 + p_2)$

다시 말해, 입자 1과 입자 2는 중첩 상태에 있다. 이들은 공간 어디에든 존재할 수 있지만, 항상 서로 L만큼 떨어져 있다. 속도 역시 달라질 수 있지만, 두 입자는 서로 반대 방향으로 움직인다($p_1 = -p_2$). 이제 입자 1의 위치를 측정한다고 가정하자. 그러면 중첩 상태는 사라지고, 파동 함수는 극적으로 붕괴하며 입자 1은 정확히 특정 위치에 존재하게 된다. 이 위치를 x_1이라 한다. 동시에, 입자 2의 위치도 즉시 결정되며, 이는 $x_2 = x_1 - L$이다. 만약 다른 측정 방식을 사용하여 입자 1의 속도를 측정했다면, 속도는 p_1이라는 값을 가지게 되고, 입자 2의 속도도 즉시 $p_2 = -p_1$으로 결정된다. 양자역학은 이렇게 말한다.

아인슈타인은 이에 대해 어떻게 생각했을까? 아인슈타인의 세계관은 국소적 실재론을 따르는데, 그에 따르면, 입자 1에 대해 수행하는 측정 방식(위치를 측정할지, 속도를 측정할지)이 입자 2에 어떤 영향을 미친다는 것은 불가능하다. 그는 공간적으로 분리된 시스템은 각자 고유한 현실을 가진다고 말한다. 즉, 그들의 특성은 이미 명확히 정해져 있으며, 우리의 관찰이나 측정과는 무관하다는 뜻이다. 아인슈타인은 이런 논리를 이어가며 결론에 가까워졌다.

그는 다음과 같이 주장했다. 만약 입자 1에 대한 측정으로 입자 2의 위치를 완벽히 알 수 있고, 또 다른 측정으로 입자 2의 운동량을 정확히 알 수 있다면, 이는 입자 2의 위치와 운동량이 이미 사전에 정확히 결정되어 있었기 때문이라는 것이다. 이것은 하이젠베르크에게 치명타다! 하이젠베르크의 불확정성 원리는 위치와 운동량을 동시에 정확히 알 수 없다고 주장한다. 아인슈타인의 결론은 명쾌하다.

양자역학은 일관성이 없으며, 앤 탱글먼트 양은 교활한 파괴자라는 것이다!

그날 아침, 보어 역시 아침 식탁에서 신문을 읽었다. 이런 사태는 예상하지 못한 일이었다. 양자역학계 전체가 충격에 휩싸였다. 이게 무슨 의미였을까? 신문 기사에서는 양자이론, 특히 불확정성 원리가 전반적으로 실패했다는 인상을 주었다. '물리학의 양심'으로 알려진 이들이 이 상황을 어떻게 받아들였을까? 파울리는 이를 재앙이라고 보았다. "완전한 대참사!"라고 그는 외쳤다. 그동안의 모든 연구가 헛수고였던 것일까?

양자역학의 권위자인 보어는 이 문제에 대해 응답해야 했다. 그의 사고는 즉각 고속 기어로 전환되었다. 그는 6주간 끊임없이 고민한 끝에 결국 아인슈타인의 말벌 침에서 침을 뽑아냈다. 즉 아인슈타인의 날카로운 논리에서 함정을 발견해냈다. 문제는, 언뜻 보았을 때 아인슈타인의 논리가 완벽하게 들어맞는 것처럼 보였다는 점이다. 그러나 자세히 들여다보면… 뭔가가 있었다. 아주 주의 깊게 살펴봐야 그 문제를 발견할 수 있었다. 결론적으로, 패러독스가 전혀 없었다는 것이다.

다만 보어의 반응은 매우 복잡한 문장 구조와 논리로 뒤엉켜 있어, 간단히 요약하기 어려웠다. 심지어 보어 자신조차 그의 설명이 완벽하지 않다고 느꼈다. 그럼에도, 그는 아인슈타인에게 '반사실적 추론(counterfactual reasoning)'이라는 개념을 제시하며 문제를 짚어냈다. 이 개념은 거의 번역이 불가능할 정도로 정교한 표현으로, 다음과 같은 요지를 담고 있었다. "동일한 시스템(입자 1)에 대해 위치와 속도를 동시에 측정하는 것은 불가능하다. 왜냐하면 이 두 관측 가능한 값은 교환 가능하지 않기 때문이다."

입자 1에 대한 측정이 이루어지지 않는 한, 입자 2는 중첩 상태에 머무른다. 입자 1을 측정하는 순간에만 입자 2의 특성이 확정된다. 따라서 입자 2의 특성은 사전에 고정되어 있을 수 없다. 확실한 것은, 입자 1의 위치가 측정되었을 때 입자 2의 위치는 입자 1의 위치에서 거리 L만큼 떨어져 있고, 운동량이 측정되었을 때 두 입자의 운동량은 반대라는 것이다. 그 외의 정보는 알 수 없다. 양자 시스템의 특성은 그것을 관찰하는 방식에 따라 달라진다. 위치와 운동량은 동일한 양자 시스템을 설명하는 상호보완적인 방식이지만, 이 둘을 동시에 측정할 수는 없다.

결론적으로, 반대 측의 입장은 다음과 같다. EPR 논문은 하이젠베르크의 불확정성 원리와 전혀 모순되지 않는다. 아인슈타인은 단지 아주 미묘한 사고 오류를 범했을 뿐이다. 그는 올바른 수학을 사용했지만 이를 적절히 해석하지 못했다. 양자역학은 실제로 한 입자에 대한 측정이 얽힌 상태의 다른 입자에 즉각적인 영향을 미치는 '기묘한 특성'을 가지고 있다. 왜냐하면 한때 하나였던 두 입자는 얽힌 상태를 유지하기 때문이다. 결론적으로, 아인슈타인의 국소적 실재론은 양자역학과 양립할 수 없다. 둘 중 하나만 선택할 수 있을 뿐이다. 비국소성 만세!

그런데 여기서 잠깐. EPR 실험에서의 즉각적인 상호작용은 어떻게 되는가? 이는 아인슈타인의 상대성 이론과 모순되는 것이 아니었는가? 그렇지 않다. 여기서 정보의 교환은 전혀 이루어지지 않기 때문이다. 상대성 이론은 정보가 빛보다 빠르게 이동할 수 없다고 말한다. 그러나 보어와 아인슈타인은 정보라는 개념을 아직 몰랐다. 정보의 수학적 개념은 아주 미묘하기 때문인데, 이는 1948년에야 클로드 섀넌(Claude Shannon)이 처음 도입한 것이다. 정보는 상관관계와 동일하지 않다. 얽힌 입자를 측정한다고 해서 한 입자에서 다른 입자로 정보를 전달하는 것은 불가능하다. 첫 번째 입자의 측정 결과는 완전히 무작위적이며, 이를 우리가 조작할 수 없기 때문이다. 결과에 영향을 미칠 수 없다면 정보를 전달할 수도 없다. 따라서 이는 상대성 이론과 모순되지 않는다.

아인슈타인, 포돌스키, 로젠의 사고 실험은 의도하든 의도하지 않든 철학적 논쟁을 불러일으켰다. "존재하느냐, 존재하지 않느냐?" "영향을 미치느냐, 방해를 하느냐?" "정확하지만 불완전한가?" "국소적 실재론(철학적 관점의 산물)인가, 아니면 비국소성(양자역학 공리의 수학적 결과)인가?" 그렇다면 이 모든 질문에 명확한 답을 줄 수 있는 실제 실험은 없었는가?

물론 있었다! 존 벨(John Bell, 1928~1990년)이 30년 후 그 실험을 고안했다. 요컨대, EPR 논문은 많은 혼란과 논쟁을 야기했으며, 이를 해석하는 데 어려움이 있었지만, 그로부터 제기된 질문들은 결국 얽힘이라는 신비로운 현상을 해명하는 계기가 되었다.

> 얽힌 두 입자는
> 거리도 시간도 모르고,
> 서로 멀리 떨어져 있어도
> 그 무엇도 그들을 갈라놓지 못한다

5.5 슈뢰딩거가 자기 고양이를 보내다

슈뢰딩거는 아인슈타인과 보어(더 정확히는 아인슈타인과 대부분의 사람들)의 논쟁을 열정적으로 지켜보았다. 하지만 대부분의 사람들과 달리 그는 아인슈타인을 지지했다. 그는 아인슈타인에게 편지를 보내 EPR 논문 발표를 축하하며 말했다. "모두가 제대로 정신을 차렸습니다. 마치 금붕어 연못에 강꼬치고기(포식어류)가 풀려난 듯한 광경입니다."

슈뢰딩거 역시 보어와 동료들이 자신의 양자 이론을 해석하는 방식에 확신이 없었고, 아인슈타인의 주장처럼 어딘가 잘못된 부분이 있을 것이라고 생각했다. 이러한 그의 사고는 그를 1935년, 그 유명한 고양이 사고 실험으로 이끌었다. 이 실험은 원래, 양자역학의 모든 주장(특히 중첩 개념과 '관찰은 곧 영향을 미친다'는 논리)이 얼마나 터무니없는지 보여주기 위한 농담이었다. 하지만 이 실험은 점차 양자 난제에 대한 유명한 농담으로 자리 잡았다. 이 사고 실험의 아이디어가 사실 아인슈타인에게서 나왔다는 사실은 놀랄 일이 아닐 것이다.

참고로, 슈뢰딩거는 국소성에 대해 아인슈타인만큼 엄격하지 않았다. 친구 아인슈타인과 달리, 그는 두 입자 간에 어떤 형태로든 상호작용이 존재할 가능성을 받아들일 용의가 있었다. 따라서 슈뢰딩거는 국소성이 아니라 양자 세계와 고전 세계 간의 상호작용, 즉 미시 세계와 거시 세계 간의 상호작용에 집중했다. 그 안에서 양자 이론가들을 난처하게 만들 수 있는 무언가를 찾고자 했다. 그리고 그가 발견한 것이 바로 중첩이었다.

슈뢰딩거는 그의 실험에서 고양이를 완전히 밀폐된 상자에 넣었다. 상자 안에는 가이거 계수기, 소량의 방사성 우라늄 원자, 독이 든 플라스크가 들어 있었다. 방사성 물질이 실험 중에 붕괴될 수도 있고, 그런 일이 아예 일어나지 않을 수도 있었다. 다시 말하면, 우라늄 원자는 어떤 순간에도 여전히 원래 상태와 붕괴된 상태가 중첩된 상태에 놓여 있다. 이 두 상태가 바로 파동 함수의 두 가지 가능한 분기이다. 파동 함수의 한 갈래에서 원자가 붕괴하면 방사능이 방출되고, 가이거 계수기가 이를 감지해 독이 든 병을 깨트린다. 독이 퍼지고, 고양이는 죽는다. 하지만 중첩의 다른 갈래에서는 우라늄 원자가 붕괴되지 않으며 고양이는 여전히 상자 속에서 아무 걱정 없이 자신의 생명을 건강하게 이어간다. 그러니 고양이가 죽었는지 살아 있는지 알고 싶다면, 할 수 있는 일은 단 하나이다. 바로 상자를 여는 것이다.

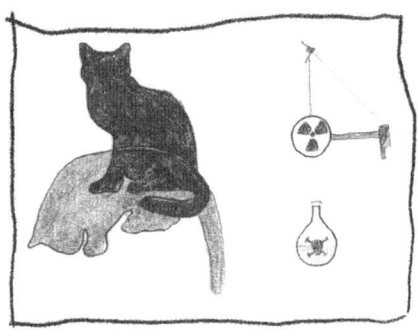

슈뢰딩거의 고양이

상자가 닫혀 있는 동안, 고양이는 죽음과 생존이 공존하는 중첩 상태에 편안하게 놓여 있다. 상자를 열면 중첩 상태가 깨지고, 고양이는 죽었거나 살아 있거나 둘 중 하나로 확정된다. 시간이 지날수록 방사성 물질이 붕괴될 가능성이 높아지지만, 그 결과는 여전히 예측할 수 없으며, 완전히 우연에 의해 결정된다. 이것이 바로 양자 논리이다. 고양이는 죽었으면서도 살아 있을 수 있다.

물론, 슈뢰딩거는 양자 이론을 문자 그대로 적용하여 이 실험을 다소 과장했다. 하지만 "우리가 보지 않으면 모든 것이 동시에 가능하다"는 주장은 지나치게 단순화된 것이다. 예를 들어 존재하면서 동시에 사라질 수 있다거나, 깨어 있으면서 동시에 자고 있다거나, 대통령이면서 동시에 지게차 운전사이거나 토끼이면서 거북이일 수 있다는 식이다.

다소 엉뚱해 보일 수 있는 이런 논리는 단순히 사고 실험의 극단적 표현이다. 다행히 이제 독자들은 이 책의 절반쯤에 도달했으니, 사실과 약간의 '무해한 장난'을 구분할 수 있을 것이다. 자명한 사실은, 아무것도 살아 있으면서 동시에 죽을 수는 없다는 것이다. 그리고 인간인 우리가 상자를 열기로 결정을 내리는 순간에 고양이의 운명이 결정된다고 생각하는 것은 얼마나 오만한 일인가.

> 슈뢰딩거는 그날 밤 매우 바빴다.
> 그래서 그의 이론은 (예상대로…) 매우 방대해졌다.
> 성공하든가 실패하든가,
> 있거나 없거나.
> 어쨌든, 그의 고양이는 아직 '없어진 몸'은 아니었다.

역설(왜냐하면 이 경우에는 역설이라고 말할 수 있기 때문이다)은 슈뢰딩거가 여기서 무언가를 간과했다는 것이다. 우리가 보지 않는다고 해서 측정이 일어나지 않는 것은 아니다. 상자를 환경으로부터 완벽하게 격리하는 것이 불가능하기 때문에 외부 요소, 예를 들어 광자나 분자가 계속해서 상자와 상호작용하며, 그들은 현미경 같은 눈으로 지속적으로 측정을 수행하고 있다. 중요한 점은, 실제로는 누군가가 상자를 열어 눈으로 보는지 여부와 관계없이 상자의 속성이 결정되어 있다는 것이다.

짧은 예고를 하자면, 책 후반부에 가서는 양자 시스템이 주변 환경과 불가피하게 상호작용하는 것이 양자 컴퓨터 개발에서 가장 어려운 요소임이 분명히 드러날 것이다. 양자 컴퓨터는 한 번에 많은 일을 처리할 수 있어야 하므로, 매우 다양한 상태들의 중첩을 만들어야 한다. 하지만 이는 시스템이 환경으로부터 완전히 격리되었을 때만 가능한 일이다. 그런 시스템을 만드는 것은 결코 쉬운 일이 아니다.

그렇게 하나의 답이, 답을 찾을 수 없는 새로운 질문들로 또다시 이어졌다. 오늘날까지도 여전히 명확한 답을 찾지 못한 질문들이다. 중첩은 어디서 끝나는가? 무엇이 언제 '동시에 이렇고 저런' 상태에서 '이러거나 저런' 상태로 바뀌는가? 양자역학의 이상한 세계는 어디서 끝나고 고전 물리학으로 돌아가는가? 그 경계는 어디에 있는가? 그리고 그 경계를 정확히 어떻게 정의할 수 있는가? 이런 질문들은 제2의 양자 혁명에서 과학자들이 계속 탐구할 문제들이다. 하지만 그 답은 아마 영원히 나오지 않을 것이다.

고양이가 겨우 정신을 차리기도 전에, 슈뢰딩거는 EPR 논문에 대한 자신의 견해를 한 걸음 더 발전시켰다. 1935년에 그는 후속 논문에서 최초로 얽힘(entanglement)이라는 개념을 도입했다. 이 장에서 우리는 이 용어를 이미 여러 차례 사용했는데, 이는 방금 다룬 실험들을 제대로 이해하기 위한 유일한 방법이기 때문이다. 아인슈타인과 보어조차 얽힘이라는 것이 존재한다는 사실을 몰랐고, 이 개념이 양자역학의 중심적인 개념이 될 것이라고는 상상도 하지 못했다. 이것이 그들의 혼란의 주된 이유였다. 반면에 슈뢰딩거는 이 개념의 본질을 누구보다도 깊이 이해했다. 따라서 그는 얽힘이란 무엇인지 다음과 같이 명쾌하게 요약할 수 있었다. "전체에 대한 최선의 지식이 반드시 그 구성 요소들에 대한 최선의 지식을 포함하지는 않는다… 나는 이것을 하나의 특성으로 간주하지 않겠다. 오히려, 이것이야말로 양자역학을 고전적 사고방식과 완전히 구분 짓는 특징적인 속성이다… 두 입자(양자 상태)는 상호작용을 통해 얽히게 된다."

해석해보자면, 전체는 그 부분의 합 이상이다. 우리가 각 입자의 상태를 따로따로 알고 있다고 해도, 얽힌 상태에서는 전체에 대해 여전히 아무것도 알지 못할 수 있다. 우리가 찾고자 하는 정보는 입자 자체가 아니라 입자들 간의 관계에 담겨 있다. 진실은 말 그대로 중간 어딘가에 존재한다. 이것이 바로 양자역학과 고전 물리학의 본질적인 차이다. 고전 물리학에서는 시스템의 상태를 그 부분들의 상태를 통해 완전히 이해할 수 있지만, 양자역학에서는 관계가 핵심이다.

5.6 누가 고양이에게 방울을 달까?

보어가 아인슈타인의 가정을 반박하고, 슈뢰딩거가 이를 더욱 복잡하게 만든 가운데 30년 후인 1964년에 아일랜드의 물리학자 존 벨은 얽힘의 본질을 누구보다 명확히 설명하며 결론을 제시했다.

1964년이었다. 당시 전 세계 물리학 연구소 복도에서는 주로 양자역학이 화학, 핵 과학, 입자 물리학, 재료 과학에 적용되는 방법에 대해 논의되었지만, 양자역학의 기본 원리나 그 새로운 법칙들이 정확히 어떻게 해석되어야 하는지에 관심을 갖는 사람은 거의 없었다. 인류는 다른 더 시급한 문제들을 다루고 있었다. 하지만 존 벨은 달랐다. 벨은 유럽입자물리연구소(CERN)[24]에서 여유 시간을 보내며 양자역학의 기초에 놓인 해결되지 않은 사고의 실타래를 풀어가는 일을 즐겼다. 그는 "나는 양자 엔지니어지만, 일요일에는 내 원칙을 지킨다"라고 말했다. 이 사람에 대해 한 번도 들어본 적 없던 동료들이 1964년 이후로는 그를 더 이상 무시할 수 없게 되었다. 벨은 두 편의 아주 정확한 논문을 발표하면서 양자역학의 아직 어린 뿌리에 신선한 흙을 공급해 주었고, 그리 오래지 않아 그 나무는 열매를 맺기 시작했다.

첫 번째 논문에서 벨은 폰 노이만의 유명한 정리를 반박했다. 그 폰 노이만? 맞다. 세상에서 가장 똑똑한 사람들도 가끔은 실수를 한다. 폰 노이만은 양자역학의 예측을 재현할 수 있는 고전적인 모델은 존재하지 않는다고 주장했다. 벨은 그 주장이 사실인지 한번 시험해 보자고 생각했다. 어쩌면 (누가 알겠는가!) 아인슈타인이 조금이라도 맞았을지도 모른다. 벨은 고전적인 '숨은 변수 모델(hidden variable model)'을 만들었고, 그 예측은 놀랍게도 큐비트에 대한 양자역학의 예측과 구별할 수 없었다. 결론적으로 폰 노이만의 주장은 틀렸다.

명확히 하기 위해 말하자면, '숨은 변수'란 우리가 미리 알지 못하는 정보, 즉 측정 전까지 알지 못하는 정보를 의미한다. 이는 입자들

---

[24] 유럽입자물리연구소(CERN)는 세계에서 가장 중요한 소립자 연구용 실험 센터로, 스위스 제네바에 위치하고 있다.

이 측정에서 어떻게 행동할지를 결정하는 정보로, 마치 그 입자들이 측정이 이루어질 때 어떻게 반응할지 미리 '알고' 있는 것처럼 말이다. 즉 마치 그들이 서로 조용히 약속한 것처럼 행동한다는 뜻이다. 이것이 바로 아인슈타인이 언급한 것이다. 그는 우리 눈에 보이지 않지만, 입자들의 설명할 수 없고 유령 같은 행동을 설명하는 데 도움이 되는 기본 이론이 존재해야 한다고 말했다.

두 번째 논문에서 벨은 폰 노이만의 정리가 어떻게 구제될 수 있는지를 보여주었다. 그것은 실제로 가능했는데, 고전 이론에 추가적인 요소가 더해질 경우에만 가능했다. 그 추가 요소는 바로 국소성(또는 분리된 현실, 아인슈타인의 주장이었다)이다. 벨은 아인슈타인의 국소 실재론에서 출발하여 이를 수학적 모델로 만들고, 그것에 '국소적 숨은 변수 이론(local hidden variable theory)'이라는 다른 이름을 붙였다. 벨은 고전적인 '국소적 숨은 변수 모델'이 얽힌 양자 상태의 상관관계를 재현하기에 부족하다는 사실을 알아차린 천재였다. 그는 자신의 추측을 입증하기 위해 이 상관관계를 측정할 수 있는 실험을 고안했다.

숨은 변수, 다른 시각으로 보기

세금 고지서가 우편함에 도착했을 때, 그 순간에는 보통 내가 돈을 돌려받을지 아니면 더 내야 할지를 알 수 없다. 그것은 봉투를 열고 읽기 시작할 때 비로소 알게 된다. 동시에 고지서의 내용(속성)은 이미 계산이 끝나고 이후 세무당국의 프린터를 거쳐 출력된 순간부터 확정되어 있었다. 그 내용은 더 이상 바뀔 수 없으며, 봉투를 지금 열든 일주일 후에 열든 상관없다.

그런데 두 개의 봉투가 있을 때 상황은 훨씬 더 흥미로워진다. 이는 국소적 숨은 변수 모델에서 무엇이 일어나는지를 보여준다. 두 개의 고전적인 봉투 경우에서는 한 사람은 돈을 돌려받고, 다른 사람은 더 내야 한다. 여기서도 메시지는 미리 확정되어 있다. 봉투를 열어볼 때 비로소 누가 행운을 가질지, 앨리스인지 밥인지가 명확해진다.[25] 그리고 한 사람이 돈을 돌려받으면, 다른 사람은 불가피하게 추가로 지불해야 한다는 것도 알게 된다.

하지만 양자 봉투의 경우, 앨리스가 편지를 열 때 그 메시지가 무엇인지 아직 확정되지 않는다. 앨리스가 편지를 어떻게 읽느냐에 따라, 예를 들어 분홍색 안경을 쓰고 읽는지, 아니면 그렇지 않은지에 따라, 그녀는 논란이 되는 풍력 발전소에 관한 청원을 받을 수도 있고, 세금 고지서를 받을 수도 있으며, 임신 테스트 결과에 관한 메시지를 받을 수도 있다. 그때마다 그녀는 완전히 임의로 긍정적이거나 부정적인 메시지를 읽게 된다. 우리가 아는 유일한 사실은, 앨리스에게 도달한 편지의 내용이 밥에게 도달한 편지 내용과는 정반대일 것이라는 점이다.

벨의 주장을 설명하는 것은 쉽지 않다. 왜냐하면 벨은 수학적 언어를 섬세하고 창의적인 방식으로 사용하기 때문이다. 그래도 시도해 보겠다. 벨은 국소적 숨은 변수 이론을 사용하여 멀리 떨어져 있는 두 개의 고전적인 스핀 시스템을 모델링했다. 각 스핀에서는 독립적으로 두 가지 종류의 측정을 할 수 있다. 즉 하나는 'a'라는 기저(basis)로 측정하거나, 다른 하나는 'b'라는 기저로 측정하는 것이다. 각

---

25 앨리스와 밥은 가상의 인물들이다. 양자역학 개념을 설명하는 이야기에 자주 등장하는 한 쌍의 인물이다.

측정은 0 또는 1이라는 두 가지 결과를 낳을 수 있다. 따라서 하나의 실험은 16가지 가능한 시나리오 중 하나를 실현한다(각 스핀은 두 가지 다른 기저로 측정될 수 있고, 각 기저는 두 가지 다른 결과를 가질 수 있다. 즉 $2^2 \times 2^2 = 16$).

예를 들어, 실험에서 입자 1이 기저 'a'로 측정되고 그 결과가 0이라고 하자. 그다음 입자 2가 기저 'b'로 측정되고 그 결과가 1이 된다. 이렇게 해서 16가지 변형이 가능하다. 벨 이론에서 아주 중요한 점은 측정 기저를 선택하는 것이 완전히 무작위적이어야 하며, 따라서 미리 합의할 수 없다는 것이다. 또, 측정은 두 명의 다른 관측자가 독립적으로 수행해야 한다. 실험의 목적은 측정 기저를 무작위로 선택하여 실험을 많이 반복하는 것이다. 그다음으로, 각 상황이 얼마나 자주 발생했는지를 나타내는 16개의 숫자가 담긴 표가 만들어진다. 이 중 8개의 숫자를 더하고 나머지 8개의 숫자를 뺀 값을 x로 계산한다. '벨의 부등식'은 국소적 숨은 변수 모델의 경우 이 값이 특정 한계를 넘지 않도록 제한되어야 함을 나타낸다.

이제 중요한 점은 벨이 두 개의 특정한 얽힌 입자('벨 상태'의 큐비트)와 두 가지 다른 측정 설정(앨리스와 밥 각각에 대해 두 가지씩)을 사용해 가능한 양자 실험을 제시한다는 것이다. 이 실험에서는 16가지 시나리오가 실현된다(왜냐하면 각 큐비트에 대한 측정은 두 가지 가능한 결과를 낳기 때문이다). 벨의 부등식에서처럼 각 측정 결과를 더하고 빼면, 그 값이 이 부등식에 의해 허용된 값보다 커지게 된다. 다시 말해, 실험 결과가 x보다 크다면, 이는 이 실험(그리고 따라서 자연)을 설명하는 국소적 숨은 변수 모델이 존재하지 않음을 증명하는 것이다. 좋은 소식은 이 실험이 양자역학이 단순히 '국소적' 고전 이론에 몇 가지 숨겨진 변수만 추가한 것이 아님을 확실히 밝혀줄 수 있다는 것이다. 핵심은 만약 숨은 변수 이론이 국소적이라면, 그것은 양자역학과 양립할 수 없다는 점이다. 만약 그것이 양자역학과 일치한다면, 그것은 비(非)국소적일 수밖에 없다.

벨의 사고 실험을 통해 아인슈타인의 꿈은 영원히 산산조각이 났다. 양자역학과 동일한 예측을 하는 모든 것을 아우르는 고전 이론은 존재하지 않는다. 오직 실제 실험을 통해서만 아인슈타인이 그렇게 고수한 국소적 실재론적 세계관이 얽힘의 현실 앞에서 무너져야 하는지 여부를 밝혀줄 수 있었다. 그러나 그 실험이 이루어지기까지는 50년이 더 걸렸다. 그리고 그 결과는 단 한 치의 의심도 남기지 않았다. 즉 양자역학이 예측한 상관관계가 실제로 측정되었다.

그것은 2022년에 이루어졌다. 그해에 존 클라우저(John Clauser), 알랭 아스페(Alain Aspec), 안톤 차일링거(Anton Zeilinger)는 오랫동안 차갑게 둔 샴페인을 냉장고에서 꺼낼 수 있었다. 세 사람은 1970년대부터 존 벨의 선구자적인 연구 결과의 중요성을 입증하기 위해 필사적으로 노력하며 실험적 한계를 넓히고 제2의 양자 혁명으로 가는 문을 열었기 때문에 노벨 물리학상을 받았다. 그들은 양자역학이 (고전적인) 국소적 숨은 변수 모델로는 설명될 수 없다는 사실을 실험적으로 입증했다. 존 벨은 과장 없이 말하자면 제2의 양자 혁명의 위대한 영웅이자 창시자이다.

양자역학에서 매우 고도의 SF 성격을 가진 발명품이자, 앞의 벨 실험을 변형한 사례가 바로 양자 텔레포테이션이다. 텔레포테이션(원격 전송) 역시 하나의 얽힌 입자를 측정하면, 이 측정이 즉시 다른 얽힌 입자에 영향을 미친다는 사실에서 비롯된 결과이다. 이렇게 원거리에서 일어나는 작용은 더 이상 기묘할 수 없다. 만약 아직 그런 일이 일어나지 않았더라도, 아인슈타인은 텔레포테이션 이론에 관한《뉴욕 타임스》기사를 읽게 된다면 자신의 무덤에서 영원히 뒤척이게 됐을지도 모른다.

가정해 보자. 입자 a와 입자 b는 얽혀 있고, 입자 c는 입자 a를 방문하는 중이지만, 입자 b가 전망이 더 좋은 곳에 있기 때문에 그곳으

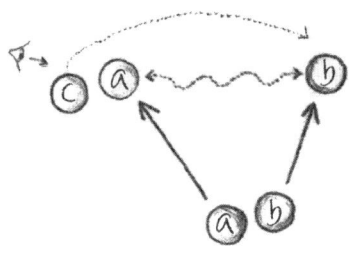

양자 텔레포테이션. 입자 c는 입자 a에 의해 입자 b로 전송된다.

로 전송되기를 원한다. 얽힌 측정(즉, 관측)을 통해, 즉 전송될 입자와 실제로 얽힌 입자 중 하나에 대해 공동 측정을 수행하면(이 경우 각각 c와 a), 양자 상태를 다른 곳, 즉 두 번째 얽힌 입자(입자 b)가 위치한 곳으로 원격 전송할 수 있다. 예를 들어, 전 세계 다른 실험실로 즉시 이동시킬 수 있다.[26] 두 입자가 상호작용하도록 두는 것만으로도 충분하다. 이 얽힘은 나중에 다른 입자들도 상호작용할 수 있는 '다리'로 사용될 수 있다. 이는 매우 미래지향적으로 들릴 수 있지만, 양자 텔레포테이션은 양자 통신과 양자 컴퓨팅 분야의 핵심 개념 중 하나다.

---

26 순간적으로 이루어지는 것처럼 보이는 텔레포테이션의 특성에 대해 각주를 달자면, 이는 분명히 좀 더 정밀하게 설명되어야 한다. 왜냐하면, 정보는 빛의 속도보다 빠르게 전달될 수 없기 때문이다. 양자 텔레포테이션 과정은, 실제로는 텔레포트되는 큐비트(qubit) 하나당 두 개의 고전적인 비트 정보가 수신자에게 도달해야만 완성된다. 수신자는 이 고전 정보를 바탕으로, 해당 큐비트가 어떤 기저(basis)에 인코딩되어 있는지를 파악하고, 그 큐비트를 어떻게 해석해야 할지를 결정할 수 있게 된다.

현재 큐비트(qubit)를 이용한 양자 텔레포테이션 실험은 흔한 일이 되었으며, 세계 곳곳의 많은 실험실에서 시연되었다. 다음으로 텔레포테이션 장치로 들어갈 후보는 원자 전체이다. 하지만 코기 강아지가 원격 전송되는 순간을 보려면 아직 조금 더 기다려야 할 것이다.

5.7 맥락성

"사물은 아마도 우리와 독립적으로 그들만의 척도, 무게, 그리고 성질을 가질 것이다. 하지만 우리 내면에서 정신은 그것들을 이해하는 방식에 따라 형상화한다. 건강, 양심, 권위, 지식, 부, 아름다움과 그 반대의 것들은 우리 내면에 들어오며 본래의 모습을 벗고 정신에 의해 다시 옷 입혀진다. 그 옷은 정신이 마음에 드는 색깔로 물들여진다. 즉 갈색, 녹색, 밝음, 어두움, 단단함, 부드러움, 깊음, 흐릿함처럼 각 정신이 적합하다고 생각하는 색깔로 말이다. 왜냐하면 이들 간에 하나의 특정한 스타일에 대한 규칙과 모델이 합의된 것은 없기 때문이다. 모든 정신은 자기 자신의 왕국에서 왕이다."

— 몽테뉴, 『수상록』 중 '데모크리토스와 헤라클레이토스에 대하여'

그레테 헤르만(Grete Hermann, 1901~1984년)은 진정한 '뇌터 소녀'였다. 그녀는 괴팅겐에서 에미 뇌터의 지도로 수학을 공부하며 박사 학위를 취득했지만, 결국 철학자로 변신하여 물리학의 근본에 대해 열정적으로 탐구했다. 존 벨이 등장하기 훨씬 이전에, 그녀는 폰 노이만의 숨은 변수 이론에 무언가 잘못된 점이 있음을 깨달았다. 그녀의 사유의 출발점은 양자 입자에 대한 측정 결과의 예측 불가능성이었다. 이것은 그녀를 '양자 맥락성'이라는 개념으로 이끌었다. 즉 양자 시스템의 속성은 우리가 그것을 바라보는 방식, 즉 우리의 질문(관측가능량)에 완전히 의존한다는 것이다. 반면, 숨은 변수 모델은 정의상 비맥락적이다. 즉 시스템의 속성은 측정 방식에 관계없이 고정되어 있다고 본다. 헤르만은 이미 1935년에 이러한 통찰에 도달했지만, 당시에는 아무도 주목하지 않았다.

양자 맥락성은 30년 후에야 시몬 코헨(Simon Kochen, 1934~)과 에른스트 슈페커(Ernst Specker, 1920~2011년)가 완벽한 수학적 공식으로 정리했다. 코헨과 슈페커는 시스템이 관찰과는 독립적으로 고유한 속성을 갖는다는 아인슈타인의 실재론을 반박했다. 두 사람은 매우 구체적이고 복잡한 구조를 만들어 다양한 종류의 측정을 수행할 수 있도록 했다. 이 중 일부 측정은 양자역학적으로 동시에 수행될 수 있었고(교환 가능한 관측가능량), 일부는 그렇지 않았다.

숨은 변수 모델에 따르면, 이런 모든 측정의 결과는 미리 정해져 있어야 한다. 그러나 코헨과 슈페커는 이런 '반사실적 추론'(보어와 아인슈타인의 논쟁을 떠올려보자)이 양자역학의 예측과 모순된다는 것을 보여주었다. 양자역학에서는 어떤 교환 가능한 관측가능량을 측정하느냐에 따라 일부 측정 결과가 상반된 값을 가질 수 있다. 결론적으로, 측정 결과는 측정의 종류(즉, 맥락)에 따라 달라진다. 측정 결과에 값을 부여하려면 반드시 측정의 맥락도 알아야 한다.

철학적 관점에서 보면, 양자역학의 맥락성은 고전 물리학과의 엄청난 단절을 의미한다. 우리가 시스템을 관찰할 때, 관찰자는 더 이상 외부인이 아니다. 측정 결과는 다른 모든 측정에 의존하며, 객관적인 가치를 가지지 않는다. 이는 완전히 우리가 어떻게 측정하고 바라보는지에 달려 있다. 우리가 보는 모든 것은 관찰 행위가 측정에 불가피하게 미치는 영향의 결과다. 이러한 방식으로, 양자역학에서는 관찰자가 실험을 초월하거나 그 외부에 있지 않다. 관찰자는 실험의 필수적인 일부가 된다. 이는 하이젠베르크의 현미경과도 일맥상통한다. 그래서 헤르만과 하이젠베르크는 자주 함께 커피를 마시며 의견을 나누곤 했다고 한다.

> 알고 싶은 모든 것은
> 먼저 측정해야 한다.
> 하지만 잊지 말아야 할 것은
> 우리의 '자아'가 이야기에
> 통합된 일부라는 것이다.
> 우리는 예언자도 아니며
> 도덕의 기사도 아니다.
> 우리가 가진 유일한 확실성은
> 알고 있다고 생각하는 것을
> 상대화하는 데서 모두 비롯된다.

철학자 한나 아렌트 역시 양자역학의 이러한 통찰에 깊은 감명을 받아 자신의 철학 일부를 이를 바탕으로 전개했다. "과학이 내놓는 답변은 항상 인간이 던지는 질문에 대한 답변으로 남는다. [인간이 실험의 외부에 서서 영향을 미치지 않고 모든 것을 관찰할 수 있다는 생각에서 비롯된] 혼란은 [잘못된] 객관성 개념과 관련된다. 이는 질문이 없더라도 답이 있을 수 있다는 가정이며, 관찰자와 무관하게 시스템이 고유한 속성을 가질 수 있다는 가정이다. 그러나 물리학은 역사적 탐구만큼이나 인간 중심적인 연구로, 존재하는 모든 것을 다루는 학문이다." 이 통찰은 과학적 탐구가 인간의 질문과 관점에 깊이 얽혀 있으며, 관찰자와 독립적으로 존재하는 객관적 진실이라는 개념을 재고해야 함을 일깨운다.[27]

---

[27] Hannah Arendt, Between Past and Future, Penguin Books, 2006, p. 49.

6장 요약

- 내 밀크셰이크에는 네 밀크셰이크와 정확히 동일한 원자들이 들어 있다. 모든 기본 입자는 구별할 수 없으며, 그것들은 보손이거나 페르미온이다.
- 많은 입자의 파동 함수는 엄청나게 많은 자유도를 포함한다. 물리학은 근사법의 예술이며, 우리의 선구자는 하트리, 폭, 파인만이다.
- 양자의 전리품: 원자의 전자 구조, 화학 결합에 대한 설명, 물질의 성질을 부여하는 밴드 구조, 양자 없이는 트랜지스터도 없다.
- 화난 아인슈타인.
- 주요 인물들: 사티엔드라 보스, 알베르트 아인슈타인, 더글러스 하트리, 블라디미르 폭, 리처드 파인만, 엔리코 페르미, 볼프강 파울리, 라이너스 폴링, 존 바딘.

6장
하나, 둘, 많음

요약을 해보자. 1장과 2장에서는 양자역학의 기반이 되는 수학적 기초를 다루었다. 3장에서는 플랑크, 드 브로이, 보어, 아인슈타인이 어떻게 양자역학을 발전시켜, 자연을 구성하는 가장 작은 입자들과 이 입자들이 상호작용하는 방식을 설명하는 데 필수적인 과학으로 만들어 갔는지를 역사적으로 살펴보았다. 입자는 파동이고, 파동은 또한 입자라는 사실은 처음에는 믿기 힘든 이야기처럼 들렸지만, 그것이 현실이었다.

4장에서는 이런 기묘한 현상들, 특히 신비한 중첩 현상을 설명할 수 있는 수학적 형식을 탐구했다. 5장에서는 여러 입자로 구성된 시스템을 분석할 때 훨씬 더 이상한 일들이 발생하며, 자연이 우리의 직관을 강하게 뒤흔드는 모습을 보여준다는 점을 강조했다. 심지어 아인슈타인조차 그 기이함에 경악했다. 그럼에도 불구하고 실험적으로 증명된 사실은 분명히 옳았다. 기존의 진리가 무너지고, 위대한 사상가들조차 때로는 실패했지만, 스테빈의 '확고한 이론(참된 주장은 결국 드러난다)'은 수 세기 동안 지속되었다.

이 장에서는 얽힘이라는 주제를 좀 더 건설적인 방식으로 다룰 것이다. 자연의 '신비'에만 주목하는 대신, 이제 양자역학은 물질이 어떻게 구성되어 있는지를 밝히는 데 활용되고 있다. 이를 위해 우리는 다입자 물리학[28]의 도움을 받아야 한다. 이는 대단히 기쁜 소식인데, 이를 통해 화학 반응 동안 원자가 어떻게 결합하여 분자를 형성하는지, 그리고 7장에서 다룰 핵물리학이 얼마나 더 작은 세계를 탐구하는지를 비롯해 수많은 새로운 사실을 발견할 수 있기 때문이다.

피할 수 없이, 아인슈타인의 경악과 더불어, 새로운 질문들도 등장할 것이다. "태양은 언젠가 연료를 다 써버릴까?" "태양의 열은 어디에서 오는가?" "초전도체와 트랜지스터는 무엇이며, 이들이 없다면 지구상의 모든 디지털 활동은 멈출 것인가?" "왜 초록은 초록일까?" 아, 그리고 말이 나온 김에, "지구는 얼마나 오래되었을까?" 이런 질문들은 수년에 걸친 연구를 필요로 하며, 그 답은 항상 동일하게 '양자'다.

데이비드 머민(David Mermin)은 이를 매우 아름답게 요약했다.[29] "양자역학은 작동한다. 물리학의 어떤 이론도 양자역학만큼 극적인 성공을 거둔 적이 없다. 양자역학 이전에는 물질의 구조에 대해 거의 아무것도 몰랐던 우리가, 불과 한 세기 이내에 물질에 대해 폭넓고 강력하며 정밀한 이해를 가지게 되었다. 거의 모든 현대 기술이 이런 이해에 의존하고 있을 정도다. 그리고 놀랍게도, 우리는 아직 양자역학의 극히 일부분만을 이해했을 뿐이다."

6.1 입자의 비구별성

지금까지 우리는 한두 개의 입자에 대해 실험하고, 한두 개의 입

---

28 많은 입자로 이루어진 시스템을 다루는 물리학. - 편집자 주

29 N.D. Mermin, Making better sense of quantum mechanics, Reports on Progress in Physics, 2018, 82, 012002.

자를 측정하며, 한두 개의 입자를 설명하는 방식으로 시스템이 전체적으로 어떻게 작동하는지 이해하려고 노력해왔다. 그러나 이보다 더 큰 그림인 물질은 단순히 몇 개의 입자로 이루어진 것이 아니라, 엄청나게 많은 입자로 이루어져 있다. 이런 이유로, 우리는 완전히 다르지만 동일하게 중요한 두 가지 새로운 개념을 고려해야 한다.

첫 번째로, 다입자 시스템의 파동 함수는 지수적으로 복잡하다. 이들은 지수적으로 커다란 힐베르트 공간 안에서 기술된다. 이 공간은 마치 모든 파동 함수가 함께 머무는 수학적 틀, 일종의 '공동 거처'이다. 이런 시스템을 완전히 기술하려면 지수적인 수의 변수들이 필요하다.

다입자 시스템의 파동 함수

하나의 입자는 $\psi(x_1)$라는 파동 함수로 기술되며, 여기서 x_1은 입자의 좌표를 나타낸다. 공간의 각 점은 복소수와 대응된다. 두 개의 입자는 두 변수를 가지는 파동 함수 $\psi(x_1, x_2)$로 표현된다. 이 파동 함수는 첫 번째 입자와 두 번째 입자가 함께 있을 수 있는 모든 가능한 위치에 대해 복소수를 제공한다. 세 개의 입자는 세 변수를 가지는 파동 함수 $\psi(x_1, x_2, x_3)$로 표현되며, x_1, x_2, x_3의 가능한 모든 조합에 대해 복소수를 제공한다. 이와 같은 방식으로 확장된다.

특히, 각 입자가 단 두 개의 위치에 있을 수 있는 경우(예: 큐비트), n개의 큐비트의 파동 함수는 n개의 입자가 가질 수 있는 모든 가능한 위치에 대해 정의되어야 한다. 이는 2^n개의 서로 다른 구성에 대해 파동 함수를 명시해야 함을 의미한다. 이처럼 다입자 시스템의 파동 함수는 지

▋   수적으로 증가하는 복잡성을 가진다.

    다입자 시스템을 설명할 때 고려해야 할 두 번째 요소는 동일한 입자는 서로 구별할 수 없다는 사실이다. 양자 세계에서는 "이것이 1번 아스파라거스이고, 저것이 2번 아스파라거스다"라고 말할 수 없다. 1번 아스파라거스는 2번 아스파라거스와 동일하다. 그러나 이 입자들은 아스파라거스이자 동시에 스코르소네르(검은 뿌리 채소)인 중첩 상태에 있을 수 있다. 물론, 이에 대한 합리적인 설명은 없다. 이를 이해하기 위해 잠시 멈춰 자세히 살펴볼 필요가 있다.

    측정 결과는 파동 함수에 따라 달라진다. 입자 1이 위치 1에 있고 입자 2가 위치 2에 있을 때, 입자 1이 위치 2에 있고 입자 2가 위치 1에 있을 수도 있다. 왜냐하면 본질적으로 두 위치 사이에는 차이가 없기 때문이다. 그래서 위치를 뒤바꾸면 파동 함수는 순열 불변성을 유지한다. 즉 파동 함수가 변하지 않는다는 의미다. 물리학자는 이를 좀 더 감성적으로 표현하며 파동 함수가 "순열군 아래에서 자명한 방식으로 변환된다"고 말한다.

    참고로, 순열군(갈루아의 다다)은 객체들의 순서가 바뀔 수 있는 모든 가능한 방법들의 집합이다. 파동 함수의 순열 대칭성은 두 가지 방식으로 실현될 수 있다. 첫 번째는 파동 함수가 대칭적일 때이다. 즉, (어떤 두 입자를 서로 바꾸어도) 파동 함수는 동일하게 유지된다(예: $\psi(x_1, x_2, x_3) = \psi(x_2, x_1, x_3)$). 이것은 보손에서 발생하며, 가장 잘 알려진 예는 광자다. 레이저와 보스-아인슈타인 응축은 바로 이 대칭성 덕분에 존재한다. 그것은 나중에 다룰 내용이다.

    다른 경우에는 파동 함수가 반대칭적이다(혹은 더 시적으로 표현하자면,

'투영 방식으로 변환된다'). 즉 두 입자를 서로 바꾸면 파동 함수 앞에 부호가 바뀐다(예: $\psi(x_1, x_2, x_3) = -\psi(x_2, x_1, x_3)$). 이는 페르미온에서 발생하며(가장 잘 알려진 예는 전자, 양성자, 중성자이다). 파동 함수에 마이너스 부호를 곱하더라도 예측은 원래 파동 함수와 동일하다. 확률이 항상 파동 함수의 제곱을 통해 계산되기 때문이다. 그 과정에서 마이너스 부호는 사라진다.

따라서 파동 함수의 설명에는 일종의 중복성, 불필요성이 존재하는 셈이다. 물론 '자기 자신의 음수와 같은' 수는 단 하나, 바로 0이다. 4는 -4와 같지 않지만, 0은 -0과 같다. 두 변수에 대해 반대칭적인 함수(예를 들어, 한 입자의 위치와 다른 입자의 위치, 혹은 한 입자의 궤도와 다른 입자의 궤도)가 있을 때, 이 변수들이 서로 같아지면 파동 함수는 0이 된다. 다시 말해, 두 입자가 동일한 에너지 상태에 있을 확률(또는 두 전자가 동일한 궤도에 있을 확률)은 0, 즉 존재하지 않는다. 페르미온이 서로 강하게 밀어내고, 그래서 물질의 안정성과 경도(단단함)를 결정하는 미스터리는 바로 이 반대칭성으로 설명할 수 있다. 반대칭성, 즉 배타 원리(파울리의 배타 원리)는 간단히 말해, 자연에서 가장 강력한 힘이다. 파울리!

이어지는 본문에서 논의될 거의 모든 것의 존재는 직접적이거나 간접적으로 이 배타 원리에 빚을 지고 있다.

이름과 업적

페르미온과 보손 모두 독창적인 업적을 통해 해당 입자들을 진지하게 탐구했던 천재 과학자의 이름을 따서 명명되었다. 페르미온(fermion)은 엔리코 페르미(Enrico Fermi, 1901~1954년)의 이름을 따서 지어졌다. 페르미는 폴 디랙(Dirac)과 독립적으로, 특정 온도에서 페르미온 시스템이 어떤 에너지 준위를 점유하는지를 계산할 수 있는 공식을 도출했다. 이 공식은 페르미-디랙 통계(Fermi-Dirac statistics)로 알려져 있다. 보손(boson)은 인도의 수학자이자 물리학자 사티엔드라 보스(Satyendra Bose, 1894~1974년)의 이름에서 유래되었다. 보스는 구별할 수 없는 입자의 행동을 설명하며, 이를 기반으로 아인슈타인과 함께 보스-아인슈타인 통계(Bose-Einstein statistics)를 정립한 인물이다. 이처럼 두 입자는 물리학의 기초를 다진 위대한 학자들의 이름을 통해 오늘날까지 기념되고 있다.

6.2 호텔 힐베르트

입자의 수가 많아질수록, 파동 함수를 기술하는 데 필요한 수(변수)도 증가한다. 문제는 이 증가가 단순히 선형적인 것이 아니라 기하급수적이라는 데 있다. 입자가 하나 추가될 때마다, 전체 변수의 수는 두 배로 늘어난다. 이로 인해, 결국 어떤 물질의 상태를 기술하는 것이 사실상 불가능해진다.

비교를 위해, 물질 내 입자의 수는 대략 아보가드로 수만큼 크다. 아보가드로 수는 로렌조 로마노 아메데오 카를로 아보가드로(Lorenzo Romano Amedeo Carlo Avogadro, 1776~1856년)의 이름을 따서 명명되었다. 그는 이탈리아의 콰레냐와 체레토 지역의 백작이었다. 이 단위는 12g의 탄소에 들어 있는 분자의 수를 나타내며, 그 값은 정확히 $6.02214076 \times 10^{23}$으로, 사하라 사막에 있는 모래알의 수와 거의 비슷하다(물론 대략적으로).

시스템이 10^{24}개의 큐비트로 이루어졌다고 가정하면, 이를 설명하려면 $2^{10^{24}}$개의 변수가 필요하다. 이는 우리가 상상할 수 있는 범위를 넘어서는 숫자다. 이 수치는 물리적으로나 개념적으로 다루기 힘든 수준에 도달하며, 이렇게 거대한 숫자를 실제로 이해하는 일은 매우 어렵다….

이런 지수적 복잡성은 양자역학에서 다입자(多粒子) 시스템을 다루는 데 있어 핵심적인 난제 중 하나로, 힐베르트 공간에서의 설명을 더욱 도전적으로 만든다.

나눌 수 없는 아토모스

19세기 말 일부 물리학자들은 원자라는 것이 반드시 존재해야 한다는 사실을 이미 알고 있었다. 그뿐만 아니라, 이 원자들의 크기와 무게가 얼마인지, 특정 온도에서 기체 상태로 있을 때 평균 속도가 얼마인지, 그리고 1g의 수소에 몇 개의 원자가 포함되어 있는지도 알고 있었다. 이런 사실은 물리학에서 가장 놀라운 에피소드 중 하나이다. 왜냐하면 당시 누구도 원자를 직접 관찰할 수 없었기 때문이다.

이 에피소드의 주인공들은 우리 음식에 적혀 있는 유명한(혹은 혐오스러운) 칼로리 표기법으로 잘 알려진 제임스 프레스콧 줄(James Prescott Joule, 1818~1889년), 과소평가된 현대 화학의 아버지 요한 요제프 로슈미트(Johann Josef Loschmidt, 1821~1895년), 그리고 어디에나 등장하는 제임스 클러크 맥스웰(James Clerk Maxwell, 1831~1879년)이다. 이들은 루트비히 볼츠만(Ludwig Boltzmann)이 창안한 가설, 즉 물질은 더 이상 쪼갤 수 없는 원자(아토모스는 '더 이상 나눌 수 없다'는 뜻의 그리스어)로 이루어져 있다는 가설에서 출발했다. 이 가설을 통해 이들은 열역학 법칙을 설명할 수 있는 미시적인 이론을 도출할 수 있었다.

그들의 추론은 다음과 같은 경로를 거쳤다. 줄은 기체의 압력을 기체 입자가 벽에 부딪힐 때 입자의 운동량 변화와 관련지어 기체 입자의 속도를 도출했다(이 속도는 입자의 개별 질량과는 관계없다). 맥스웰은 입자들이 다른 입자와 충돌하기 전까지 이동하는 거리인 '자유 경로'를, 기체들이 서로 혼합되는 속도와 관련지었다(이 속도는 실험적으로 측정되었다). 로슈미트는 원자의 직경이 액체 부피와 기체 부피의 비율에 이 '자유 경로'를 곱한 값과 관련이 있다는 중요한 통찰을 제공했다. 마지막으로 맥스웰은 이 모든 것을 정리하여 《네이처(Nature)》에 실린 뛰어난 논문에서 원자의 실제 크기와 무게를 놀라운 정밀도로 결정했다.[30]

이런 원자 이론들이 압도적인 성공을 거두었음에도 기존의 권위자들은 이를 끔찍하게 비난했다. 오스트리아의 물리학자이자 철학자인 에른스트 마흐(Ernst Mach)는 루트비히 볼츠만(원자 이론의 위대한 전파자)을 조롱할 기회를 놓치지 않았다. 본래 강한 내성을 지닌 사람이 아니었기에 볼츠만은 마흐의 비난을 듣고 더 이상 살아갈 의욕을 잃고 말았다.

결국 볼츠만은 1906년 9월 이탈리아 두이노에서 스스로 목숨을 끊고 만다. 이는 두 배로 안타까운 일이었는데, 아인슈타인의 두 번째 논문(1905년에 발표된 브라운 운동에 관한 논문) 덕분에 마침내 원자의 존재에 관한 모든 의문이 종식됐기 때문이다.

---

30 「분자(Molecules)」, 네이처 제8권, 437-441쪽(1873년). 초록: "원자는 둘로 나눌 수 없는 물질이다. 분자는 특정 물질의 가장 작은 부분이다. 아무도 하나의 분자를 본 적도, 만져본 적도 없다. 따라서 분자 과학은 우리의 감각으로는 볼 수 없고 인지할 수 없는 것들을 다루는 연구 분야 중 하나이며, 직접 실험을 통해 그 본질을 다룰 수 없는 분야다."

생각해보라. 500개의 큐비트로 이루어진 하나의 파동 함수(사실, 이는 상대적으로 적은 수의 입자를 설명하는 것에 불과하다)는 무려 2500개의 변수를 가진다. 즉, 우주에 있는 모든 원자의 수보다 많다. 이런 숫자들을 누가 계산할 수 있을까? 많은 양자 입자 시스템을 설명하는 것이 그렇게 복잡하다는 사실은 욕설을 퍼붓게 하는 이유인 동시에 엄청난 도전이기도 하다. 개인적으로 우리는 이렇게 고통스러울 정도로 이해할 수 없는 것이 이렇게 많은 가시적인 현상을 만들어낼 수 있다는 점이 무한히 흥미롭다고 생각한다. 하지만 아직 무한에 관한 연구가 끝나지 않았다. 그보다 훨씬 더 복잡한 문제들이 존재한다.

지수의 지수

힐베르트 공간의 크기, 즉 큐비트 세계에서 구별 가능한 상태의 수를 계산하려면, 그 숫자는 지수적으로 증가하는 것이 아니라, 이중 지수적으로 증가한다. 그렇다. 지수에 또 지수가 붙는 수준이다. 비교를 위해, 이중 지수적으로 증가하는 전염병을 상상해보자. 그러면 감염자가 대략 다섯 명을 감염시키는 것이 아니라, 훨씬 더 냉혹하게, 그 시점에 감염된 사람의 총합만큼 또 다른 사람을 감염시킨다. 즉, 감염 속도가 무섭게 빠르다.

500개의 큐비트로 돌아가 보자. 이 큐비트들이 있을 수 있는 구별 가능한 상태의 수를 계산하려면, 우리의 뇌는 $x^{2^{500}}$이라는 계산을 해야 한다. 여기서 x는 우리가 얼마나 정확하게 측정할 수 있는지를 나타내는 파라미터이다(정확할수록 x는 커진다). 또는 이를 좀 더 시각적으로 표현해보자. 매우 큰 공과 매우 작은 구슬을 생각해보자. 이제 그 작은 구슬들이 그 큰 공 안에 몇 개나 들어갈지 계산해보자. 아, 그런데 그 큰 공은 3차원이 아니라 2^{500}차원에 있다. 그래서 그 작은 구슬들이 들어갈 수 있는 수는 단순히 지수적으로 큰 것이 아니라, 터무니없이 크다.

많은 입자에 관련된 문제는 입자가 하나씩 추가될 때마다 힐베르트 공간의 차원이 두 배로 증가한다는 점이다. 그러나 그 힐베르트 제국은 사실상 허상에 가깝다. 그것은 일종의 공중누각, 환상에 불과하다. 왜냐하면 우리는 지수 위에 또 지수를 사용하는 수학적 마술을 부릴 수 있더라도, 자연 자체가 만들어낼 수 있는 상태의 수는 제한되어 있기 때문이다. 이는 자연의 근본적인 속성 중 하나인, 모든 상호작용이 국소적이라는 사실의 결과이다.[31]

따라서 힐베르트 공간의 무한함이나 우리가 수행할 수 있는 모든 계산과는 별개로, 자연이 스스로 만들어낼 수 있는 상태의 수는 유한하고 파악할 수 있다. 자연, 그리고 물리학을 수행하는 데 필요한 모든 것은 이 거대한 힐베르트 공간에서 지극히 작은 일부에 불과하다. 오직 그 작은 부분만이 물리적 세계와 대응된다. 나머지는 물리적이지 않다. 그리고 바로 이 작은 부분을 과학자들은 이해하려고 (혹은 포착하려고) 노력하고 있다. 오늘이 아니더라도, 언젠가는 어쩌면 아주 먼 훗날일지도 모르지만 말이다.

결론적으로, 너무 많은 변수가 얽혀 있는 상황에서 다수의 입자

---

[31] 즉, 자연에서의 상호작용은 항상 두 입자 간에 일어난다. 이로 인해 자연에서 복잡한 상태가 형성되기까지는 시간이 오래 걸린다. 비교해 보자면, 만약 새로운 소식이 가능한 한 빨리 최대한 많은 사람에게 전달되기를 원한다면, 전형적으로 TV를 이용할 수 있다. 1분 만에 수백만 명에게 도달할 수 있다. 하지만 양자 세계에서는 모든 일이 입에서 입으로 전해진다. 한 사람이 한 번에 다른 사람 한 명에게만 정보를 전달할 수 있다. 그래서 당연히 소식이 들불처럼 퍼지는 데는 훨씬 더 오랜 시간이 걸린다.

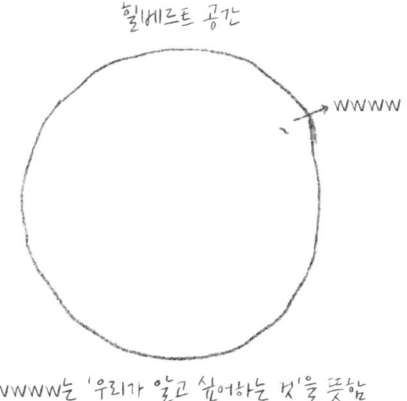

힐베르트 공간은 모든 가능한 파동 함수가 머무는, 무한히 많은 방을 가진 호텔과 같다. 이 호텔에는 우리가(그리고 자연이) 접근할 수 있는 유일한 공간인 아주 작은 밀실이 포함되어 있다.

를 제대로 설명하는 것이 불가능하기 때문에 물리학을 연구하는 데는 다른 접근 방식이 필요하다. 디랙은 말을 많이 하지는 않았지만, 1929년 다음과 같은 말로 핵심을 정확히 짚었다. "우리는 물리학의 법칙을 알고 있지만, 다수의 입자 문제에 적용할 수는 없다. 왜냐하면 그것은 지나치게 복잡한 방정식으로 이어지기 때문이다."

양자역학이 탄생한 이래로, 자연의 밀실(비밀의 방)이 정확히 어떻게 생겼는지, 그리고 그 안에서 무슨 일이 벌어지는지를 대략적으로라도 설명하려는 시도가 이어져 왔다. 이를 이해하기 위해 개발된 두 가지 방법론을 소개하자면, 하트리-폭(Hartree-Fock) 방법과 파인만 다이어그램(Feynman diagrams)이 있다. 이 두 접근법 덕분에 우리는 화학뿐만 아니라 고체물리학, 핵물리학, 그리고 양자장론에 대해 많은 것을 이해할 수 있게 되었다.

양자역학 관련 서적을 접한 이들은 아마도 이런 접근 방법이 목차에서 종종 누락된다는 사실을 발견했을 것이다. 왜 그런 것일까? 너무 기술적인가? 아니면 너무 어려운가? 분명히, 이 방법들은 매우 기술적이고, 쉽다고는 할 수 없다. 하지만 양자역학 자체가 본질적으로 기술적이고 터무니없이 복잡하다. 중요한 것은 (그리고 이 방법들이 언급될 가치가 있는 이유는) 이 방법들이 놀랍도록 정확하다는 점이다. 이것들은 물질의 구조에 대한 매우 근본적인 사실을 가르쳐주며, 그렇기 때문에 양자역학에서 결코 빼놓을 수 없는 존재다. 더 나아가, 이는 다입자(多粒子) 물리학을 연구할 수 있는 유일한 방법이기도 하다.

어떤 문제에서 한 방법이 작동하고 다른 방법이 작동하지 않는 이유는, 입자가 보손인지 페르미온인지 묻는 것만큼 중요한 질문이다. 그리고 비록 현재 사용되는 방법들이 매우 효율적이지만, 더 나은 방법을 찾기 위한 연구는 여전히 활발히 진행되고 있다. 이는 이런 접근법이 작동하지 않는 수많은 시스템, 특히 '강하게 상관된 시스템'에서의 한계 때문에 그렇다. 이런 시스템이 현재 다입자 물리학 연구의 핵심을 이룬다.

하트리-폭 방법

우리의 물리학 지식 중 많은 부분은 1925년 이후 개발된 하트리-폭(Hartree-Fock) 방법 덕분이다. 이 방법은 다수 전자의 파동 함수를 매우 효율적으로 기술할 수 있게 해준다. 핵심은 다입자 파동 함수를 일종의 단일 입자 파동 함수의 곱의 합으로 근사하는 것이다. 이를 통해 전체 파동 함수가 반대칭이 되도록 구성한다. 이 접근법이 특별히 유용한 이유는 가장 중요한 (그리고 가장 강력한!) 힘인 파울리 배타 원리를 반영하기 때문이다. 하지만 그게 전부는 아니다. 전자들 사이에서 작용하는 전자기력을 포함한 상호작용도 부분적으로 계산된다. 이를 통해 지수적으로 복잡한 문제를 다룰 수 있는 방법이 마련된다.

예를 들어, 원자핵 주변 전자의 파동 함수가 어떻게 생겼는지를 이해하려면 하트리-폭 방법을 사용한다. 이 방법을 통해 우리는 S, P, D, F 궤도처럼 전자들이 차례로 채워지는 궤도를 비교적 명확히 묘사할 수 있다. 실제 파동 함수는 훨씬 더 복잡하지만, 그것은 큰 문제가 되지 않는다. 중요한 것은 하트리-폭 접근법이 이 경우에 아주 잘 작동한다는 점이다. 이 방법이 없었다면 원자의 물리학을 이해하는 일은 불가능했을 것이다.

하트리-폭 방법은 다수의 페르미온으로 이루어진 시스템의 파동 함수와 에너지를 근사적으로 계산하는 데 도움을 준다. 덕분에 우리는 원자, 결정, 반도체, 금속의 본질에 깊이 다가갈 수 있다. 이는 이 장의 후반부에서 더 자세히 다룰 것이다. 그러나 이 방법에는 한계가 있다. 이 방법에서 전체 파동 함수는 개별 파동 함수의 단순한 합으로 표현되며, 전자들 사이에 얽힘(entanglement)은 존재하지 않는다. 반면 자연에서는 얽힘이 중요한 역할을 한다.

결론적으로, 하트리-폭 방법은 아주 정확한 수치를 필요로 하는 정량적 예측에는 한계가 있다. 양자역학은 주로 예측을 다루는 학문이기 때문에, 우리는 다른 무언가가 필요하다. 이제 리처드 파인만(Richard Feynman)을 소개할 차례다.[32]

---

[32] 파인만(Feynman, -n이 하나뿐이다). 동료 과학자인 헤라르드 헤트 호프트(Gerard 't Hooft)는 자신만의 독창적이고 세련된 방식으로 파인만에 대한 존경을 표현했다. 그는 누군가 보낸 이메일에 파인만의 이름의 철자에 n이 두 개로 잘못 쓰여 있다면 그 이메일은 무시했다.

파인만 다이어그램으로의 여정

리처드 파인만(1918~1988년)과 그의 다이어그램을 소개하기에 앞서, 우리는 우선 기저 상태(ground state)에 대해 짚고 넘어가야 한다. 먼저 알아야 할 것은 우리가 느끼는 안락한 상온은 전자(혹은 페르미온)에게는 매우 차갑다는 것이다. 반면, 같은 온도에서 보손은 지나치게 뜨겁다. 이 차이로 인해 페르미온과 보손은 전혀 다른 물리학적 법칙을 따른다.

여기서는 전자, 즉 페르미온에 초점을 맞추겠다. 전자들이 '매우 차가운' 상태에 놓이면, 가장 낮은 에너지 상태(기저 상태)를 집단적으로 점유하게 된다. 원자핵 가까이에 따뜻하고 밀집된 환경을 형성하는 셈이다. 그러나 다수의 입자로 이루어진 시스템에서는 다입자 파동 함수의 구조가 매우 복잡해진다. 기저 상태는 마치 거대한 살아 있는 수프와 같다. 이곳에서는 얽힘, 요동, 그리고 입자들이 나타났다 사라지는 현상이 끊임없이 일어난다. 이는 마치 용암 램프에서 기포가 솟아오르고 사라지는 것과 비슷하다. 이 '절대적 무(無)' 또는 진공 상태는 너무나 복잡해서 물리학에서 가장 큰 도전 과제 중 하나로 남아 있다. 이를 이해할 수 있다면, 나머지는 상대적으로 간단할 것이다.

질문은 다음과 같다. 상호작용하는 입자계의 기저 상태를, 하트리-폭 방법의 해를 바탕으로 섭동하여 어떻게 기술할 수 있을까?

실제로 뉴턴이 이미 예견했듯이, 힘은 항상 입자의 교환 결과로 발생한다. 예를 들어, 두 개의 같은 전하가 서로 밀어내는 이유는 그들 사이에서 교환되는 광자 때문이다. 다시 말해, 페르미온은 질량, 전하, 에너지와 관련된 모든 정보를 상호 간에 교환하며, 이 정보는 중간 매개 입자를 통해 전달된다.

이를 명확히 설명하기 위해, 파인만은 직관적이고 간단한 기법인 파인만 다이어그램(Feynman diagrams)을 고안했다. 이 다이어그램은 거의 어린아이 그림처럼 단순해 보이지만, 이것이 바로 매우 복잡한 개념을 단순하게 표현하고 설명하는 파인만의 재능이었다. 문제는 많은 사람이 이 다이어그램을 실제 현실과 혼동한다는 점이다. 사실 이것은 단순한 추상적 표현일 뿐이다. 파울리(Pauli) 같은 사람은 이를 '한심한 그림' 정도로 치부했지만, 다이어그램은 명백히 그 목적을 달성했다. 입자 간 상호작용을 설명하기 위해 필요한 길고 복잡하며 불가능해 보이는 계산을 가능하게 만든 것이다. 파인만 다이어그램은 복잡한 기저 상태의 일면을 살짝 드러내 준다. 힐베르트 공간이라는 거대한 집의, 그 유명한 '구석방(밀실)'을 말이다.

예를 들어, 두 전자 사이의 전자기력을 설명하는 간단한 다이어그램을 살펴보자(아래 그림 참조). x축은 공간에서의 움직임을, y축은 시간에서의 움직임을 나타낸다. 실선은 페르미온(여기서는 두 전자)의 경로를 나타내고, 물결선은 광자 하나의 이동 경로를 뜻한다.

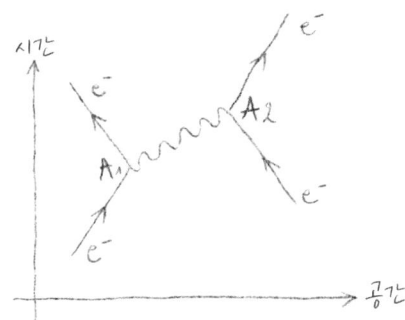

파인만 다이어그램은 두 전자 사이에서 작용하는 힘을 시각적으로 표현한다.

이 다이어그램에서 전자(e⁻)는 A_1 지점에서 광자를 방출한다. 이 광자는 이후 A_2 지점에서 다른 전자에 의해 흡수된다. 광자가 방출될 때 첫 번째 전자는 공간 속에서 반대 방향으로 튕겨 나가고, 두 번째 전자는 광자의 에너지와 운동량을 흡수하면서 궤도가 반대 방향으로 휘어진다. 이 상호작용의 결과로 두 입자는 서로를 밀어내게 된다. 이제 기저 상태에 대한 설명으로 돌아가면, A_1과 A_2 사이에서 일어날 수 있는 일은 무궁무진하다. 이 구간에서는 가상 입자들이 나타났다가 사라지거나, 심지어 시간을 거슬러 되돌아가기도 한다. 입자들이 상호작용하는 방식에는 무한한 가능성이 존재하며, 이것이 바로 진공의 '수프'를 형성한다.

다음 예시는 이 진공 수프가 얼마나 복잡할 수 있는지를 보여준다. 한 광자(f)가 A_1 지점에서 페르미온과 반페르미온(전자와 양전자)으로 변환된다. 이들 전자와 양전자는 A_2에서 소멸되어 다시 광자로 변환되고, 결국 이 광자는 흡수된다. 그런데 아래쪽 변형 그림에서는 페르미온과 반페르미온이 그 사이 경로(x 지점)에서 추가로 광자를 교환하는 모습도 볼 수 있다.

파인만 다이어그램은 그 단순하면서도 기발한 설계로 양자역학의 가장 놀라운 특징 중 하나를 드러낸다. 이 다이어그램은 아직 발견되지 않은 입자, 우리가 볼 수조차 없는 입자에 대해 가르쳐 줄 수 있는데, 그 입자들은 다이어그램 상에서 가상적으로 존재하기 때문이다. 파인만 다이어그램은 놀라운 예측 능력도 지니고 있다. 예를 들어, 이 다이어그램은 새로운 종류의 기본 입자인 참 쿼크(charm quark)의 존재와 심지어 그 질량까지도 예측했다.[33] 참 쿼크가 가상 입자로 작용해야만 이론이 실험 결과와 일치할 수 있었다. 다이어그램은 상호작용 입자 시스템의 진공에서 끓고 요동치는 모든 것을 명확하게 보여준다. 이는 입자와 반입자가 끊임없이 생성되고 소멸되는 과정으로 가득 차 있다.

파인만은 자신의 섭동 이론 기법에 한계가 있다는 것을 누구보다도 잘 알고 있었다. 특히 상호작용이 너무 강해지는 경우에는 더욱 그랬다. 하지만 그런 제약이 그가 열정적으로 꿈꾸는 것을 막지는 못했다. 만약, 전체 파동 함수를 일일이 그리지 않고도 모든 입자 간의 상관관계를 직접 기술할 수 있는 방법이 있다면? 단지, 그러한 방법을 개발하려면 새로운 언어가 필요하다. 이 언어는 큐비트(qubits)와 얽힌 벨 쌍(Bell pairs)을 어휘로 삼고, 얽힘의 면적 법칙(entanglement area laws)과 텐서 네트워크(tensor networks)를 문법으로 삼는다. 이것이 바로 21세기 과제로 남아 있으며, 이 주제는 9장에서 다룰 것이다.

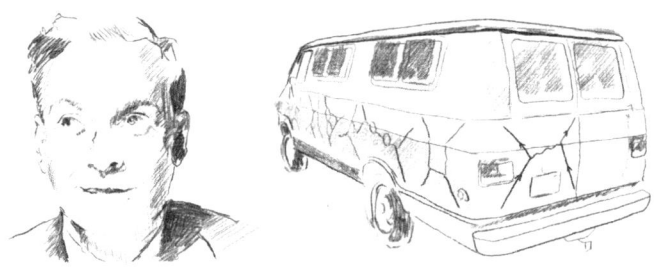

리처드 파인만은 닷지 트레이즈맨 맥시밴(Dodge Tradesman Maxi-van)이라는 맞춤형 밴을 소유하고 있었다. 'QED'와 'QUARK'라는 번호판이 이미 사용 중이었고, 맞춤형 번호판은 최대 여섯 글자만 허용되었기 때문에, 그의 밴에는 QANTUM이라는 번호판이 붙어 있었다. 밴의 트렁크에는 두 개의 뮤온-중성미자(muon-neutrino)가 입자를 교환하는 모습이 그려져 있었다. 당시 파인만은 그 입자가 무엇인지 전혀 알지 못했다. 하지만 그가 자신의 밴으로 수많은 장거리 여행을 다닌 후, 그 입자는 실제로 발견되었고, Z-보손(Z-boson)으로 밝혀졌다.

---

33 Sheldon L. Glashow, Jean Iliopoulos en Luciano Maiani, 'Weak interactions with lepton-hadron symmetry', Physical review D 2: 1285 (1970).

이제 다입자 물리학을 연구하는 방법을 이해했으니, 이 이론을 실제로 관련된 문제들에 적용할 수 있다.

6.3 원자와 분자

이제 또 하나의 새로운 단어를 배울 차례이다. 이 단어는 시몬 스테빈(Simon Stevin)에게서 유래했다. 스테빈은 '비스콘스트(wis-const, 수의 학문)'라는 말로 숫자 기반의 지식(수학적 지식)을 지칭했다면, '스헤이더콘스트(scheide-const, 분리의 학문)'라는 표현으로 분리될 수 있는 모든 것을 설명했다. 화학(또는 '케미')은 원자들이 어떻게 서로 결합하여 분자와 새로운 물질을 형성하는지를 연구하는 학문이다. 화학 반응에서는 물질의 특별하고 숨겨진 (혹은 비밀스러운) 특성이 문자 그대로 드러난다.

예를 들어 나무를 벽난로에 넣으면 셀룰로오스가 이산화탄소(CO_2)로 변환되면서 열이 발생한다. 또, 이산화탄소에 물(H_2O), 질소(N_2), 산소(O_2)를 섞으면, 손에 다이너마이트 막대를 쥐고 있는 셈이다. 철과 산소가 만나면 녹이 생기고, 설탕을 불 위에 올리면 캐러멜이 되며, 나뭇잎은 태양 에너지를 이용해 이산화탄소와 물을 설탕과 산소로 전환한다. 심지어 연금술사는 납을 금으로 바꿀 수 있다고 주장하기도 한다.

뉴턴은 사실 그의 '첫사랑'인 연금술에 대해 물리에 관한 것보다 더 많은 글을 남겼다. 그는 연금술이라는 마법적이고 신비한 학문에 대해 수천 페이지에 이르는 인덱스를 작성했고, 거기에는 다양한 텍스트, 저자, 참고 자료, 그리고 키워드가 포함되어 있었다. 그러나 그는 연금술에서 일관된 이론을 끌어내지 못했다. 이는 놀랄 일이 아니다. 왜냐하면 화학이란 본질적으로 응용 양자역학이기 때문이다.

적은 것으로 많은 것을 이룬다

주위를 둘러보면 나무로 만든 숟가락, 금속으로 만든 차, 유리로 만든 건물, 돌로 만든 막사, 천으로 만든 치마, 종이로 만든 배가 보인다. 또한 식물, 물, 공기, 화학 물질 등 다양한 생명체와 물질도 볼 수 있다. 이 모든 것은 겉보기에는 완전히 다르다. 하지만 이 모든 것의 구성은 제한된 수의 특정한 원자 종류로 귀결된다. 세상의 모든 물질은 매우 제한된 수의 화학 원소로 이루어져 있다.

이런 원소는 멘델레예프(Mendelejev)가 원소의 질량과 공통된 성질에 따라 그의 주기율표에 배열한 것이다. 각 원소는 고유한 원자 번호를 가지며, 이는 원자핵에 포함된 양성자의 수를 나타낸다. 이 양성자 수는 원소 핵 주위를 도는 전자의 수와도 일치한다. 그러나 원자 번호가 83을 넘어서면, 원자핵은 핵력의 영향으로 인해 매우 불안정해진다. 그리고 원자 번호가 92(우라늄)를 넘는 원소는 자연적으로는 존재하지 않는다. 이런 원소들은 실험실에서 만들어질 수는 있지만, 그 수명은 매우 짧다.

멘델레예프의 주기율표

드미트리 멘델레예프(Dmitri Mendelejev, 1834~1907년)는 1869년 주기율표를 만들기 시작할 때, 아마도 '말보다는 행동'이라고 생각했을 것이다. 그는 상트페테르부르크대학에서 화학을 가르치며, 학생들에게 자신의 생각을 명확히 설명할 적절한 말을 찾지 못해 고심하던 끝에 주기율표를 고안했다. 멘델레예프의 목표는 원소들을 그들의 특성에 따라 체계적으로 배열하는 것이었다. 이 주기율표는 화학을 이해하는 데 있어 혁명적인 도구가 되었으며, 이후 과학 발전에 지대한 영향을 미쳤다.

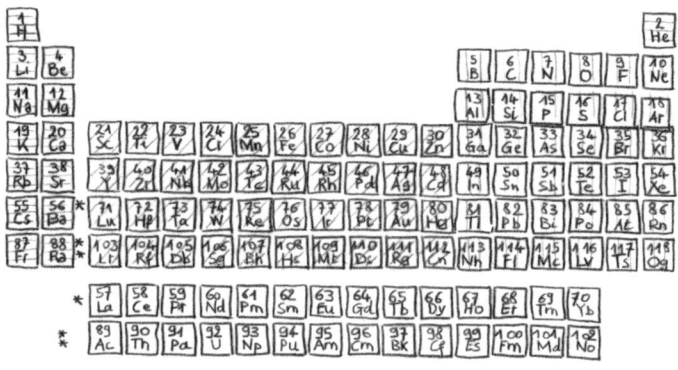

주기율표

사실을 말하자면, 주기율표의 첫 번째 버전에는 꽤 많은 빈칸이 있었다. 이 빈칸은 당시까지 발견되지 않은 원소들을 나타냈다. 하지만 멘델레예프는 곧 발견적 추론(heuristics)의 대가로 자리 잡았다. 그는 당시 알려지지 않았던 원소, 예를 들어 갈륨(gallium)과 게르마늄(germanium) 원소의 존재를 놀라울 정도로 정확하게 예측했는데, 나중에 이 원소들은 실제로 발견되었다. 멘델레예프는 또한 주기율표에 포함되지 않은, 발견되지 않은 원소들이 더 많이 있을 것이라는 점을 알고 있었다. 하지만 그 원소들이 정확히 무엇인지에 대해서는 당시에는 아직 알 수 없었다.

멘델레예프는 꿈을 꾸었다.

어떤 모델에도 맞지 않는 어떤 표에 대해.

각 칸에는 물질이 하나씩 들어갔지만,

거기서 미스터리가 시작되었다.

몇몇 칸은 비어 있었다.

그 안의 전략가는 이렇게 말했다.

"기다려라. 하룻밤 꿈을 꾸고 나면 너희를 찾아내겠다!"

결국 멘델레예프도 나이가 들어 세상을 떠났고, 그의 뒤를 이어 다른 이들이 조금씩 주기율표를 완성해 나갔다. 멘델레예프 시대에는 약 63개의 원소만 알려져 있었지만, 오늘날 그 숫자는 118개 가까이 이르렀으며, 앞으로도 훨씬 더 많은 원소가 발견될 가능성이 있다. 나중에 밝혀진 바에 따르면, 모든 원자는 다시 훨씬 더 작은 세 가지 입자로 구성되어 있다. 바로 전자, 양성자, 그리고 중성자다. 원자물리학은 마치 러시아의 마트료시카 인형과도 같다. 각 인형 속에는 더 작은 인형이 들어 있다. 그리고 언젠가 우리는 더 이상 쪼갤 수 없는 가장 기본적인 작은 인형, 즉 쿼크와 맞닥뜨리게 된다.

단위와 측정

러시안 스탠더드(Russian Standard) 브랜드의 보드카 병에는 이렇게 적혀 있다. "러시아의 가장 위대한 과학자 드미트리 멘델레예프가 황제의 칙령에 따라 러시아 보드카의 기준을 정립했다." 그러나 보드카의 알코올 표준 농도인 40%는 이미 오래전, 정확히는 1843년에 결정된 것이었다. 그 당시 멘델레예프는 고작 9살짜리 어린아이였다. 20세기 초의 러시아인들은 민족적 자부심과 관련된 모든 것을 자주 과장하며 찬양하곤 했으며, 이를 위해 다양한 마케팅 전략을 동원했다. 하지만 멘델레예프가 보드카 표준 농도를 개발했다고 묘사하는 것은 다소 지나친 비약이다. 이는 마치 나이가 많은 당신의 할아버지가 1302년의 황금 박차 전투(Guldensporenslag)에 참전했다고 우기는 것과 비슷할 만큼 터무니없다는 뜻이다.

그렇지만 몇 가지 사실은 맞다. 멘델레예프의 박사 학위 논문은 '알코올과 물의 결합에 대하여'라는 주제를 다루었다. 그러나 이 논문에서 보드카라는 단어는 단 한 번도 등장하지 않는다. 그가 경력의 말년에 러시아 중앙 측량 및 계량국의 소장으로 임명된 것도 사실이다. 멘델레예프는 러시아 중앙 측량 및 계량국 소장으로 재직하며 국내에 미터법(측량 단위 체계)을 도입해야 했다. 그러나 당시 술에 취한 러시아인들에게 이런 변화는 전혀 관심 밖의 일이었음이 분명하다.

양자역학에서 첫 번째 진정한 대도약은 수학적 모델을 통해 멘델레예프의 주기율표를 설명할 수 있었을 때 이루어졌다. 양자역학이 발견되기 전까지 화학은 불확실성으로 가득 찬 학문이었다. 하지만 파울리가 처음으로 하트리-폭 방법을 적용하여 주기율표의 구조를 해독하려 했을 때, 마침내 구름 사이로 태양이 비쳤다. 모든 원자의 다양한 에너지 준위를 계산하고, 원자 간의 결합을 이해하며, 화학 반응을 예측하는 것이 가능해졌다.

원자 모델

하나의 음전하를 띤 전자가 양전하를 가진 원자핵 주변에서 가질 수 있는 에너지 궤도를 알아내려면, 먼저 단일 입자에 대한 슈뢰딩거 방정식을 풀어야 한다. 이 퍼즐을 해결하는 열쇠는 대칭성(symmetry)이다. 본질적으로 이 문제는 앞서 자세히 설명한 것(2.4장)처럼 3차원 드럼의 기본 진동수(S, P, D, F)를 찾는 문제와 동일하다. 같은 수학적인 해결책이지만, 해석은 완전히 다르다.

파울리는 전자가 각 에너지 궤도에서 스핀 업(spin-up)과 스핀 다운(spin-down)이란 두 가지 방식으로 배치될 수 있다고 제안했다. 이에 따라 S-궤도(오비탈)는 2중 축퇴(degenerate)[34]를 가지고 P-궤도는 3개 방향과 2개 스핀의 조합으로 6중 축퇴를 가지며, D-궤도는 10중 축퇴, F-궤도는 14중 축퇴를 가진다.

S-, P-, D-, F-궤도는 전자의 파동 함수가 회전에 따라 어떻게 변환되는지를 알려준다. 하지만 슈뢰딩거 방정식에서 회전 대칭 외에도 또 다른 숫자가 도출된다. 이 숫자는 파동 함수의 '방사형 특성(radial properties)'을 나타낸다. 이는 파동 함수가 원자핵으로부터의 거리에 따라 어떻게 변화하는지를 보여준다. 이 방사형 부분은 자연수로 표현되며, 이 숫자가 클수록 전자가 원자핵으로부터 더 멀리 떨어져 있을 가능성이 커진다.

각 가능한 에너지 궤도는 네 가지 기호로 표현된다. 즉 자연수(주양자수), SPDF라는 궤도 종류를 나타내는 문자, 전자가 위치한 축퇴된 궤도 상태를 나타내는 숫자, 그리고 전자의 스핀. 에너지가 증가하는 순서로 궤도를 정리하면 다음과 같은 궤도들이 나타난다(스핀과 축퇴

---

34 축퇴란 여러 양자 상태(예: 파동 함수)가 동일한 에너지를 가질 때를 뜻한다. 즉 서로 다른 상태인데도 같은 에너지 준위를 공유하는 경우를 말한다.

는 에너지에 영향을 미치지 않으므로 제외). 1S, 2S, 2P, 3S, 3P, 4S, 3D, 4P, 5S, 4D, 5P, 6S, 4F, 5D, 6P, 7S, 5F, 6D, 7P.

수소 원자를 제외한 모든 원자는 두 개 이상의 전자를 가진다. 원자의 정확한 전자 수는 멘델레예프의 주기율표에서 확인할 수 있다. 그렇다면 이렇게 전자가 많은 시스템의 파동 함수는 어떻게 생겼을까? 다전자(多電子) 시스템의 파동 함수를 기술하는 것은 지수적으로 어려운 문제이다. 이를 근사적으로 다루기 위해 하트리-폭 방법을 사용하는데, 이 방법은 다전자 파동 함수를 개별 전자 파동 함수의 곱으로 표현한다. 단, 한 개의 전자를 가진 시스템과 비교했을 때, 다전자 시스템에서는 전자 궤도가 원자핵에 훨씬 더 가까이 압축되어 있다. 이는 이러한 원자들의 핵 전하가 수소 원자보다 훨씬 크기 때문이다.[35]

하트리-폭 방법은 전자들 사이의 상호작용을 아주 제한적인 수준에서만 고려한다. 전자 궤도는 서로 영향을 미치지만, 얽힘 상태에는 이르지 않는다. 그러나 주기율표의 오른쪽 하단으로 갈수록 하트리-폭 근사가 점점 더 부정확해진다. 이는 궤도에 훨씬 더 많은 전자가 존재하며, 그곳에서 전자들 간의 상호작용이 훨씬 더 중요해지기 때문이다.

주기율표에 있는 여러 원자의 파동 함수를 이해하려면 가장 낮은 에너지의 궤도부터 시작해, 모든 전자에 자리를 배정할 때까지 차례로 채워나가야 한다. 첫 번째 S-궤도(1S)는 두 전자로 금세 가득 찬다.

---

[35] 이것은 왜 거의 모든 원자가 대략 비슷한 크기를 가지는지를 설명해준다. 핵의 양전하가 클수록, 첫 번째 궤도들은 핵에 더 가깝게 위치하게 된다. 궤도의 수가 많아질수록 궤도들은 핵 주위에 더 빽빽하게 압축된다. 다행히도 이러한 메커니즘 덕분에 원자는 거대한 크기로 확장되지 않는다. 그렇지 않았다면 원자는 금세 거대한 비율로 커졌을 것이다.

그다음으로 2S 궤도가 채워지며, 이 궤도는 에너지가 더 크다. 이후 2P 궤도가 채워지고, 다시 3S 궤도로 넘어간다. 이러한 식으로 궤도가 채워진다.[36]

주기율표 읽기를 위한 간단한 가이드를 살펴보자(206쪽 주기율표 참조). 각 칸의 숫자는 원자핵 주위를 도는 전자의 수를 나타내며, 이는 원자핵의 양성자 수와 같다. 이 숫자는 원자의 질량을 결정한다. 가로로 음영 처리가 된 원소들은 바깥쪽 궤도가 S-궤도(또는 껍질)다. 세로로 음영 처리가 된 원소들은 마지막으로 채워진 궤도가 P-궤도이다. 대각선으로 음영 처리가 된 원소들은 D-궤도가 마지막 궤도이고, 음영 처리가 되지 않은 원소들은 F-궤도가 마지막 궤도이다. 표의 두 하단 행은 실제로는 6행과 7행(별표 *와 **로 표시된 위치)에 속하지만, 표가 지나치게 넓어지는 것을 방지하기 위해 아래쪽에 배치되었다.

몇 가지 예시를 보자. H(수소)는 1S 궤도에 1개의 전자가 있다. He(헬륨)는 1S 궤도에 2개의 전자가 있다. Li(리튬)는 1S 궤도에 2개의 전자, 2S 궤도에 1개의 전자가 있다. N(질소)은 1S 궤도에 2개의 전자, 2S 궤도에 2개의 전자, 2P 궤도에 각 1개씩의 전자가 있다. Ti(티타늄)는 네 개의 S 궤도에 총 8개의 전자, P 궤도에 12개의 전자, D 궤도에 2개의 전자가 있다.

---

36 전자들은 또 다른 독특한 행동 특성을 가지고 있다. P-궤도에서 각 세 개의 궤도에는 각각 두 개의 전자가 들어갈 수 있다. 그래서 전자들이 P-궤도를 하나씩 차례로 채울 것이라고 생각할 수 있지만, 실제로는 그렇지 않다. 전자들은 처음에 각 궤도를 하나씩 독립적으로 채운다. 첫 번째 전자는 첫 번째 P-궤도로, 두 번째 전자는 두 번째 P-궤도로, 세 번째 전자는 세 번째 P-궤도로 간다. 이렇게 해서 처음에는 각 전자가 혼자 자리를 차지하게 된다. 네 번째 전자가 추가되면 첫 번째 P-궤도로 돌아가 자리를 채운다. 다섯 번째 전자는 두 번째 P-궤도로, 여섯 번째 전자는 세 번째 P-궤도로 들어간다. 이렇게 하면 정리가 잘된다. 전자들이 각기 하나의 궤도를 채우고 있을 때, 이 전자들은 모두 같은 스핀을 가진다. 여기에 두 번째 전자가 추가되면, 그 전자는 반대 방향의 스핀을 가질 수밖에 없다. 이것이 바로 훈트의 규칙(Hund's rule)이다.

가장 중요한 전자는 가장 바깥쪽 껍질에 위치한다. 최외곽 전자들은 원자의 화학적 성질과, 다른 원자와 결합할 수 있는 방식을 결정한다. 이 전자들은 핵에서 가장 멀리 떨어져 있기 때문에 이동성이 가장 크다. 주기율표에서 세로로 정렬된 원소들은 모두 매우 유사한 성질을 가지는데, 이는 바깥쪽 껍질의 전자 수와 궤도 유형(S, P, D 또는 F)이 매우 비슷하기 때문이다. 주기율표는 이처럼 정교하게 구성되어 있다.

각 원자는 주기율표의 칸에 다른 숫자들과 함께 표시된다. 이 숫자들 중 하나는 결합 에너지(또는 이온화 에너지)를 나타낸다. 이는 원자에서 전자를 떼어내는 데 필요한 에너지, 즉 원자를 이온화하는 데 필요한 에너지이다. 결국, 화학 반응에서 일어나는 일은 바로 이것이다. 전자가 한 원자에서 제거되어 다른 원자(혹은 여러 원자가 공유하는 궤도)에 자리를 잡는 것이다. 이 과정에서 화학 반응은 무엇인가가 파괴되거나 새로 만들어지지 않는다. 모든 것은 단지 재구성될 뿐이다.

같은 세로 열(족)에 있는 원자는 모두 대략 비슷한 이온화 에너지를 가지고 있으며, 이는 '주기적인' 규칙성을 나타낸다. 바깥쪽 껍질이 가득 찬 원자의 이온화 에너지는 매우 크다. 이러한 원자들은 쉽게 전자를 빼앗기지 않는다. 예를 들어, 주기율표의 오른쪽에 위치한 비활성 기체(희귀 기체)는 전자가 핵에 단단히 결합되어 있기 때문에 아무것과도 상호작용하지 않는다. 전자를 궤도에서 떼어내는 데 너무 많은 에너지가 필요하다. 그 결과, 비활성 기체는 항상 비활성 기체로 남게 된다.

주기율표에 있는 또 다른 숫자는 전기음성도와 관련이 있다. 이는 이온화 에너지의 반대 개념으로, 원자에 전자를 추가할 때 얻는 에너지를 의미한다. 이온화 에너지와 전기음성도는 모두 실험적으로 측정할 수 있다. 그리고 그 실험 결과는 하트리-폭 방법의 예측과 놀라울 정도로 잘 일치한다.

주기율표에 있는 모든 것이 일치하는 그 순간 양자역학이야말로 우리가 찾아오던 '그 이론'이라는 점이 명백히 드러난다. 왜냐하면 양자역학의 예측은 질적으로 정확해야 하는 것이 아니라 양적으로 정확해야 했기 때문이다. 다시 말해, 유사한 성질을 가진 원소들이 같은 열에 위치해야 하는 것뿐만 아니라 그 원소들과 관련된 값들을 연결할 수 있어야 하고 이온화 에너지, 전기음성도, 분극, 그리고 자기 모멘트를 정확히 계산할 수 있어야만 했다. 그 사이에 이 주기율표는 그 구조와 수치, 해석을 담고 있어 모든 화학자에게 성경과 같은 존재가 되었다.

흥미로운 뒷이야기 2

파울리는 화학과 약간 복잡한 관계였는데, 이는 아마도 대부분 그에게 원인이 있었을 것이다. 한때 그는 결혼이라는 보트에 올라탔지만, 그 보트는 실망스럽게도 금세 좌초되고 말았다. 1년도 채 되지 않아 그 배가 뭍으로 올라와 버렸다(파경에 이르렀다는 뜻). 그의 신부는 다른 남성과 내연 관계에 있었다. 만약 그녀가 투우사와 도망갔다면 그나마 이해할 수 있었을 것이다. 하지만 놀랍게도 내연남의 직업은 화학자였다!

궤도를 채우다 - 분자

전자가 조직되는 방식과 마찬가지로, 우리는 서로 다른 원자들이 어떻게 구성되어 분자를 이루는지 분석할 수 있다. 양자역학이 발견되기 전까지는 원자들이 어떻게 결합하는지가 완전히 미스터리였다. "새로운 힘이 작용하고 있다!"라고들 했지만, 이는 틀린 말이었다. 1925년 이후, 새로운 힘이 전혀 필요 없다는 것이 명확해졌다. 모든 결합은 전자기력과 원자에 대한 양자적 설명을 결합함으로써 완벽히 설명할 수 있었다.

화학 반응은 서로 다른 원자들의 바깥쪽 에너지 궤도가 합쳐져 하나의 분자를 형성할 때 발생한다. 모든 바깥 에너지 궤도의 집합을 우리는 바깥쪽 '껍질'이라고 부른다. 하지만 분자가 형성되는 동안 정확히 무엇이 일어나는 걸까? 원자들이 결합할 때, 바깥 궤도의 전자들은 더 이상 자기 원자핵 주위만 돌지 않고, 다른 원자의 핵 주위도 함께 돈다. 이렇게 되면 전체 에너지가 감소한다.

다시 말해, 원자들은 서로 가까워지면 에너지를 얻게 된다. 하지만 너무 가까워지면, 내부 전자 궤도들이 서로 강하게 밀어내게 된다(파울리를 생각해보자!). 따라서 원자들은 서로 '이상적인 거리'에서 자리를 잡는다. 그리고 이 거리가 분자의 크기를 결정한다. 물질이나 분자의 안정성은 얻어진 에너지와 비례한다. 에너지가 절약된 만큼, 결합은 강해진다. 이것이 바로 자연이 물질을 형성하게 만드는 원동력이다. 즉, 자연은 그 에너지를 가능한 한 낮게 유지하려 한다. 매우 민주적인 자연이다.

비활성 기체의 안정성에 대한 연구를 통해 분명해진 바와 같이, 에너지원 관점에서 봤을 때, 완전히 채워진 껍질이란 매우 흥미롭다. 이로부터 다음과 같은 규칙을 얻을 수 있다. 원자들은 다른 원자들과 결합하여 서로 공유하는 전자가 완전히 채워진 껍질을 형성하도록 한다. 매우 단순하지만, 이 규칙을 알아야만 화학을 이해할 수 있다.

예를 들어보자. (각각 하나의 전자를 가진) 수소 원자 두 개가 결합하여 하나의 수소 분자를 형성할 수 있다. 이로 인해 두 개의 핵을 중심으로 도는 하나의 큰 S 궤도가 형성되며, 이 궤도는 (서로 반대 방향의 스핀을 가진 두 개의 전자로) 완전히 채워진 상태가 된다.

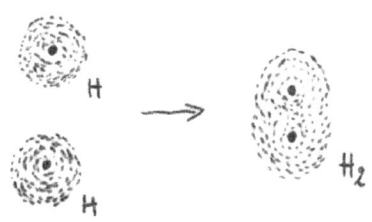

두 개의 수소 원자가 결합하여 수소 분자를 형성한다.

같은 원자(H) 두 개로 이루어져 있기 때문에, 이들의 바깥 궤도는 에너지 준위가 같다. 바깥 궤도는 서로 밀리고 서로 겹쳐 '왼쪽 더하기 오른쪽' 또는 '왼쪽 빼기 오른쪽'의 중첩 상태를 이룬다. 두 경우 모두 해당 궤도에 있는 전자는 완전히 비국소화된다. 즉, 전자는 동시에 어디에나 있고, 어디에도 없는 상태인 것이다. 반결합성 궤도(마이너스 궤도)에서는 전자들이 더 밀집되어 있어 운동 에너지가 더 커지며 (하이젠베르크를 생각해보자!), 필연적으로 결합성 궤도(플러스 궤도)와 반결합성 궤도(마이너스 궤도) 사이에 에너지 준위 차이가 발생한다. 다음 그래프는 두 원자 간 거리에 따라 이 두 궤도의 에너지가 어떻게 변화하는지를 보여준다.

더 흥미로운 점은 질소(N)에서 일어난다. 질소의 바깥쪽 P-껍질(궤

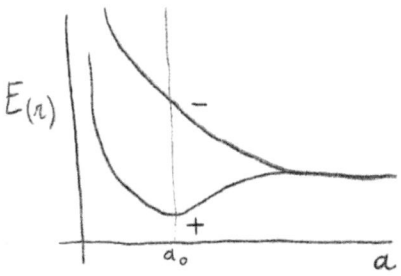

x축: 원자 간의 거리. y축: 플러스 궤도와 마이너스 궤도의 거리 변화에 따른 에너지.
a_0: 최소 에너지를 가지는 거리, 즉 두 원자가 바닥 상태에 있을 때의 거리.

도)에는 세 개의 전자가 있는데, 각각 세 개의 P-궤도에 하나씩 들어 있다. 질소 원자는 바깥 껍질을 완전히 채우기 위해 세 개의 전자가 더 필요하다. 세 개의 수소 원자로부터 이 추가 전자를 '빌릴' 수 있다. 하지만 질소만 전자를 빌리지는 않는다. 수소 원자도 질소로부터 각각 한 개의 전자를 빌려 자신들의 S-껍질을 완전히 채운다. 이렇게 하면 두 마리의 토끼를 잡는 셈이다. 두 원자의 P-껍질과 S-껍질이 모두 완전히 채워지기 때문이다. 그 결과로 아주 안정적인 분자인 암모니아(NH_3)가 형성된다.

산소(O)는 바깥쪽 P-껍질에 두 개의 추가 전자를 받을 공간만 가

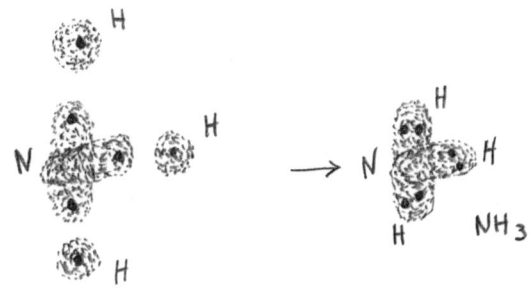

암모니아, NH_3

지고 있으므로, 두 개의 수소 원자와만 결합한다. 이로써 지구에서 가장 흔한 분자인 H_2O(물)가 생성된다. NH_3와 마찬가지로, 여기에서도 S-궤도와 P-궤도가 완전히 채워진다. 하지만 이 경우 자연은 흥미롭게도 대칭성이 낮아진 상태로 이동한다. 산소의 채워진 2S-궤도가 바깥쪽 P-궤도와 거의 동일한 에너지를 가지므로, 두 궤도가 합쳐져 하나의 SP-궤도를 형성한다. 이른바 혼성 궤도라고 할 수 있다. 이 SP-궤도는 네 개의 팔과 여덟 개의 전자를 저장할 수 있는 공간(전자포켓)을 가지고 있다. 이 팔들은 정확히 정사면체에 들어맞는다. 산소의 경우, 네 개의 궤도 중 두 개는 채워져 있고, 나머지 두 개는 각각 하나의 전자를 가진다. 각각 하나의 전자를 가진 궤도가 수소의 1S-궤도와 결합한다.

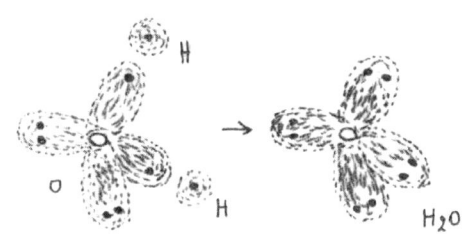

H_2O에서 S 궤도와 P 궤도의 혼성화

탄소(C)는 그 성질이 가장 독특한 원소다. 이는 바깥쪽 P-궤도에 단 두 개의 전자를 가지고 있어, 네 개의 추가 전자를 수용할 수 있기 때문이다. 탄소는 기본 규칙에 따라 두 개의 P-전자를 산소 원자와 공유할 수 있다. 이런 결합은 일산화탄소(CO)를 형성하며, 이는 종종 난로 오작동 사고의 원인이 되기도 한다. 게다가 탄소는 산소와 마찬가지로 채워진 2S-궤도를 가지고 있는데, 이 궤도는 바깥쪽 P-궤도와 거의 동일한 에너지를 가진다.

양자화학의 아버지라 불리는 라이너스 폴링(Linus Pauling, 1901~1994년)은 이런 혼성화가 매우 (복잡하고) 다양한 결합을 만든다는 사실을 처음으로 인식했다. 이 사실은 탄소가 지구상 모든 생명의 기초가 된다는 점에서도 드러난다. 정의상 탄소 원자가 포함된 분자를 다루는 학문이 바로 화학에서 가장 큰 분야인 유기화학이다. SP 혼성화를 통하여, 탄소는 단순히 두 개의 산소 원자와 두 개가 아닌 네 개의 전자를 공유하여 그 결과 이산화탄소(CO_2)를 형성한다.

조금만 더 상상력을 발휘해보면, CH_4(메탄)가 매우 강한 결합을 가진다는 것을 알 수 있다. 하지만 두 개의 탄소 원자도 여섯 개의 수소 원자와 결합할 수 있다(예: 에탄, $H_3C - CH_3$). 또는 n개의 탄소 원자와 $2 \cdot (n+1)$개의 수소 원자로 이루어진 사슬을 형성할 수도 있다(프로판은 n=3, 부탄은 n=4, 옥탄은 n=8…). 이런 분자들은 이른바 탄화수소라고 불린다.

이산화탄소 메탄

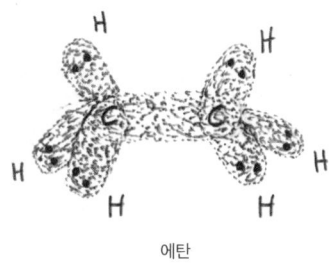

에탄

이런 종류의 분자 중에서 더 작은 것은 기체 상태이며, 더 큰 것은 액체 상태이고, 아주 긴 것은 고체(예: 촛농)를 형성한다. 이들은 모두 연료로 매우 적합하다.

탄소 원자와 수소 원자의 결합에 산소 원자를 추가하면 알코올(C_2H_5OH)을 생성할 수 있다. 또는 수소 원자 두 개를 산소 원자 하나로 대체할 수도 있다. 그 결과 지방산, 포도당(설탕), 그리고 셀룰로오스(나무의 기본 성분)가 생성된다. 모든 생명체의 기본을 이루는 아미노산(예: 글리신, 알라닌)은 사슬 끝의 수소 원자 하나를 NH_2로 대체함으로써 얻어진다. 이런 유형의 분자 끝부분은 다른 분자들과 쉽게 결합할 수 있다. 그 결과 단백질이 생성된다. 그리고 이런 과정은 계속해서 더 커지고, 더 길어지고, 더 복잡해진다.

아우구스트 케쿨레

독일 출신의 화학자 아우구스트 케쿨레(August Kekule, 1829~1896년. 그의 아버지는 마지막 'e'에 강세를 두어 발음하길 원했다)는 당대 최고의 화학자였다. 케쿨레는 분자들 사이의 화학적 결합을 그림으로 나타내는 방법을 고안했다(당시에는 누구도 분자나 원자를 실제로 본 적이 없었다). 이는 마치 파울리가 '한심한 그림'이라 칭했던 파인만 다이어그램을 연상시킨다. 케쿨레는 단순하면서도 우아한 방식으로 물질의 원자 구성과 원자들이 결합하는 방식, 그리고 공유 전자쌍의 수를 시각적으로 나타냈다. 케쿨레는 특히 벤젠(C_6H_6)의 원자 구조를 발견한 것으로 알려져 있다. 벤젠은 색깔이 없지만 달콤한 냄새가 나는 유기 화합물로, 휘발유의 주요 성분이다. 연구자들은 실험을 통해 벤젠의 성질을 대략적으로는 알고 있었지만, 그 정확한 구조를 알지는 못했다. 다시 말해, 여섯 개의 탄소 원자와 여섯 개의 수소 원자 배열의 형태와 그 움직임은 여전히 알지 못했다. 케쿨레는 자기의 꼬리를 무는 뱀(우로보로스)에 대한 꿈을 꾸다가 그 답을 찾았다. "그래(Aber natürlich!)!"

벤젠 분자는 고리 구조를 가지고 있다! 이 결합은 전자들이 단일 결합과 이중 결합이 교대로 배열된 상태의 중첩이라는 점에서 특이하다. 이로 인해 전자들은 마치 덩굴에 매달린 원숭이처럼 한 전자 궤도에서 다른 전자 궤도로 자유롭게 이동할 수 있다.

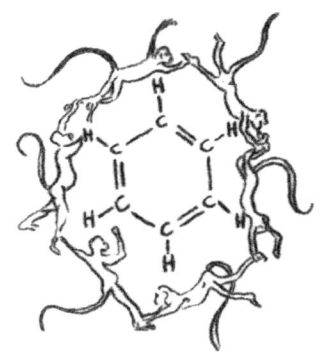

아우구스트 케쿨레의 그림법으로 나타낸 벤젠. 선은 화학 결합을 형성하는 외부 껍질의 전자들을 나타낸다.

간단히 화학 반응, 특히 연소에 대해 이야기해보자. 무언가를 태울 때 무슨 일이 일어날까? 메탄(CH_4)을 예로 들어보자. 메탄은 연소 시 두 개의 산소 분자(O_2)와 반응하여 이산화탄소(CO_2)와 두 개의 물 분자($2H_2O$)로 전환된다. 이는 $CH_4 + 2O_2 \rightarrow CO_2 + 2H_2O$로 나타낼 수 있다. 여기서 최종적으로 생성된 물질은 초기 물질보다 에너지가 낮다. 이 에너지 차이는 열로 전환되며, 이는 우리 눈에 보이고 피부로 느껴지는 불(전자기 복사)로 나타난다. 이 반응은 두 단계로 진행된다.

첫 번째로, CH_4와 O_2를 각각 9개의 개별 원자로 분리하기 위해 에너지가 필요하다. 즉 이는 $CH_4 + 2O_2 \rightarrow C + 4H + 4O$로 표현할 수 있다. 이 과정은 많은 에너지가 필요하므로 자연적으로 일어나지 않는다. 그러나 일단 연소가 시작되면, 발생한 열로 인해 다른 분자들이 더 쉽게 분해된다. 분해 후에는 재배열이 이루어진다. 개별 원자들은 새로운 분자를 형성한다. 바로 $C + 4H + 4O \rightarrow CO_2 + 2H_2O$이다.

나무를 연소하면 어떻게 될까? 나무는 잎사귀를 가지고 있다. 광합성이라는 화학 과정을 통해 햇빛의 에너지는 CO_2와 물을 셀룰로오스(나무의 주요 성분인 $C_6H_{10}O_5$)로 전환하는 데 사용된다. 따라서 나무는 말 그대로 공기 중에서 그 질량을 끌어온다. 나무는 CO_2와 H_2O보다 더 많은 에너지를 가지고 있으며, 태양 에너지를 깔끔하게 저장한다. 이 나무가 난로에 들어가면, 그 나무는 다시 CO_2로 전환되며 저장된 에너지가 방출된다.

하지만 먼저 셀룰로오스가 개별 원자로 분해되어야 한다. 이것이 종종 난로의 장작에 불을 붙이는 게 어려운 이유다. 일단 나무가 타기 시작하면, 화학 반응은 모든 나무가 다 탈 때까지 계속된다. 결론적으로, 난로에서 발생하는 열은 순수한 태양 에너지다. 결국, 아무것도 낭비되지 않는다.

우리의 위장에서 일어나는 음식 연소 과정 또한 동일한 양자역학적 절차를 따르지만, 훨씬 낮은 온도에서 이루어진다. 소화 과정에서 매우 긴 분자들이 더 작은 조각으로 분해된다. 긴 분자는 짧은 분자보다 에너지를 덜 방출하지만, 첫 번째 화학 반응 단계를 극복하기 위한 장벽이 훨씬 낮기 때문에 낮은 온도에서도 연소가 가능하다. 긴 분자에서 관련 진동수(ν)가 짧은 분자보다 훨씬 낮아서 화학 반응에 필요한 에너지도 훨씬 적다. (여기서 플랑크의 E=hv를 생각해보자.)

그렇다면 왜 지구에는 생명이 존재하고, 화성에는 존재하지 않을까? 지구는 생명체가 복잡성을 갖추며 발달할 수 있는 완벽한 조건을 가지고 있다는 게 첫 번째 이유다. 지구는 적당히 추워 안정적이라 볼 수 있는 수준의 화학 결합이 유지된다. 하지만 또 적당히 따뜻해서 (광합성 같은) 화학 반응이 자발적으로 일어날 수 있다. 몇 도만 기온이 더 올라가면 분자들은 자신의 진동으로 인해 서로 떨어져 나가 화학 결합이 불가능해졌을 것이고, 몇 도만 더 내려가면 모든 것이 얼어붙고 엄청난 절망과 무한한 정체의 바다에 갇혔을 것이다.

지구에서 생명이 발달할 수 있었던 또 다른 중요한 이유는 지구의 대기에 있다. 지구의 대기는 거의 모든 (치명적인) 우주 방사선을 막아준다. 이런 임무를 수행할 수 있는 대기를 가진 행성은 어디에도 없다. 라이프니츠가 "우리는 가능한 모든 세계 중 최고의 세계에서 살고 있다"고 신중히 언급했을 때, 누가 감히 그 말에 반박할 수 있을까?

6.4 단단한 물질

물이나 기체로 가득 찬 세계에는 혼돈이 지배한다. 혼돈이 존재하는 이유는 원자나 분자의 구조가 어디에서 보아도 완전히 동일해서다. 하지만 물이나 기체의 세계가 얼기 시작하면 질서가 생겨난다. 레프 란다우는 이를 훨씬 아름답게, 대칭이 깨진다고 표현했다. 질서는 단지 깨진 완벽함에 불과하다. 멋지게 들리지만 상당히 모순적이다. 이는 우리가 '질서'라는 단어의 수학적 해석을 사용하고 있기 때문이다. 얼음이 얼면, 원자 수준에서 세상은 더 이상 어디서나 똑같이 보이지 않는다.

혼돈이 '깨지면' 물질은 원자와 분자가 조직될 수 있는 230가지 가능한 방식 중 하나로 재구성된다. 군 이론에 따르면, 병진(평행이동) 대칭과 회전 대칭을 깨트려 결정 격자를 조직할 수 있는 방식은 230가지나 된다. 가장 놀라운 점은 자연이 이 230가지 변형 각각에 해당하는 물질을 실제로 만들어냈다는 점이다.[37] 어떤 마법사도 흉내낼 수 없을 것이다.

양자역학 이전 시대에는 물질이 230가지 형태 중 어떤 것을 선택하는지, 또는 어떤 요인에 의해 결정되는지가 큰 미스터리였다. 하지만 양자역학이 등장한 덕분에 이를 설명할 수 있게 되었다. 그 설명은 이렇다. 결정 구조의 선택은 원자의 바깥 껍질에 있는 전자들에 의해 전적으로 결정된다. 원자들이 서로 가까워지면, 그들의 바깥 껍질이 결합되어 전자들이 더 이상 하나의 원자핵 주위만 돌지 않고, 때로는 엄청나게 많은 원자핵을 포함하는 광범위한 전자 궤도를 따라 움직인다. 이는 가능한 에너지의 연속체, 이른바 '밴드(band, 띠)'를 형성하며, 이 밴드들은 서로 떨어져 있거나 '갭(gap, 틈)'이라는 간격으로 나뉘어 있을 수 있다. 이 밴드 내에서 전자들은 매우 특이한 형태의 기체처럼 행동한다.

그렇다면 물질은 왜 단단한 걸까? 이 기체(또는 밴드)에서 각 에너지

---

[37] 우리의 3차원 세계에는 대칭을 깨뜨리는 방법이 총 230가지 있다. 2차원에서는 대칭을 깨뜨리는 방법이 17가지 있는데, 이는 가능한 평면 채움 방식(벽지 군, wallpaper groups)의 수와 일치한다. 1차원에서는 정확히 7가지 방법이 있으며, 이를 프리즈 군(frieze groups)이라고 한다. 4차원에서는 대칭을 깨뜨리는 방법이 무려 4894가지에 이른다.

준위에 단 하나의 입자(전자)만 존재할 수 있기 때문이다. 이 결합된 궤도를 따라 움직이는 전자들이 모든 것을 강하게 연결시켜주기 때문이기도 하다. 따라서 물질은 매우 견고해지고, 쉽게 분리될 수 없다. 다양한 원자들의 궤도가 결합하는 이유는 여전히 몇 페이지 전에 설명한 것과 같다. 그것을 통해 (많은) 에너지를 얻을 수 있기 때문이다. 이것은 가장 낮은 에너지를 가진 궤도가 항상 먼저 채워지는 이유 또한 설명해준다. 아래의 그림은 결정 내 전자의 에너지 준위가 원자들 간의 거리에 따라 어떻게 나타날 수 있는지를 보여준다. a축에서 멀어질수록, 원자들이 서로 더 멀리 떨어져 있음을 의미한다.

아래 그림에서(오른쪽에서 왼쪽으로 읽어야 함) 우리는 S 궤도와 P 궤도가 결합하여 두 개의 넓은 '밴드'를 형성하는 모습과 그 사이에 갭이 있는 것을 볼 수 있다. 이 두 밴드는 각각 압축된 궤도의 집합으로, 하나씩(먼저 아래쪽 궤도가) 전자로 채워진다. 이 밴드 구조의 정확한 형태는 결정의 유형에 따라 크게 달라진다. 물질 내 원자들 간의 거리는 모

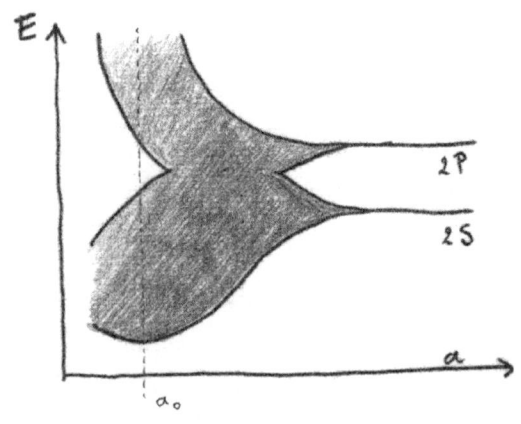

a는 격자 내 인접한 두 원자 간의 거리,
a_0는 총 에너지가 가장 적은 거리(즉, 기본 상태에서의 거리).

든 전자의 총 에너지가 가장 낮은 거리(a₀)에 해당한다.

그렇다면 원자들이 최종적으로 선택하는 결정 구조는 무엇일까? 바로 모든 전자의 총 에너지가 가장 낮은 구조다. 하지만 선택지가 230가지나 된다니?! 선택 스트레스가 생긴다! 원자의 바깥 껍질에 있는 전자의 수에 따라 밴드가 완전히 채워질 수도 있고, 그렇지 않을 수도 있다. 밴드가 완전히 채워지면, 이를 절연체라고 부르며, 그렇지 않은 경우를 도체라고 한다.

도체의 경우 전자가 한 궤도에서 다른 궤도로 점프하는 데 필요한 에너지가 아주 적으며, 이런 이동이 비교적 자유롭다. 왜냐하면 밴드 간에 극복할 수 없는 갭이 없기 때문이다.

전기장이 가해지면 전자들은 궤도를 재구성하여 주로 전기장과 같은 방향을 가리키는 운동량을 가진 궤도로 배열된다. 밴드에 여유 공간이 있기 때문에, 전자들은 큰 어려움 없이 재구성될 수 있다. 전자들이 주로 전류의 방향으로 움직이고, 역방향으로는 거의 움직이지 않기 때문에 전류가 발생한다. 이런 특성을 가진 물질로는 은, 금, 구리, 알루미늄, 수은, 강철, 철 등이 있다.

> 태초에 원자가 있었다.
> 원자핵에는 양성자와 중성자가 있었고
> 핵 주위를 도는 궤도에는
> 전자(마치 지구와 달처럼)가 있었다.
> 그 전자가 튀어 나가면, 우리는 전류를 얻게 된다.

절연체에서는 상황이 완전히 다르다. 이 경우 밴드가 완전히 채워져 있다(이를 원자가 밴드라고 한다). 그 옆에는 갭(전자들이 있을 수 없는 '금지대')이 있고, 그다음 완전히 비어 있는 전도 밴드가 있다. 절연체에서 원자가 전자를 원자가 밴드에서 전도 밴드로 이동시키려면, 갭의 전체 에너지만큼의 에너지가 필요하다. 즉, 전자들이 재구성될 수 있으려면 매우 강한 전기장이 필요하다. 이러한 이유로, 다이아몬드와 같은 특성을 가진 물질들은 움직여서 피곤해지는 것보다는 게으르고 정적인 상태를 선호한다. 따라서 전류는 단순히 전달되지 않는다.

화학에서는 앞서 언급한 황금 규칙처럼, 완전히 채워진 밴드는 에너지적으로 매우 유리하다. 밴드 구조에서도 마찬가지다. 자전거에 비유해보자. 더 이상 공기를 주입할 수 없을 정도로 공기압이 최대까지 채워진 자전거 타이어로는 오르막길에서 페달을 밟을 때 훨씬 적은 에너지가 소모된다. 이것이 자연에서 절연체가 존재하는 이유를 설명한다. 자연은 가능한 한 모든 밴드가 깔끔하게 채워진 결정 구조를 선호한다. 하지만 이는 항상 간단한 일이 아니다. 밴드 내 에너지 준위의 총수가 원자의 자유 전자 수와 정확히 일치하는 결정 구조를 찾기가 쉽지 않기 때문이다. 그렇게 많은 선택지에도 불구하고 완전히 채워지지 않으면, 해당 물질은 도체가 된다.

밴드 구조를 좀 더 자세히 들여다보면, 그 내부에서 실제로 무슨 일이 일어나는지 훨씬 명확히 볼 수 있다. 결정은 병진 대칭성을 가지고 있다(에미 뇌터의 금붕어 수업 1강을 참고하면, 결정을 이동시키더라도, 그 구조는 여전히 동일하게 보인다). 우리는 밴드(또는 연속체)를 형성하는 밀집된 전자 궤도를 각각 새로운 숫자로 표시하며, 이는 해당 궤도가 병진 운동에 따라 어떻게 변형되는지를 나타낸다. 이 숫자를 결정 운동량이라고 부르며, 이는 일반적인 운동량의 변형된 형태다.

다음 그림은 실리콘의 밴드 구조를 그래픽으로 나타낸 것이다. X축은 결정 운동량(k)을, y축은 이 k 값을 갖는 전자의 가능한 에너지를 나타낸다. X축에 있는 그리스 문자들은 반사 대칭성이 있는 특정한 k 값을 나타낸다. 영점(y축의 점선) 아래에 있는 선들은 원자가 밴드의 궤도 에너지를 나타내며, 점선 위의 선들은 전도 밴드를 형성한다. 그 사이에는 매우 얇은 갭(gap)이 존재한다. 이 실리콘 밴드 구조의 그림은 하트리-폭 방법을 이용해 제작되었으며, 이것이 바로 디지털 혁명의 시작을 알리는 계기가 되었다.

이 밴드 구조의 가장 중요한 특성은 갭이 상대적으로 작다는 것이다. 새로운 가능성을 열어준 이 밴드 구조는 양자역학자 존 바딘(John Bardeen)과 월터 브래튼(Walter Brattain), 그리고 엔지니어 윌리엄 쇼클리(William Shockley)가 유명한 벨 연구소에서 함께 근무하다가 발견했다. 실리콘 결정에 불순물을 추가하자, 그것이 절연체보다는 더 잘 전도

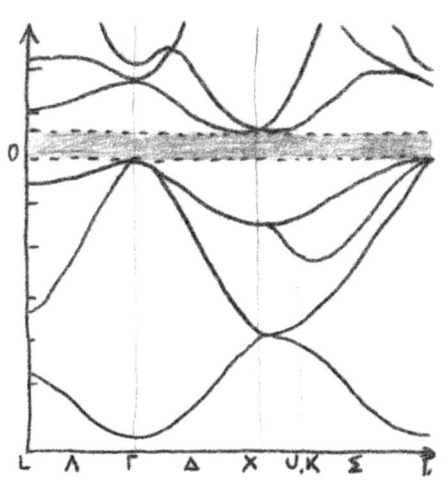

실리콘의 밴드 구조. 굵은 실선은 갭을 나타낸다.

되지만, 도체만큼은 잘 전도하지 않는다는 것이 밝혀졌다. 불순물은 갭에 소수의 에너지 준위가 생기도록 만들어, 전자들이 원자가 밴드에서 전도 밴드로 점프할 수 있는 발판을 제공한다. 그 결과, 반도체가 탄생했다. 1947년의 이 발명은 20세기에서 가장 혁신적인 기술 중 하나인 트랜지스터 개발로 이어졌다.

트랜지스터는 전송을 뜻하는 '트랜스퍼(transfer)'와 가변 저항을 뜻하는 '배리스터(varistor)'의 합성어다. 처음에 트랜지스터는 20세기 전반에 사용되던, 매우 취약하고 에너지를 많이 소모하던 라디오 진공관(진공관 증폭기)을 대체했다. 오늘날 트랜지스터는 우리의 기술에서 빼놓을 수 없는 존재가 되었다. 트랜지스터는 어디에나 있다. 지구상의 모든 사람은 수십억 개의 트랜지스터를 자신과 함께 들고 다닌다고 해도 과언이 아니다. 특정 과일 브랜드의 스마트폰 한 대에만 해도 150억 개(!)의 트랜지스터가 들어 있다.

도핑의 효과

반도체는 절연체와 비슷하지만, 반도체의 경우 원자가 밴드와 전도 밴드 사이의 갭에 때때로 작은 불순물이 존재할 수 있다는 차이점을 가진다. 그 불순물은 실제로 시스템이 '도핑될' 때 생성되는 '금지된' 에너지 준위다. 도핑의 성질에 따라 그 인공적인 전자 궤도는 채워질 수도 있고(n형 반도체) 채워지지 않을 수도 있다(p형 반도체). 트랜지스터에서는 n형과 p형 반도체가 결합되어, 전류를 통과시킬지 여부를 결정하는 일종의 초미세 스위치를 형성한다.

결과적으로, 전류를 통과시키면 1, 그렇지 않으면 0을 얻는다. 즉 켜짐과 꺼짐 상태가 된다. 이 미세 스위치들은 컴퓨터의 모든 응용 프로그램에서 기본적인 구성 요소이다. 트랜지스터 덕분에 칩 제작이 가능해졌고, 컴퓨터는 훨씬 더 작고 더 빠르고 더 저렴해질 수 있었다.

트랜지스터의 아주 중요한 응용 분야는 태양광 패널이다. 태양광 패널은 햇빛을 전기로 변환한다. 햇빛은 전자들에 충분한 에너지를 제공하여, 원자가 밴드에서 전도 밴드로 빠르게 이동할 수 있게 한다. 두 밴드 사이의 에너지 차이는 태양광 패널의 전압을 결정하며, 이 전압은 스마트폰이나 컴퓨터를 충전하거나, 또 다른 양자 현상의 결과물인 LED 전구로 크리스마스트리를 반짝이게 하는 데 사용된다.

LED, 즉 발광 다이오드는 트랜지스터의 단순화된 버전으로, 에너지를 훨씬 더 효율적으로 빛으로 변환한다. 그 결과, 에너지 손실이 열로 발생하지 않고 백열등보다 훨씬 내구성이 뛰어나고 에너지 소비가 적다. LED는 우리 주변 어디에나 존재한다. 모든 기술 장치의 표시등, 계산기의 작은 화면, 거리의 네온사인, 거실과 침실의 TV, 그리고 무대 위에서 공연하거나 몸짓을 하는 아이돌 뒤의 화려한 영상 화면까지 모든 곳에서 LED가 사용된다.

녹색과 빨간색 LED는 오래전부터 존재했지만, 파란색 LED는 개발까지 더 오랜 시간이 걸렸다. 하지만 파란색 LED 덕분에 마침내 흰색 빛도 구현할 수 있었다.

6.5. 양자 색깔

이제 우리를 항상 둘러싸고 있으며 양자역학 없이는 설명할 수 없는 또 다른 현상인 색깔에 대해 이야기해보자. 왜 원하는 걸 모두 가져도 상대적으로 남의 잔디가 더 푸르게 보이는 걸까? 그보다 더 흥미로운 것은 왜 잔디가 초록색인지에 대한 질문이다. 물체의 색깔을 결정하는 것은 무엇일까? 물체는 우리의 눈이 다양한 파장의 빛을 인식하고, 그 후 빛의 스펙트럼 중 가시광선 부분의 파장을 걸러낼 수 있기 때문에 색을 가진다. 빛의 색깔은 물체가 방출하는 전자기파의 진동수(따라서 파장)에 의해 결정된다.

물질의 가장자리에 있는 전자들은 광자를 흡수하고, 더 높은 에너지 준위로 도약한다. 이때 반복해서 강조할 점은 전자가 오직 정확한 에너지를 가진 광자를 흡수할 때만 더 높은 에너지 궤도로 이동한다는 것이다($E = h\nu$). 어떤 물질에 빛을 비추면, 특정한 에너지를 가진 광자들만 흡수되고, 나머지 광자들은 모두 반사된다. 물체의 색깔은 사라지는 진동수들에 의해 결정된다. 흡수되지 않은 광자들은 반사되며, 이 반사된 빛이 물질의 색을 결정한다. 그게 전부다.

그렇다면 식물은 왜 초록색일까? 광합성이 엽록소라는 분자에 의해 이루어지기 때문이다. 이 분자는 파란색과 빨간색 빛을 흡수하고 이를 에너지로 변환한다. 하지만 초록색 빛은 거의 흡수되지 않고 반사되어 우리 눈으로 들어오게 된다. 또 다른 예로 구리를 들 수 있다. 파란색 광자는 충분한 에너지를 가지고 있어 구리의 전자를 더 높은 밴드로 올릴 수 있지만, 빨간색 광자는 그렇지 않다. 그래서 구리가 붉은빛을 띠는 것이다.

하나 더, 꽃이 곤충을 유인하기 위해 사용하는 색깔을 생각해보자. 꽃에 있는 플라보노이드와 카로티노이드라는 두 가지 색소가 빛의 약 70%를 흡수한다. 이 색소들이 빛의 운명을 결정하는데 반사된 빛은 작약을 분홍색으로, 양귀비를 빨간색으로 물들인다. 이와 동일하게 알파카로틴과 베타카로틴은 우리 피부를 창백하게 만들거나 빛에 그을려 갈색이 되게 하는 과정, 그리고 비타민 A 합성(광합성을 통해)에서도 매우 중요한 역할을 한다. 우리 몸은 말 그대로 하나의 거대한 양자 공장이다!

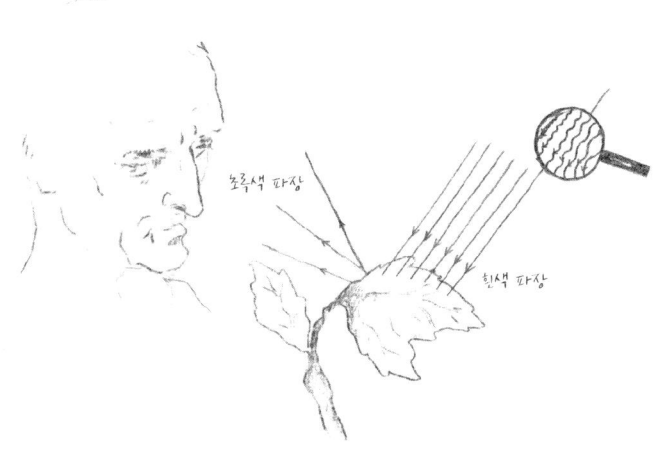

물질의 색깔은 흡수되지 않고 반사되는 빛의 파장에 의해 결정된다.

뉴턴 vs 괴테

한때 문학 살롱의 시대가 있었다. 시인, 작가, 철학자, 음악가, 정치인, (자연)과학자, 그리고 다양한 사람들이 함께 모여 커피를 마시고 케이크를 먹으며, 욕설을 퍼붓고 의견 충돌을 벌이다가, 농담을 주고받으며 더 많은 지혜를 얻었다. 그 시대는 17세기와 18세기를 말한다. 당시에는 누구나 어느 정도 물리학에 대해 알고 있었고, 마치 모두가 조금씩 작가이자 음악가였던 것처럼 살롱에서 자신만의 색깔을 드러내곤 했다.

아이작 뉴턴에 따르면, 흰빛은 프리즘을 통해 빛의 굴절로 볼 수 있는 여러 색상의 합이었다. 이는 뉴턴의 의견이었기에 거의 의심받지 않았다. 그러나 어느 날, 살롱의 열정적인 참석자로서 뉴턴의 이론들을 자주 화제로 삼았던 요한 볼프강 폰 괴테(Johann Wolfgang von Goethe, 1749~1832년)가 뉴턴이 평생 하지 않았던 일을 했다. 이탈리아로 여행을 떠난 것이다. 괴테는 그곳에서 놀라움을 금치 못했다. 여성들을 보고 놀란 것이 아니라, 색깔이 그를 놀라게 했다. 그 색들! 그는 자신의 다른 집착(『파우스트』 집필)을 잠시 제쳐두고 남은 삶의 상당 부분을 빛의 연구에 헌신하기로 했다.

괴테와 뉴턴의 가장 큰 차이 중 하나는 괴테가 색의 본질을 탐구하려 했던 반면, 뉴턴은 빛의 본질을 연구했다는 점이다. 뉴턴에게 빛은 입자로 이루어져 있었다. 하지만 괴테는 이를 다르게 보았다. 그는 실험실의 측정 도구가 아니라 인간이야말로 가장 정밀한 물리적 장치라고 여겼다. 괴테의 현상학적 접근은 뉴턴의 환원주의적 접근과 정반대였다. 괴테에 따르면, 색은 빛과 어둠 사이의 상호작용에서 발생하며, 이 두 극단 사이에 있는 흐릿한 매개체에서 비롯된다.

그리고 모든 색은 두 가지 근본적인 현상, 노랑과 파랑에서 나온다. 빛이 어둠에 의해 흐려지면 노랑이 나타나고, 어둠이 빛에 의해 흐려지면 파랑이 나타난다. 이로써 '어두워진 빛'과 '밝아진 어둠'이라는 개념이 생겨난다. 괴테의 이론은 매우 미묘한 차이들로 가득하다. 그는 따뜻한 색과 차가운 색을 구별하고, 각 색상에 보색을 할당하며, 그러한 모든 색조와 인간의 감정 상태를 연관시켰다. 빛은 선함과 기쁨, 어둠은 악함과 슬픔을 상징한다는 것이다.

뉴턴과 괴테는 두 개의 관점을 보여주는데, 하나는 이론이고 다른 하나는 신조이며, 하나는 가설이고 다른 하나는 감각적 관찰이다. 또 각각 실험과 경험이다. 두 관점 모두 철저히 논리적으로 뒷받침되었으며, 강력한 직관의 산물이었다. 괴테에게 중요한 것은 자연 그 자체가 아니라, 자연이 경험되는 방식이었다. 즉, 해석이다. 그리고 그것은 매우 개인적인 것이다.

괴테가 한 일은 명확히 말해 정확한 과학은 아니었지만, 그렇다고 해서 덜 중요하다고 볼 수는 없다. 하이젠베르크의 말에 따르면, 괴테의 색채 이론은 예술, 생리학, 미학 등 많은 면에서 결실을 맺었다.[38] 실제로 상점에서 우리의 구매 욕구를 자극하기 위해 선택되는 색깔도 괴테의 이론에 기반을 두고 있다! 결론적으로, 삶은 정확한 과학 이상의 것이다. 어떤 것이 과학적으로 뒷받침되지 않는다고 해서 덜 중요하다고 볼 이유는 없다. 결국, 물리학조차도 궁극적인 피상성과 물질주의에 불과하다. 여기에는 미묘함, 시적 표현, 감정이 설 자리가 없다고 말할 수 있을까? 하지만 천만에! 물리학은 경이로움과 아름다움을 추구하며 번성한다. 기존의 틀(선) 안에서든, 틀 바깥에서든 말이다.[39]

---

[38] 하이젠베르크의 논리는 여기서 끝나지 않았다. 그는 이어서 이렇게 말했다. "그러나 그 성공과 그로 인해 다음 세기의 연구에 미친 영향은 뉴턴의 몫이었다."

[39] '기존 틀(선) 안에서'란 기존 과학 법칙이나 이론 안에서 움직인다는 뜻이고, '틀(선) 밖에서'란 전통적 과학 요소 외에 창의성, 상상력, 미(美) 같은 요소도 중요하다는 뜻이다. 즉 물리학은 단지 딱딱한 공식과 정확한 계산의 학문이 아니라 상상력과 아름다움을 추구하는 창의적 탐구라는 점을 강조하는 표현이다. - 편집자 주

6.6. 보스, 아인슈타인, 그리고 레이저

이제 페르미온에 대한 이야기는 그만하고, 보손의 세계로 넘어가자. 보손은 구별할 수 없는 입자로, 매우 많은 수가 동시에 동일한 상태에 있을 수 있다. 빛의 입자인 광자(photon)는 보손이다. 광자는 질량이 없고 함께 모이기를 좋아하기 때문에, 이전에 언급한 다른 미시적인 입자들과 달리 '보통의' 고전적 세계에서도 관찰할 수 있다. 우리는 빛을 보고, 햇빛의 따스함을 느낄 수 있다. 마찬가지로, 중력을 담당하는, 질량 없는 보손인 중력자(graviton)도 같은 원리가 적용된다.

대응 원리

고전 물리학에서 뉴턴은 입자를 단순히 입자로만 설명했다. 하지만 양자역학(드 브로이)을 통해 입자가 파동이기도 하다는 사실이 증명되었다. 반대로 빛 입자(광자)의 경우는 정반대였다. 빛은 파동으로 간주되었고, 이것이 당시의 합의였다. 그러나 아인슈타인은 빛이 또한 입자라는 것을 증명했다. 그렇다면 광자가 완전히 양자역학적 속성을 가지고 있음에도 불구하고, 어떻게 1873년에 제임스 클러크 맥스웰이 빛과 전자기 현상을 그렇게 정확하게 설명할 수 있었을까? 어떻게 그 시절에 이미 라디오(전파는 광자로 구성되며 양자적 성격을 지님)를 만들 수 있었을까? 어떻게 전자기장과 자기장에 대한 실험 결과를 이해할 수 있었을까?

맥스웰의 전자기 이론은 다수의 광자들을 (고전적) 파동으로 설명한 이론이다. 이 이론을 양자역학 관점에서 이해하려면 매우 많은 보손이 존재해야 한다. 이때 개별 보손의 특성은 보이지 않게 된다. 보손 간 양자화가 드러나지 않기 때문에, 모든 개별 입자들이 고전적 파동처럼 보인다. 마치 멀리서 사다리를 보면 개별 디딤판은 보이지 않고, 단순히 평평한 막대처럼 보이는 것과 같다. 양자역학 관점에서 보면, 맥스웰 이론에서 나타나는 양자 상태는 특별한 경우인 '결맞은 상태'다. 이 상태에서는 입자들이 상호작용하지 않기 때문에, 이를 개별 입자의 물리학으로 설명할 수 있다(반면, 상호작용하는 입자들은 힐베르트 공간으로 돌아가며, 그 공간의 계산 불가능한 무한성과 마주하게 된다).

고전 이론은 독립적인 입자가 매우 많은 경우 양자 이론의 극한인데, 이는 닐스 보어의 대응 원리가 드러난 것이다. 대응 원리는 양자 시스템에서 양자수가 매우 클 경우, 양자적 특성이 더 이상 명확히 드러나지 않으며, 해당 시스템이 고전 이론으로 설명될 수 있음을 의미한다. 이 지점에서 보손과 페르미온의 차이가 분명하게 드러난다. 페르미온의 경우 배타 원리가 작용하여 큰 양자수와는 마주하지 않는다. 따라서 페르미온은 항상 순수하게 양자역학적으로 행동한다. 반면, 보손은 경우에 따라 고전적으로 행동할 수 있다.

보손은 고전적인 행동을 보일 수 있음에도 양자역학적 속성이 매우 명확히 드러나는 상태로 전환될 수 있다. 이러한 독특한 상태는 고전 물리학에서 그 사례를 전혀 찾아볼 수 없다. 다시 말해, 보손은 동일한 상태에 있는 것을 매우 선호한다. 만약 문제의 보손이 원자이고, 이 원자들을 매우 낮은 온도로 냉각시키면, 이것들은 보스-아인슈타인 응축을 형성할 수 있다.

보스-아인슈타인 응집체

사티엔드라 보스(Satyendra Bose)는 구별할 수 없고 매우 사회적인 입자에 대해 논문을 처음으로 작성한 인물이었다. 보스의 해당 논문은 처음에는 출판을 거부당했지만, 다행히도 몇 가지 우여곡절 끝에 아인슈타인의 손에 들어가게 되었다. 때는 1924년이었다. 아인슈타인은 보스가 핵심을 정확히 짚었다는 것을 즉시 깨달았다. 비록 보스 자신은 그 당시 유럽에서 등장하고 있던 혁명적인 이론들에 대해 잘 알지 못했는데도 말이다. 아인슈타인은 보스의 논문이 출판될 수 있도록 도왔는데, 자신의 주석과 의견을 논문에 보충했다.

플랑크의 통찰을 기반으로 보스는 동일한 에너지 준위에 있는 광자들이 서로 구별할 수 없다는 사실을 발견했다. 이 구별 불가능성 때문에, 그는 이러한 광자들이 하나의 존재로 간주되어야 하며, 따라서 통계 물리학에서 다수의 입자계를 설명할 때 한 번만 계산되어야 한다고 주장했다. 다만, 기회가 주어졌을 때, 보손들은 함께 모이는 것을 좀처럼 거부하지 않는다는 것이다. 모든 입자 중에서 보손은 같은 상태에 머무르려는 성향이 가장 강하다.

보손과 주사위 던지기

보손 통계에서는 두 입자가 동일한 상태에 있을 확률이 고전적, 비보손 통계보다 더 크다. 이를 이해하기 위해 주사위 두 개를 던지는 상황을 가정해 보자. 모든 경우의 수는 36가지이다. 이 중 두 주사위의 결과가 동일한 경우는 6가지(1-1, 2-2, 3-3, 4-4, 5-5, 6-6)이고, 서로 다른 경우는 30가지이다. 고전 통계에 따르면, 두 주사위가 같은 결과를 가질 확률

> 은 6/36(즉 1/6)이다. 그러나 보손 통계에서는 서로 다른 30가지 경우 중에서 대칭적인 결과(예: 2-6과 6-2)가 동일한 결과로 간주되기 때문에 이들 경우의 수가 15가지로 줄어든다. 따라서 두 주사위가 같은 결과를 가질 확률은 6/(6+15), 즉 2/7이다. 이는 고전 통계에서 계산된 확률의 거의 두 배에 해당한다. 이것이 바로 보손 통계에서 입자들이 고전 통계에서보다 함께 뭉치려는 경향을 더 강하게 보이는 이유다.

보스의 통계에 근거하여 아인슈타인은 1924년에 아직 발견되지 않은 상태가 존재해야 한다고 결론지었다. 그것은 액체도, 고체도, 기체도 아닌 상태였다. 이 상태에서는 양자 입자들이 완전히 구별할 수 없게 되고, 상호작용하지 않으면서도 서로 합쳐진다. 결과적으로 일종의 양자 유체가 형성된다.

아인슈타인의 사고 실험에서 중요한 점은 보손 입자들이 서로 매우 약하게 상호작용한다는 점이었다. 이를 명확히 하기 위해, 다음과 같은 상황을 상상해 보자. 매우 높은 온도에서는 원자들이 항상 고전적 기체를 형성한다. 온도를 낮추면, 그 기체는 일반적으로 액체로 변한다. 만약 상호작용이 강한 입자들로 이루어진 시스템을 더 냉각시키면, 결국 단단한 물질(고체)이 형성된다. 그렇다면 상호작용이 매우 약한 입자들로 이루어진 시스템을 극한으로 냉각시키면 어떻게 될까?

아인슈타인은 이 경우 입자들이 결정화되지 않고 보스-아인슈타인 응축을 형성한다고 결론지었다. 이 특별한 상태는 입자들이 서로 융합되는 상태로, 매우 낮은 온도에서만 달성될 수 있다. 예를 들어 루비듐 원자로 이 실험을 수행하려면, 온도를 절대영도보다

0.0000001℃ 높은 온도(즉, -273.13999999℃)까지 낮춰야 한다. 이보다 더 낮은 온도는 우주 어디에서도, 어떤 조건에서도 불가능하다. 참고로, 명왕성 깊은 곳의 온도조차도 여전히 절대영도보다 약 2.7℃ 더 높다. 분명한 것은 아무리 두꺼운 스카프와 털 양말, 뜨거운 수프가 담긴 보온병을 동원해도 그 온도에는 다가갈 수 없는 점이다.

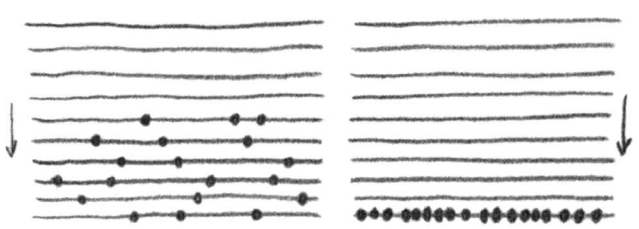

입자들이 응축된다. 마치 주판의 모든 구슬이 맨 아랫줄에 모이거나 악보 위의 모든 음표가 아래쪽 선으로 떨어져 하나의 길고 단조로운 음으로 축소되는 것처럼 말이다.

왜 이렇게 낮은 온도여야 할까 궁금할 수 있다. 이유는 간단하다. 시스템을 더 많이 냉각할수록, 입자들은 가장 낮은 에너지 상태로 점점 더 많이 떨어지기 때문이다. 다른 에너지 상태에는 더 이상 자리가 없기 때문이다. 이 과정에서 상전이는 거시적인 수의 보손들이 기저 상태에 도달할 때 발생한다. 이때 보손들은 점 형태에서 파동 형태로 진화한다. 드 브로이 파장이 서로 겹치게 되면, 보손들은 개별성을 잃어버리고 모두 같은 상태로 밀집하여 서로 얽히게 된다. 이 상태는 마치 하나의 단일한 (유체) 전체를 형성하는 것과 같다. 이 단계에서 입자들은 말 그대로 정체성의 위기를 겪게 된다.

물론, 이렇게 낮은 온도에 도달하는 것은 간단한 일이 아니다. 이를 위해 실험 물리학자들은 최첨단 레이저와 자기장을 사용하는 매

루비듐 원자로 이루어진 기체를 냉각시키면, 일정한 순간에 원자들이 정체성의 위기를 겪게 된다. 그리고 결국 서로 하나가 되는 깨달음의 경지에 도달한다. 이 상태에서 그들의 의식은 완전히 정화되고, 절대적인 기저 상태라는 평화로운 니르바나(열반)에 이르게 된다.

우 복잡한 장치를 구축해야 하며, 엄청난 인내심과 고도의 정밀한 작업, 그리고 적지 않은 예산 또한 필요하다. 냉각 과정에서 거쳐야 하는 모든 단계와 세부 단계들은 극도로 세밀한 수준에서 정확히 맞아떨어져야 한다. 만약 다른 천재가 실행한 보스-아인슈타인 응축 실험을 단순히 복사해서 붙여넣으려 한다면 헛수고일 뿐이다. 그러려면 실험 장비를 매우 정밀하게 설치해야 할 뿐만 아니라 지구의 자기장조차도 위치에 따라 다르기 때문이다. 따라서 복사는 선택지가 될 수 없다.

아인슈타인의 예측이 실제로 실험실에서 검증되기까지 약 70년이 걸렸다. 처음으로 성공한 실험은 1995년 미국 콜로라도주 볼더에서 칼 위먼(Carl Wieman, 1951~)과 에릭 코넬(Eric Cornell, 1961~)이 루비듐 원자를 이용한 시스템에서 이루어졌다. 그로부터 얼마 후, 미국 매사추세츠공대(MIT)의 볼프강 케터를레(Wolfgang Ketterle, 1957~)는 나트륨 원자로 보스-아인슈타인 응축을 만들어내는 데 성공했다.[40]

---

[40] 2023년, 벨기에 최초의 보스-아인슈타인 응축이 겐트대학교의 지하 실험실에서 루비듐 원자를 사용해 만들어졌다. 이 실험의 목표는 양자장 이론을 모사할 수 있는 아날로그 양자 시뮬레이터를 구축하는 것이다.

아인슈타인의 사고 실험과 실험실에서의 구현 사이를 잇는 70년의 긴 세월 동안, 수많은 의심과 회의가 존재했다. 많은 물리학자들은 이것이 현실적으로 가능하다고 믿지 않았다. 아인슈타인의 이론에는 너무 많은 모순이 있다고 여겨졌다. 입자 간의 상호작용이 중요하지 않다니? 입자들이 서로 아주 약하게 상호작용할 뿐이라니? 그럼에도 불구하고 아인슈타인은 (또다시) 옳았다.

하지만 아직도 명확히 밝혀지지 않은 점이 많다. 예를 들어, 물질이 한 상태에서 다른 상태로 전환될 때(즉, 상전이) 정확히 어떤 일이 일어나는 것일까? 언제 어떤 상태가 더 이상 이전 상태가 아니면서도, 아직 새로운 상태에도 도달하지 않은 상태가 되는 것일까? 확실한 점은 보스-아인슈타인 응축이 형성될 때처럼, 상전이가 일어나는 동안 매우 흥미롭고 기이한 현상들이 발생한다는 것이다. 그리고 이 과정에서 대칭성이 중요한 역할을 한다. 하지만 중요한 것은 대칭성만이 아니다. 임계 지수, 즉 창발성과 보편성 같은 개념들도 중요한 역할을 한다. 이에 대해서는 나중에 더 자세히 다룰 것이다.

보스-아인슈타인 응축의 경우, 매우 추상적인 형태의 대칭성 붕괴가 발생한다. 이는 응축 상태의 위상과 관련된 것으로, 원자들이 더 이상 개별적인 존재로 행동하지 않고, 하나의 거대한 초원자(또는 양자장)로 융합된다는 것을 의미한다. 이 상태에서는 모든 것이 완벽하게 조율되어 같은 속도와 같은 방향으로 움직인다. 극도로 낮은 온도로 냉각된 시스템에서 특별한 점은 양자 효과가 매우 뚜렷하게 드러난다는 것이다. 이 때문에 보스-아인슈타인 응축은 1995년 이후 양자 컴퓨터, 원자 시계, 원자 레이저 개발에 필수적인 도구가 되었다. 그뿐만 아니라 중력의 양자 이론과 블랙홀 연구에도 중요한 역할을 하고 있다. 그럼에도 불구하고, 보스-아인슈타인 응축은 무엇보다도 원자 수준에서 물질의 행동을 시뮬레이션하는 독특한 방법으로 남아 있다.

심지어 슈뢰딩거조차 처음에는 보스의 작업에 대해 다소 냉담한 반응을 보였다. 그러나 아인슈타인과 플랑크와의 광범위한 논의를 거친 후에야, 보스의 논문이 단순히 플랑크 이론의 해석에 그치지 않고, 훨씬 더 나아간다는 것을 깨달았다. 보스-아인슈타인 응축은 슈뢰딩거에게 양자역학을 다룰 새로운 방식이 필요하다는 믿음을 강화시켰다. 이로써 1년 후인 1925년에 그가 유도할 양자역학적 걸작(파동 방정식)의 씨앗이 심어졌다. 그렇다면 아인슈타인은? 그는 자신의 발견에서 비롯된 또 다른 불편한 결과와 마주하게 되었다. 입자의 구별 불가능성은 그가 굳게 믿고 있던 고전적 이론의 존재와 크게 충돌했다. 그렇게 아인슈타인은 자신의 '기묘한(spooky)' 양자역학을 다시 한번 직면하게 되었다.

보손에 관한 이 섹션을 마무리하며, 보스-아인슈타인 응축을 만들기 위해 필요한 엄청난 냉각 과정에 대해 다시 살펴보자. 수프가 너무 뜨거우면 그릇을 식탁 위에 놓고 식을 때까지 기다린다. 엄마가 보지 않을 때는 불어서 식히기도 한다. 이 냉각 과정 동안 가장 뜨거운 분자들이 증발하면서 수프의 온도가 서서히 실온과 같아진다. 이를 증발 냉각(evaporative cooling)이라고 부른다. 시스템을 극한까지 냉각시키기 위해서는 조금 더 많은 노력이 필요하다. 이때 바로 레이저를 사용해야 한다.

레이저

레이저는 유도 방출 복사에 의한 광증폭(light amplification by stimulated emission of radiation)이라는 영문의 약자로, 양자역학의 산물이며 1960년에 처음 탄생한 기술이다. 그 사이 레이저는 전 세계적으로 수많은 후손을 두고 있다. 만약 레이저를 우리의 삶에서 제거한다면, 현대 사회와 기술은 무너질 것이다. 레이저는 광섬유와 인터넷을 통해 정보를 송수신하고, CD에서 음악을 재생하며, 금속판을 정밀하게 자르고, 텍스트와 이미지를 스캔하며, 심지어 팔에 새겨진 전 연인의 이름 문신도 지운다. 의료 분야에서도 레이저는 악성 종양을 제거하고, 안과학 분야에서 기적을 일으키며, 우리 혈관 내 결함을 교정하는 데 활용된다. 레이저는 현대 기술과 의료에 없어서는 안 될 도구가 되었다.

레이저와 같은 것이 존재할 수 있다는 아이디어는 다름 아닌 알베르트 아인슈타인의 영감에서 비롯되었다. 일부 사람들이 어려운 정신 수련에서 잠시 벗어나기 위해 가쿠로[41]를 풀거나 토마토밭의 잡초를 뽑는 데 시간을 보내는 동안, 아인슈타인은 자신의 상대성 이론을 연구하는 사이사이에 상대적으로 어려운 또 다른 문제들에 대해 고민했다. 플랑크의 복사 법칙에서 영감을 받은 그는 이미 1917년에 다음과 같은 예측을 내놓았다. 즉 '유도 방출(stimulated emission)'이라는 과정을 통해 빛이 결맞게(위상이 잘 맞는 상태로) 증폭될 수 있으며 그 결과로 수렴하거나 발산하지 않는, 매우 정밀하고 강력한 빛의 광선이 생성될 수 있다는 것이었다.

---

41 가로줄과 세로줄에 걸쳐 임의의 숫자를 더해 정해진 합을 맞추는 퍼즐. - 편집자 주

우선, 레이저의 작동 원리를 간단히 설명하자면 이렇다. 일반적인 상황에서는 전자가 광자를 흡수하면 더 높은 에너지 준위로 도약한다. 그런 다음, 전자가 기저 상태로 돌아오면서 에너지 손실을 보상하기 위해 광자를 방출한다. 하지만 레이저에서는 이 과정이 약간 다르게 진행된다. 레이저의 핵심은 가능한 한 많은 전자를 더 높은 에너지 궤도로 올려놓는 것이다. 그 전자들이 한꺼번에 다시 아래로 떨어지게 된다. 일반적으로 전자가 기저 상태로 돌아가기까지는 비교적 '오랜' 시간이 걸린다. 마치 파노라마 층(꼭대기 층)에서 차 한 잔을 마시고 비스킷까지 곁들일 정도의 여유를 가지는 셈이다.

그러나 만약 정확히 전자가 기저 상태에서 더 높은 에너지 궤도로 도약하는 데 필요한 에너지를 가진 광자가 지나가게 되면, 그 전자는 훨씬 더 빠르게 다시 떨어진다(여기 숨겨진 복잡한 논리는 생략하겠다). 이 경우에는 차를 주문할 시간조차 없다. 그러면 이제 두 개의 광자가 생기게 된다. 이 두 개의 (동일한) 광자는 다시 다른 전자들을 기저 상태로 떨어뜨리게 하고, 결과적으로 연쇄 반응이 일어난다. 특히 이 광자들은 모두 같은 위상, 같은 주파수, 같은 편광을 가지며, 같은 방향으로 이동해야 하기 때문에 그 효과가 여러 배로 증폭된다. 이것이 바로 '유도 방출'의 원리이다.

더욱이 빛은 정교한 거울 시스템을 통해 시스템 내부에 유지된다. 이로 인해 방출된 빛은 계속해서 이리저리 반사되며 퍼져나가 서로를 유지하며 강화하는 더 거대한 광자 폭포를 형성한다. 어떤 의미에서 레이저는 빛 입자(광자)의 거대한 보스-아인슈타인 응축체라 할 수 있다. 공통점은 빛 입자들이 모두 동일하다는 점이다. 그러나 차이점은 레이저에서는 입자들이 들뜬(excited) 상태에 있으며, 기저 상태에 있지 않다는 것이다. 따라서 레이저를 생성하기 위해 극도로 낮은 온도를 생성할 필요가 없다.

이것이야말로 아인슈타인의 진면목이다. 더욱 놀라운 점은 아인슈타인이 레이저의 원리를 제안함으로써 훗날 자신의 보스-아인슈타인 응축을 실험적으로 구현할 수 있도록 만들었다는 사실이다. 비록 레이저라는 도구로 실제 응축을 구현하는 데 수십 년이 걸렸지만 말이다.

7장 요약

- 러더퍼드가 원자핵을 뚫고 들어가면서 핵물리학에 생명을 불어넣다.
- 이론을 재정비할 때다. 전자기력, 약력, 그리고 색력(色力, 강력)이 표준 모형을 재검토하게 만든다.
- 우리 집에 햇살이 비치다. "나는 존재한다. 고로 나는 별이다."
- 주요 인물들: 마리 퀴리, 어니스트 러더퍼드, 엔리코 페르미, 리제 마이트너, 로버트 오펜하이머, 마리아 괴퍼트메이어, 유카와 히데키, 리처드 파인만, 도모나가 신이치로, 줄리언 슈윙거, 양전닝, 로버트 밀스, 필립 앤더슨, 피터 힉스, 로버트 브라우트, 프랑수아 앙글레르, 헤라르뒤스 트호프트[42], 머리 겔만, 스티븐 와인버그, 조지 가모프, 프레드 호일.

---

[42] 네덜란드어 발음으로는 헤라르뒤스 트호프트가 가장 가깝다. 책에는 이름의 약칭인 헤라르트 트호프트, 또는 트호프트로도 나온다. - 역자 및 편집자 주

7장
푸딩과 커드[43]

7.1 아원자 물리학의 실험들

"편견을 쪼개는 것은 원자를 쪼개는 일보다 더 어렵다."

-알베르트 아인슈타인

핵물리학에 도달하면서 우리는 문자 그대로 양자 이야기의 핵심에 다가선다. 이전 장들에서 알 수 있듯이, 가장 위대한 발견들은 실험과 이론 사이의 필수적인 대화(그리고 논쟁) 덕분에 이루어졌다. 핵물리학도 동일한 과정을 통해 탄생했다. 이는 많은 탐구, 실패, 그리고 다시 시작하는 과정의 연속이었다. 이제 실험에서부터 시작해 그 이야기를 풀어나가 보자.

19세기 말(1896년), 빌헬름 뢴트겐은 매우 강력한 광선을 발견했다. 이를 통해 문자 그대로 자신의 아내를 투시할 수 있었다. 아내의 손을 촬영했을 때 뼈 구조가 선명하게 드러났으며 결혼반지도 함께 보였다. 이 광선의 정체를 아무도 알지 못했기에 그는 이를 X선이라고 명명했다.

앙리 베크렐(Henri Becquerel, 1852~1908년)은 이 발견에 깊은 인상을 받았

---

43 푸딩은 유연하고 흐물흐물한 상태, 즉 우주의 초기 상태를 비유한 것으로 보이고, 커드(Kwark)는 응유를 뜻하는 유제품이지만 물리학의 기본 입자인 쿼크(quark)를 의도한 언어유희라고 볼 수 있다. - 편집자 주

다. 같은 해 몇 달 후, 그는 우연히 또 다른 발견을 하게 된다. 베크렐은 형광성 우라늄 염을 햇빛 아래에 놓으면 X선을 생성할 수 있다고 확신하고 있었다. 그는 우라늄 염이 태양 에너지를 저장한 뒤, 이를 조금씩 방출하며 X선을 만들어낸다고 생각했다. 하지만 우라늄은 그의 책상 서랍 속으로 잊힌 채 방치되었다. 그러던 어느 날, 그는 서랍을 열어보았고, 놀랍게도 우라늄이 여전히 방사선을 방출하고 있는 것을 발견했다.

그의 가설은 완전히 틀렸다! 방사선의 강도는 여전히 똑같았다. 심지어 우라늄 결정을 가열하거나 냉각하거나 조각내거나, 천장에 던져도 방사선은 변하지 않았다. 결론적으로, 이 방사선은 태양이나 화학적 결합과 무관했으며, 우라늄 자체의 깊은 내부에서 기원한 것이 분명했다. 베크렐은 이 문제를 더 조사해야 한다고 판단했다. 이렇게 해서 이 미스터리는 퀴리 부부(Pierre & Marie Curie)의 손으로 넘어갔다.

마리 퀴리

퀴리 부인은 프랑스에서 박사 학위를 받은 최초의 여성이자 최초의 여성 교수였으며, 사후에 파리 팡테옹에 안치된 최초의 여성이었다. 그녀는 첫 번째 솔베이 회의부터 연속 일곱 차례의 회의에 참여한 유일한 인물이기도 하다. 또, 물리학과 화학이라는 두 개의 서로 다른 분야에서 노벨상을 받은 최초의 인물이었다. 이 모든 것은 그녀가 자신의 선배 과학자들의 어깨 위에 서 있었기 때문에 가능했다. 그리고 그녀는 항상 어딘가에 더 많은 것이 있을 것이라는 신념을 고집스럽게 지켜왔다. 이러한 끈기로 인해 마리 퀴리는 과학계에 지울

수 없는 영향을 남겼다. 마리 퀴리 덕분에, 19세기는 자신 있게 양자 혁명으로 향할 수 있었다.

1894년, 마리 퀴리는 자신이 사용하던 폴란드 성(姓) 스크워도프스카(Skłodowska)를 퀴리(Curie)로 바꾸게 만든 남자를 만났다. 처음에 그녀는 결혼을 원치 않았다. 물리학을 공부하기 위해 용감하게 파리에 갔던 그녀는 그 후 폴란드로 돌아가려는 계획을 가지고 있었기 때문이다. 하지만 불행하게도 물리학자일 뿐만 아니라 열정적인 시인인 피에르 퀴리를 만났다. 마리는 그의 아름답고 감동적인 연애편지에 결국 굴복하고 승낙하게 되었다. 그렇게 두 사람은 결혼했고, 함께하는 삶을 시작했다. 둘은 일하지 않을 때는 주로 자전거를 타고 자연으로 나가 시간을 보냈다.

피에르는 뛰어난 측정 기기를 가지고 있었고, 마리는 고집스러운 탐구 정신을 지니고 있었다. 이 두 가지의 긴밀한 결합 덕분에 그들은 허름한 실험실에서 베크렐의 새로운 가설을 확인하는 데 이르렀다. 이는 우라늄이 그 유명한 방사선을 스스로 생성한다는 가설이었다. 더 일반적으로 말하자면, 특정 물질은 불타버리지 않으면서도 아주 효율적으로 매우 많은 에너지를 방출한다는 것이다. 퀴리 부부는 이 현상을 '방사능'이라 명명했고 우라늄과 같은 양, 아니 더 많은 양의 방사선을 내는 광석을 계속 찾아나섰다.

그리고 이는 큰 성공을 거두었다. 퀴리 부부는 폴로늄(polonium, 마리의 조국 폴란드를 기려 이름 붙임)과 라듐(radium)도 발견했다. 라듐은 프랑스 언론에서 '부부의 금속(un métal conjugal)'이라 묘사했으며, 우라늄보다 백만 배나 더 많은 방사선을 방출하는 물질이었다.

과학계에서 가장 로맨틱한 커플로 알려진 퀴리 부부는 그 신비롭고 매혹적인 빛에서 벗어날 수 없었다. 심지어 마리의 침대 옆 탁자에는 항상 라듐이 담긴 작은 병이 놓여 있었다. 결국 그녀는 과도한 양의 우라늄과 라듐에 노출된 결과로 백혈병으로 사망했다. 피에르 퀴리는 암으로 사망하지는 않았지만, 말이 끄는 마차에 치이는 평범한 사고로 생을 마감했다. 그는 사고 직후 즉사했다. 마리와 마찬가지로, 페르미와 폰 노이만도 방사성 물질을 부주의하게 다루었고, 결국 암으로 비참하게 생을 마감했다. 이와 같은 운명은, 방사성 물질을 다루며 공장에서 일했던 수많은 젊은 여성, 소위 '라듐 걸'에게도 닥쳤다. 아이러니하게도 마리는 라듐이 암 치료에 유용할 수 있다는 사실을 발견했다. 그러나 이후 연구에 따르면, 그녀의 책과 모든 연구 자료는 오늘날까지도 매우 불쾌한 라듐의 흔적을 지니고 있는 것으로 밝혀졌다.

퀴리 부부는 자신들의 발견이 가진 위험성과 취약성을 깊이 인식하고 있었다. 1903년 노벨상을 수상한 후, 피에르 퀴리는 수상 연설에서 경고의 말을 남겼다. 이는 1939년 알베르트 아인슈타인이 미국 대통령 루스벨트에게 보낸 편지와 비슷한 맥락이었다. 이 편지에서 아인슈타인은 우라늄이 가지는 위험성을 경고하며, 이는 단순히 공중보건의 문제를 넘어, 국가의 안전까지 위협할 수 있다고 강조했다. 특히, 이 물질이 악의적인 사람의 손에 들어갈 경우를 우려했다. 마리 퀴리는 인류가 과연 자연의 모든 비밀을 알아내는 것이 이로울지 의문을 품었다. 인간이 때로 무모한 복수심과 탐욕에 사로잡힌다는 점을 우려했기 때문이다.

왜 마리 퀴리를 양자 과학자들의 전당에 올려야 할까? 그녀의 실험은 다음과 같은 핵심 질문들로 직접 이어졌기 때문이다. "원자는 정확히 무엇으로 이루어져 있는가?" "그 구조는 어떻게 생겼는가?" "방사능은 어떻게 새로운 입자가 생성되는 과정으로 설명될 수 있는가?" 그뿐만 아니라 마리 퀴리는 방사성 물질의 주요 공급자였다. 그녀는 어니스트 러더퍼드(Ernest Rutherford)에게 방사성 물질을 제공했는데, 이 뉴질랜드 출신의 독특하고 대담한 과학자는 물리학의 기존 틀을 완전히 뒤집었다. 마리 퀴리는 아원자 물리학에서 가장 중요한 발견들이 이루어질 수 있도록 길을 닦은 인물이었다.

어니스트 러더퍼드

3장에서도 만났던 어니스트 러더퍼드(1871~1937년)는 아마도 역사상 가장 위대한 실험 물리학자였을 것이다. 웨스트민스터 사원의 아이작 뉴턴 옆에 시신이 안장되었다는 사실만으로도 그의 위상을 충분히 알 수 있다. 러더퍼드는 언제나 필요한 질문에 답을 얻기 위한 올바른 실험을 설계하는 데 천부적인 능력을 갖췄다. 심지어 아직 제기되지 않은 질문들에 대해서도 실험을 통해 답을 찾아냈다. 그에게 많은 도구가 필요하지도 않았다. 단순히 알루미늄 포일 한 롤만 주어져도, 그는 시간이 지날수록 점점 더 중요해지는 깊은 통찰을 이끌어낼 수 있었다.

세기가 바뀔 무렵인 1890년대 말경 러더퍼드는 우라늄이 방출하는 신비로운 방사선을 연구하기 위해 우라늄을 포일로 감싸는 실험을 진행했다. 실험 결과, 몇 겹의 포일만으로도 특정 종류의 방사선은 차단될 수 있었다. 여기에 더 많은 층을 추가하자, 또 다른 종류의 방사선도 차단되었다. 하지만 단 하나의 방사선만이 여전히 통과할 수 있었다. 이 발견이 제대로 해석되기까지는 20년이 걸렸지만, 그 당시에도 러더퍼드는 중요한 결론에 도달했다. 방사선은 세 종류로 나뉜다는 것이다. 바로 알파선(α), 베타선(β), 그리고 감마선(γ)이다. 그 후, 일련의 기발한 실험을 통해 알파선이 헬륨 원자핵, 즉 전자를 잃은 헬륨 원자라는 사실이 드러났다. 그 진실은 포도 없는 푸딩처럼 단순 명료했다. 베타선은 전자로, 감마선은 전자기파로 각각 밝혀졌다.

원자핵의 발견

1909년, 러더퍼드는 자신의 학생들인 한스 가이거(Hans Geiger)와 어니스트 마스던(Ernest Marsden)과 함께 톰슨의 플럼 푸딩(건포도 푸딩) 모델을 시험대에 올릴 준비를 마쳤다. 세 사람은 얇은 금박(금포일)에 알파 입자를 충돌시키는 실험을 진행했다. 이들은 대부분의 입자가 방해받지 않고 금박을 통과하거나, 톰슨 모델의 건포도(즉 양전하로 퍼진 물질 속 음전하를 띤 전자)에 의해 약간만 휘어질(또는 산란될) 것이라 예상했다. 그러나 놀랍게도 일부 알파 입자는 완전히 반사되어 되돌아왔다.

러더퍼드는 이 실험에서 혁신적인 결론을 도출했다. 원자핵은 원자의 전체 크기에 비해 극도로 작지만, 원자의 거의 모든 질량을 차지한다는 것이다. 즉 원자는 매우 작은 핵과 주변의 전자, 그리고 대부분의 빈 공간으로 이루어져 있었다. 러더퍼드는 약간의 흥분 속에서 원자의 구조를 비유했다. 전자는 마치 대성당 안을 날아다니는 파리처럼, 원자핵 주변에 멀리 떨어진 궤도에서 움직인다. 알파 입자가 원자핵에 부딪히는 일은 극히 드문 확률로 일어나며, 이 경우 완전히 반사된다.

3장에서 우리는 이 원자 모델이 폭탄처럼 충격적이었다는 사실을 이미 배웠다. 당시에는 이보다 더 혁신적이고 파괴적인(disruptive) 발견은 있을 수 없었다. 이 발견은 보어(Bohr)에게 양자화된 궤도를 가진 원자 모델을 제안하는 영감을 주었다. 이후 원자핵에 관한 모든 추가적인 발견 또한 이로부터 비롯되었다. 양성자와 중성자로 이루어진 핵의 구성에 관한 것이든 핵분열, 혹은 강력과 약력에 관한 것이든, 모두 이 발견에서 시작되었다.

첫 번째 인공 핵반응과 양성자의 발견

원자라는 러시아 인형(바부시카 인형, 엄밀히는 마트료시카 인형)이 더 깊이 해체되며 새로운 놀라움이 이어졌다. 1919년, 러더퍼드는 최초의 인공 핵반응을 실현했다. 이를 위해 그는 알파 입자를 사용해 질소 원자를 폭격했다. 이 알파 입자는 그가 자주 사용하던 '믿음직한 오른팔'과도 같았다. 그 결과, 알파 입자가 원자핵에 흡수되었고, 원자핵은 양전하를 띤 어떤 아원자 입자를 방출했으며, 남은 것은 산소 원자였다. 그러나 이 실험 결과가 정확히 해석되기까지는 시간이 걸렸다. 6년 후, 러더퍼드의 제자인 패트릭 블래킷(Patrick Blackett)이 이를 정확히 해석했다.

러더퍼드에게는 이 아원자 입자를 식별하는 것이 그다지 어려운 일이 아니었다. 그것은 바로 전자를 잃은 수소 원자(나중에 양성자로 명명됨)였다. 양성자를 방출함으로써 핵반응이 일어났는데, 이는 원자핵의 변환(핵반응)을 초래해 다른 종류의 원자가 형성되는 과정이었다. 러더퍼드의 가설은 이 다른 종류의 원자가 또 다른 가벼운 원자와 양성자로 붕괴될 수 있으며, 이 과정은 양성자만 남을 때까지 반복될 수 있다는 것이었다. 이 가설의 결론은 명확했다. 지구상의 모든 원자는 본질적으로 동일한 구성 요소, 즉 수소(양성자와 전자)로 이루어져 있다는 것이다!

 이 실험을 통해 연금술사들과 이상한 주문을 외우던 마법사들이 결국 옳았다는 것이 증명되었다. 중세 시대부터 연금술사들은 일반 금속을 귀금속으로, 나아가 금으로 변환할 수 있는 '현자의 돌'을 찾아 헤매었지만 허사였다. 심지어 아이작 뉴턴조차 마지막 마법사라 불리며 평생 금을 만들기 위해 노력했다. 러더퍼드는 실제로 이처럼 인공적인 핵반응을 해낸 최초의 인물이었다.

 멘델레예프가 지구상의 모든 물질이 몇십 개의 서로 다른 원소로 이루어져 있다고 추측한 것은 그 자체로도 엄청난 통찰이었다. 그러나 러더퍼드가 주장한 내용은 표면적으로는 상상 속에서 조금 더 나아간 작은 발걸음처럼 보일 수 있지만, 실제로는 환원주의를 향한 거대한 도약이었다. 러더퍼드는 모든 원자가 똑같은 작은 레고 블록들로 구성되어 있다고 주장했다. 그리고 이 블록들을 충분히 세심하고 정교하게 분해할 수만 있다면, 자연의 비밀을 훨씬 더 명확히 풀어낼 수 있으리라 보았다.

> 옛날에 한 실험 물리학자가 있었는데
> 사람들은 그가 이론가들보다 덜 똑똑하다고 말했다네.
> 하지만 그는 단숨에
> 그들의 코를 납작하게 만들었고
> 결국 모두의 관에 못을 박는 존재로 드러났다네.

 러더퍼드는 원자핵을 깨뜨려 그 비밀을 풀기 위한 노력을 멈추지 않았다. 원자핵이 단지 양성자로만 구성되어 있을 리 없었다. 핵 안에서는 여전히 덜컹거리고 있었다. 핵은 너무 무거웠다. 1920년에 러더 퍼드는 전체 시스템의 균형을 유지하기 위해 반드시 또 다른 종류의 입자가 존재해야만 한다는 것을 확신했다.

중성자의 발견

1932년이 되어서야, 러더퍼드의 또 다른 제자인 제임스 채드윅(James Chadwick)이 케임브리지에서의 실험을 통해 러더퍼드의 주장이 옳았음을 입증했다. 채드윅은 양전하도, 음전하도 갖지 않은 입자를 발견했다. 아무런 전하가 없다고? 그럼 화학적 특성이 있는가? 아니… 무슨 말이야? 그럼 질량은 있는가? 그렇다! 질량은 있다! 그렇다면 도대체 무엇인가? 이에 대한 답을 찾기 위해 알파 입자를 사용해 베릴륨 원자핵과 함께 폭격하는 실험이 진행되었다. 결과는 놀라웠다. 이 입자는 양성자보다 약간 더 무거운 질량을 가지고 있었다![44] 그러니까 이건 전하가 없는 양성자인 거야? 좋아, 그럼 그냥 '중성자(neutron)'라고 부르자. 이렇게 해서 러더퍼드와 채드윅은 중성자를 발견하고 그 이름을 정했다. 1932년이 끝날 무렵, 모든 원자의 기본 구성 요소가 마침내 밝혀졌다.

이 새로운 입자인 중성자의 발견으로, 멘델레예프의 주기율표에 새로운 차원이 추가되어야 한다는 이유가 명확해졌다. 동일한 수의 양성자(또는 전자)를 가지면서도 질량이 다른 원자들이 존재했기 때문이다. 이를 '동위원소(isotope)'라고 부르게 되었는데, 이 단어는 '같은'

---

[44] 현재 우리는 중성자가 자체적으로는 안정하지 않다는 것을 알고 있다. 중성자는 약 15분 후에 양성자, 전자, 그리고 중성미자로 붕괴한다. 그래서 중성자는 양성자보다 약간 더 무겁다. 그러나 원자핵 내부에서는 다른 핵자들과의 상호작용 덕분에 중성자는 안정한 상태를 유지한다.

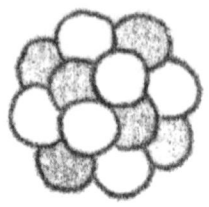

원자핵은 양성자와 중성자로 이루어진 덩어리다.

을 뜻하는 그리스어 '이소스(isos)'와, '장소'를 뜻하는 그리스어 '토포스(topos)'에서 유래되었다.

차이는 바로 중성자의 개수에 있다. 자연에서는 예를 들어 탄소의 두 가지 동위원소를 발견할 수 있다. 둘 다 6개의 양성자를 가지고 있다. 그러나 차이는 첫 번째 동위원소 탄소-12(C-12)는 6개의 중성자를 가지고 있는 반면, 두 번째 동위원소 탄소-14(C-14)는 8개의 중성자를 가지고 있다는 점이다. 여기서 12와 14라는 숫자는 원자의 질량, 즉 원자핵 내 양성자와 중성자의 총합을 나타낸다. 핵 구조의 해명에서 빠져 있던 연결고리는 바로 다양한 동위원소가 존재하며, 이들이 원자핵 내 중성자의 개수로 정의될 수 있다는 통찰이었다. 이 발견은 새로운 가능성의 세계를 열었고, 러더퍼드는 이 통찰을 통해 깊은 사색에 잠기게 되었다.

지구의 나이

… 예를 들어 신에 관하여, 혹은 신이 창조했다고 여겨지는 지구에 관하여 얘기해보자. 우리 지구는 정말로 몇 살일까? 동위원소의 발견으로 이를 계산하는 것이 가능해졌다. 켈빈 경(Lord Kelvin)이라 불리는 윌리엄 톰슨(William Thomson)은 지구 중심부와 표면 간의 온도 차

이를 기반으로 이를 추정하려 했다. 그의 계산에 따르면 지구의 나이는 2000만 년에서 4억 년 사이로 나왔다. 그러나 이를 더 정확히 계산할 방법이 생겨났다.

러더퍼드는 지구의 지각 주름 사이에서 더 많은 세월의 흔적을 찾아낼 수 있으리라 생각하고, 훨씬 더 정밀한 계산 방법을 고안했다. 우선, 방사성 물질은 다른 물질로 변환되는 데 시간이 필요하다. 물론 이 과정은 모든 물질에서 동일한 속도로 진행되지 않는다. 왜냐하면 이 과정은 순전히 양자역학적 터널링 과정이라, 완전히 확률에 의존하기 때문이다. 모든 방사성 물질은 저마다의 속도로 붕괴한다. 이 과정이 매우 다양하기 때문에 이를 계산하기 위해 반감기(half-life)라는 개념을 사용했다. 러더퍼드가 처음 도입한 이 용어는 한 물질의 절반이 다른 물질로 변환('환생')되는 데 걸리는 평균 시간을 나타낸다.

반감기는 이렇게 작동한다. 첫 번째 반감기 동안, 물질의 절반이 새로운 물질로 변환된다. 두 번째 반감기 동안, 남은 물질의 절반이 다시 변환된다. 이 과정은 동일한 시간 간격으로 계속 반복된다. 예를 들어 우라늄-238은 매우 '소화하기 어려운' 물질인데, 이 원자의 절반이 라듐-226으로 변환되는 데 무려 45억 년이 걸린다. 다시 라

반감기를 비유로 설명하자면 다음과 같다. 만약 병 속에 24마리의 물고기가 들어 있고, 매일 절반씩 먹힌다면, 2일째에는 12마리가 남아 있고 4일째에는 3마리만 남게 된다.

듐-226은 단지 1600년 만에 절반이 비활성 기체인 라돈-222로 변환된다. 이는 마리 퀴리가 발견한 바와 같이, 라듐-226이 우라늄보다 100만 배 더 많은 방사선을 방출하는 이유를 설명해준다.

지구가 탄생한 지 얼마 되지 않았을 때, 중심부에서 암석이 형성되었다. 이 암석은 뜨거운 지구의 용암이 굳어지면서 만들어졌으며, 그 안에는 우라늄이 포함되어 있었다. 우라늄이 붕괴할 때, 다른 물질들이 서서히 방출되는데, 이 물질들도 결국 암석 안에 갇힌 채 존재했다. 그리고 수백만 년의 시간이 흐른 뒤, 이 암석들은 지표면으로 올라오게 됐다. 화산의 분출, 지진, 자연적인 지각 이동, 혹은 우물 파기, 광산 개발이나 지표를 파헤치는 다른 활동을 통해서 말이다. 이러한 과정을 통해 오래된 암석들이 러더퍼드와 같은 젊은 과학자들의 손에 들어왔다. 그들은 지구가 얼마나 오래되었는지를 밝히고자 했다. 암석을 발굴하고 조사한 결과, 우라늄이 풍부한 암석에는 헬륨과 납의 흔적도 발견되었다. 특히, 암석 안에 납이 포함되어 있다면, 이는 그 암석이 아주 오랜 시간 동안 방사성 붕괴 과정을 거쳐왔다는 것을 의미했다.

간단히 말하자면, 특정 원소의 농도를 측정하고, 반감기를 고려하며, 동위원소를 분석하고, 몇 가지 복잡하지만 논리적인 공식을 적용함으로써 암석이 형성될 당시에 얼마나 많은 물질을 포함하고 있었는지를 추정할 수 있었다. 이 결과를 현재 남아 있는 물질의 양과 상태와 비교한 결과, 지구의 나이는 약 45억 년으로 추정되었다(참고로 우주 탄생 시점인 빅뱅은 약 138억 년 전에 발생했다고 본다). 이 지구 나이는 현재 거의 의심되지 않는 사실로 받아들여지고 있다. 단, 당신이 위스콘신의 특정 학교에 다니지 않는다면 말이다.[45]

같은 기술을 토리노 수의의 나이를 추정하는 데 사용할 수 있을까? 물론이다. 단, 이 경우에는 훨씬 더 빠르게 붕괴하는 동위원소를 사용해야 한다는 조건이 붙는다. 지구상의 모든 생명은 수십억 년 동안 태양 내부에서 발생하는 핵반응으로 인해 생성된 열(전자기 복사) 덕분에 가능해졌다. 그러나 태양은 또한 우주 방사선을 방출하는데, 이는 매우 높은 에너지를 가지고 있으며 주로 전자를 잃은 원자핵으로 구성된다. 이러한 우주 방사선은 끊임없이 지구의 대기권을 강타하며, 빛의 속도에 가까운 속도로 지구로 돌진한다.

다행히도 이런 방사선은 대부분 지구의 대기권에 의해 흡수된다. 대기권은 그 자체로 핵반응 공장이다. 우주 방사선에 의해 대기 중의 질소(N-14)와 중성자는 탄소-14(C-14)와 양성자(H)로 변환된다($n + {}^{14}N \rightarrow {}^{14}C + H$). 모든 유기 생명체에는 대기에서 흡수된 탄소가 포함되어 있다. 이 중 대부분은 탄소-12(C-12)로 이루어져 있으며, 그중 극히 미세한 양(약 1조분의 1)만이 탄소-14(C-14)이다. 탄소는 인간의 체중 중 약 23%를 차지하기 때문에 이 미세한 C-14도 여전히 눈에 띌 만큼의 비중을 가진다.

탄소는 모든 생명체의 기본 구성 요소이다. 단, 살아 있는 상태일 때만 그렇다. 생명체가 죽으면 더 이상 대기에서 신선한 C-14를 흡수하지 않게 된다. 중요한 점은 C-14가 불안정한 동위원소라는 것이다. C-14는 시간이 지나면 다시 질소-14(N-14)로 변환되며, 이 과정의 반감기는 5730년이다. 따라서 숨을 멈춘 인간이나 나무에 저장된 C-14는 시간이 지나면서 점차 줄어든다. 반면, C-12는 안정적이어서 붕괴

---

45 과학적 사실을 부정하거나 창조론을 가르치는 일부 교육환경을 풍자하는 말이다. - 편집자 주

하지 않는다. 따라서 사체나 베어진 나무에서 C-14와 C-12의 비율을 비교하면 그것이 얼마나 오래되었는지를 추정할 수 있다.

토리노 수의는 식물 섬유로 만들어졌기 때문에, 이 섬유 또한 식물이 채집된 후 동일한 C-14 붕괴 과정을 거친다. 이 기술을 적용해 세 개의 독립적인 연구소가 추정한 결과, 토리노 수의는 13세기 중반에서 14세기 후반에 제작된 것으로 나타났다. 온갖 의심과 회의론에도 불구하고 이 방법은 여전히 매우 흥미롭고 유용한 연구 기법임이 분명하다.

최초의 통제된 핵반응

놀랍게도 러더퍼드는 여전히 탐구를 멈추지 않았다. 그의 직감은 원자핵 안에 더 많은 비밀이 숨어 있다는 것을 말해주고 있었다. 그는 새로운 학생들인 어니스트 월턴(Ernest Walton)과 존 콕크로프트(John Cockcroft)와 함께 1932년 입자 가속기를 이용하여 최초의 통제된 핵반응을 성공적으로 수행했다. 세 사람은 리튬을 양성자로 폭격했는데, 그 결과 리튬이 알파 입자로 변환되었다. 그리고 (짜잔!) 막대한 양의 에너지가 방출되었다. 특히 이 에너지 방출은 전례가 없었다.

단, 입자 가속기를 작동하고 유지하는 데 필요한 에너지가, 생성된 에너지보다 훨씬 더 많았다. 따라서 효율성 면에서는 부족한 실험이었다. 그럼에도 불구하고 이 실험은 원자에 대한 많은 새로운 지식을 제공했다. 당시에는 이 지식이 10년 후, 엄청난 에너지를 생산할 무언가로 이어질 것이라고는 아무도 상상하지 못했다.

분명히 하자면, 핵반응 연구의 목적은 결코 새로운 강력한 에너지원을 찾는 데 있지 않았다. 러더퍼드와 같은 과학자들은 가장 작은 입자의 숨겨진 비밀을 탐구하기 위해 끊임없이 노력했으며, 무엇보다도 무한한 호기심을 가지고 있었다. 그들은 어딘가에 흥미로운 연관성이 존재할지도 모른다고 느꼈고, 한 특이한 현상을 다른 대담한 해석과 연결함으로써 새로운 놀라운 결과를 발견할 수 있으리라 믿었다. 과학자들은 '자연'이라는 마트료시카 인형(바부시카 인형)을 분해하는 방법을 알고 싶어 했고, 원자가 점점 더 작은 기본 입자로 이어진다는 사실을 더 많이 이해하고자 했다.

러더퍼드를 놓아주기 전에, 마지막으로 짚고 넘어가야 할 것이 있다. 러더퍼드는 과학자에게 직관이 가장 중요한 도구일 수 있음을 다시 한번 입증했다. 그는 엄청난 양의 작업을 해냈고, 알파 입자처럼 에너지가 넘쳤으며, 연달아 위대한 통찰을 이끌어낸 최초의 인물이었다. 그러나 나이가 들수록 물리학은 점점 더 젊어지고 있었다. 그가 부지런히 연구했음에도 실험과 장비는 점점 더 복잡해졌고 이론은 더욱 추상적으로 변하고 말았다. 그는 이런 변화를 낙담하며 지켜봐야 했으며, 지루하고 답답한 작은 실험실에서 점점 더 고립된 삶을 살아갔다. 또 아인슈타인, 하이젠베르크, 슈뢰딩거 같은 '장난꾸러기들'이 이끄는 새로운 세대와의 경쟁에서 어려움을 겪었다.

결국 물리학은 피할 수 없는 변화의 단계에 접어들었다. 새로운 시대가 이미 불가피하게 도래하고 있었던 것이다. 하지만 핵물리학 이론으로 넘어가기 전에, 잠시 더 실험실의 이야기 속에 머물러 보자.

엔리코 페르미

"수수께끼로 가득 차, 심지어 밝은 대낮에도,
자연은 그 베일을 벗겨지도록 내버려 두지 않으리.

그리고 그녀가 당신이란 존재가 결코 보지 않기를 바랐던 것을
당신은 나사나 지렛대로 강제로 열어 알아낼 수도 없으리."

– 볼프강 폰 괴테, 『파우스트』

그들은 가장 작은 세계의 경이로운 땅에서 새로운 장난감을 발견했다. 그것은 바로 중성자였다. 중성자는 마치 핵물리학의 핀볼 머신 속 작은 공과 같았다. 전하를 띠지 않았기 때문에, 중성자는 전자기력에 의해 영향을 받지 않고, 전자와 거의 상호작용하지 않으며, 양성자의 간섭에도 쉽게 흔들리지 않는다. 중성자는 흔들림 없이 물질을 관통한다. 이러한 특성 덕분에 중성자는 원자와 물질을 연구하는 데 매우 적합한 도구로 여겨졌다. 이는 페르미(Fermi)의 눈에 띄지 않을 수 없었다. 하지만, 중성자가 이렇게 깊숙이 물질을 뚫고 들어갈 수 있다는 사실을 확인하는 것과, 왜 알파 입자나 베타 입자보다 훨씬 더 깊이 관통할 수 있는지 이해하는 것은 전혀 다른 문제였다.

한편, 1934년 파리에서 이렌 졸리오퀴리(Irène Joliot-Curie, 마리 퀴리의 딸)와 프레데리크 졸리오(Frédéric Joliot, 그녀의 남편)는 붕소, 인, 알루미늄, 마그네슘을 알파 입자로 폭격하면 인공적으로 방사성 원소를 만들 수 있다는 것을 발견했다. 페르미는 이렇게 생각했다. "더 나은 방법이 있을 거야. 중성자라면 더 잘될 거야(Andrà meglio con dei neutroni)!" 그리하여 그는 알파 입자 대신 중성자를 이용하여 같은 실험을 반복했다.

많은 시행착오를 거치며, 페르미는 그의 날카로운 직관에 의해 속도가 느린 중성자가 물질과 훨씬 더 강하게 상호작용한다는 사실을 발견했다. 그렇기에 그는 중성자의 속도를 먼저 감속시켜야 했다. 그러나 중성자처럼 작고 손에 잡히지 않는 입자를 어떻게 감속시키

면서도 완전히 정지시키지 않을 수 있을까? 당시 그는 참고할 만한 설명서를 책장에서 꺼내볼 수도 없었다. 그는 무엇을 해야 할지 스스로 알아내야 했다.

페르미는 언젠가 파라핀을 사용하면 중성자를 감속시킬 수 있을 것이라고 언급한 적이 있었다. 그리고 그의 예측은 적중했다. 이를 통해 그는 우라늄을 훨씬 더 효율적으로 폭격할 수 있었다. 그 결과 나타난 과정들은 부드럽게 표현하자면, 매우 흥미로운 발견이었다. 페르미는 느린 중성자와 이를 통해 발견된 새로운 핵반응으로 노벨상을 받았다.

그러나 이 실험은 사실 완전히 잘못된 방식으로 해석되었다. 노벨상 심사위원회뿐만 아니라 페르미 본인조차 이 점을 알아채지 못했다. 사실 이 실험은 인류 역사상 처음으로 인공적으로 핵분열이 일어난 사례였다. 여기서 핵분열은 가벼운 원소들이 합쳐져 더 무거운 원소가 되는 핵융합과 달리, 무거운 원소가 더 가벼운 원소로 변환되는 과정이다. 이 과정에서도 엄청난 에너지가 생성된다.

리제 마이트너와 오토 한

리제 마이트너(Lise Meitner, 1878~1968년)와 오토 한(Otto Hahn, 1879~1968년)은 떼려야 뗄 수 없는 과학 듀오였다. 마이트너는 이론가, 한은 실험가였다. 독일식 철저함(Gründlichkeit)에 따르던 두 사람은 열정적인 페르미의 실험에 대해 몇 가지 의문을 품고 있었다. 마이트너와 한은 모든 것을 작은 세부 사항까지, 거의 지나치다 싶을 정도로 정확하게 분석하고 싶어 했다. 그들은 모든 단계를 이해하고 하나하나 측정하고자 했다. 페르미가 뛰어난 이론가였던 것은 분명했지만, 그의 실험 방식은 다소 즉흥적이고 대충 처리하는 경향이 있었다. 그의 실험의 허점은 어디 있었을까?

수년간 연구 끝에, 화학자 프리츠 슈트라스만(Fritz Strassmann)의 도움을 받아, 그들은 1939년에 페르미의 실험 동안 핵분열이 발생했어야 한다는 놀라운 결론에 도달했다. 그들은 우라늄을 느린 중성자로 폭격하면 원자가 '쪼개져' 바륨과 같은 더 가벼운 핵으로 분열되며, 많은 알파 입자, 베타 입자, 그리고 중성자가 방출된다는 것을 매우 명확히 관찰했다. 그리고 그 '잃어버린' 질량은 사라진 것이 아니라 에너지로 변환되었다.

중요한 점은 핵분열 과정에서 투입된 것보다 더 많은 중성자가 방출된다는 것이다. 이 중성자는 다시 다른 우라늄 원자를 분열시킬 수 있고, 이 과정에서 새로운 중성자가 방출된다. 결과적으로 중성자의 수는 기하급수적으로 증가하게 된다. 이처럼 생성되고 소멸되는 중성자들의 연쇄 반응으로 인해, 최종적으로 엄청난 양의 에너지가 방출된다. 페르미는 이 점을 예상하지 못했다. 예상하지 못한 것은 종종 간과되기 마련이며, 이는 페르미처럼 똑똑한 사람도 예외는 아니었다. 그러나 결과는 너무도 명확했다. 이 소식은 당연히 폭탄처럼 충격을 주었다. 마이트너와 한이 얻은, 원자에 대한 지식을 바탕으로, 엄청나게 강력하고 폭발적인 무기를 제작할 수 있는 가능성이 명백했기 때문이다. 오, 이런.

마이트너와 한의 협력은 처음 보기에 경이로울 정도이다. 한은 답을 탐색했고, 마이트너는 발견했다. 한은 실험을 조율하고, 마이트너는 이를 해석했다. 마이트너는 한에게 부족했던 분석적 사고력을 갖추고 있었다. 반면 한의 화학 지식은 실험을 성공으로 이끌고 이론과 일치시킬 수 있었던 필수적인 가치를 제공했다. 그들의 협력은 낭만적이라기보다 철저하고 엄격했다. 그들은 연구실 복도에서 안 좋은 소문이 오가지 않도록 매우 신중하게 행동했다.

 오스트리아가 독일에 병합되었을 때, 마이트너는 오스트리아 여권을 가지고 있었음에도 유대인이라는 이유로 점점 더 큰 어려움을 겪었다. 그녀가 당시 근무하던 베를린의 연구소는 그녀를 갑작스레 위험한 존재로 간주하기 시작했다. 그녀의 지식과 분석 능력은 당시의 이데올로기적 사고에 맞서지 못했다. 그렇게 그녀는 연구소에서 쫓겨났다. 한이 그녀를 돕겠다고 약속했음에도, 결국 그녀를 외면했다. 더 나은 선택을 할 수 있었음에도 그랬던 걸까? 아니면 악의에서 나온 행동이었을까? 진실은 아마 그 중간 어디쯤에 있을 것이다.

 결과적으로 마이트너는 스웨덴으로 망명했고, 그곳은 수준 높은 생활을 제공했지만, 연구를 적절히 수행할 수 있는 실험실은 없었다. 하지만 그녀는 여전히 연구를 계속하고 싶어 했다. 그렇게 한과의 서신 왕래가 (자진했든 마지못했든) 재개되었다. 한은 실험을 진행하고 결과를 마이트너에게 보냈고, 마이트너는 그 실험을 해석한 답장을 보냈다. 이렇게 종이에 오간 연구를 통해 핵분열 분야에서 결정적인 발견들이 이루어졌다.

> 오토 한은 역시 원자만큼이나 분열된 인물임이 드러났다.
> 그의 가장 아끼던 이론가가
> 도망쳐야 했을 때(그녀는 유대인이었다),
> 그는 수상식에서 그녀를 잊는 데도
> 아무 거리낌이 없었기 때문이다.

한은 (프리츠 슈트라스만과 함께) 그들의 발견으로 노벨상을 수상했을 때, 마이트너에 대해 한마디도 언급하지 않았다. 그들이 협력하고, 서신을 주고받았으며 그녀가 어떤 기여를 했는지에 관해서도 전혀 언급하지 않았다. 그가 그녀 없이는 결코 그 위치에 오를 수 없었는데도 말이다. 마이트너 또한 그 노벨상을 받아야 했다고 모두가 입을 모았지만, 복수심과는 거리가 먼 그녀는 인정받지 못한 것에 대한 아쉬움을 점점 내려놓게 되었다. 우라늄 분열이 어떤 목적에 사용될 수 있고 결국 사용될지 점점 명확해졌기 때문이다.

그녀는 자신이 불가피한 폭탄의 개발과 연관되지 않는 것이 더 바람직하다고 여겼다. 어쨌든 독일에서는 아인슈타인이 '독일의 마리 퀴리'라 부른 마이트너를 다시는 볼 수 없었다. 그녀의 이름을 딴 행성은 없었지만, 주기율표에 새로운 원소가 그녀의 이름을 따르게 되었다. 바로 원자 번호 109번 원소인 마이트너륨이다. 이는 매우 강한 방사능을 띠고 매우 빠르게 보륨으로 붕괴되는데, 보륨은 또 다른 위대한 과학자 닐스 보어의 이름을 딴 것이다.

그렇다면 원자핵이 분열될 수 있다는 것이 구체적으로 무엇을 의미했을까? 아인슈타인은 원자 에너지, 즉 원자력이 실질적인 용도를 갖게 될 것이라고는 믿지 않았다. 그러나 그가 알 리 없었을 것이다. 앞으로 수십 년 동안 원자로, 원자력, 그리고 원자폭탄이 세계를 뒤덮게 될 것이라는 사실을 말이다. 그 사이에 1940년대로 접어들며, 지정학적 상황에서 세계는 긴장 상태에 놓이게 되었고, 독일로부터 불길한 소식들이 전해져 오기 시작했다.

로버트 오펜하이머

옛날에 손이 서툴렀던 한 미국인 물리학자가 있었다. 그래서 그는 실험 물리학을 하지 말라는 권유를 받았다. 실험 물리학은 다른 이들에게 맡기는 것이 낫다는 조언을 들은 것이다. 이에 그는 이론 물리학을 공부하기로 했다. 영국 케임브리지의 크라이스트 칼리지에 입학한 것은 그의 빛나는 미래에 대한 약속이자, 우울한 심리 상태를 달래줄 기회가 되었다. 당시 그는 연인과 헤어진 직후였고, 그의 삶에 또 다른 중요한 여성이었던 어머니와도 원만한 관계를 유지하기가 어려웠기 때문이다.

케임브리지에서 그 젊은 학생은 실험실에서 탁월한 능력을 발휘했던 교수의 지도 아래 놓이게 되었고, 억지로 실험도 하게 되었다. 이로 인해 그 학생 안에 숨겨져 있던 악마가 깨어났다. 그는 더 독창적인 방법을 생각해내지 못하고, 자신이 혐오하던 '백설공주' 패트릭 블래킷(러더퍼드의 제자)의 책상 위에 독이 든 사과를 놓아두는 일을 저질렀다. 그러고는 자신의 잘못을 잊기 위해 동료들과 함께 휴가를 즐기러 갔는데, 큰소리치는 사람이 자주 그렇듯이, 그는 동행한 친구들에게 허세를 부리며 자랑처럼 떠벌렸다. 친구들은 이 사건을 곧바로 학교 행정실에 알렸고, 학교 측은 신속히 조치를 취했다. 결과적으로 학생은 퇴학 처분을 받았고, 가능한 한 빨리 가까운 정신병원을 방문하라는 '친절한 권고'를 받게 되었다.

다행히도 패트릭 블래킷은 오래도록 행복하게 살았으며, 나중에는 우주선(cosmic ray)을 발견하는 업적을 이루기도 했다. 그리고 독사과 사건을 저지른 그 학생은 로버트 오펜하이머(Robert Oppenheimer, 1904~1967년)였는데, 오펜하이머도 케임브리지에서는 더 이상 활동하지 않았지만 오랜 경력을 이어갈 운명이었다. 막스 보른이 그를 괴팅겐으로 데려갔고, 그곳에서 '오피(친구들 사이에서 불리던 별명)'는 자신의 명성을 쌓아갔다. 그는 가장 뛰어나고 압도적으로 똑똑하지만 동시에 논란이 많은 물리학자 중 한 명으로 자리매김했다. 보른과 함께 그는 분자 구조가 양자역학의 관점에서 어떻게 설명될 수 있는지를 최초로 이해했다.

님님(Nim Nim)

에미 뇌터에게 '뇌터 소년들'이 있었던 것처럼, 오펜하이머에게도 몇 년 후 버클리에서 '님님 소년들'이 생겨났다. 학생들은 스승인 오펜하이머에게 완전히 매료되어 그의 거의 모든 습관을 따라 하곤 했다. 그들은 오펜하이머가 피우던 체스터필드 담배를 연달아 피웠고, 그의 걸음걸이와 말투를 흉내 냈으며, 그의 맞춤 양복 취향을 공유했고, 같은 억양을 사용했다. 심지어 그들 역시 그처럼 생각에 잠길 때마다 특이한 '님님' 소리를 내곤 했다.

오펜하이머는 분자와 양자장의 양자적 거동을 그 누구보다도 깊이 이해했다. 그러나 그는 하늘을 올려다보는 것도 즐겼다. 오피는 블랙홀과 우주선에 대한 후속 연구의 기초를 마련했다. 미국 전역에서 그의 수준에 견줄 만한 양자역학자는 없었다. 그러나 그만큼의 천재성과 잠재력을 지니면 필연적으로 미군의 주목을 받게 된다. 그는 미국 역사상 가장 거대한 비밀 산업 작전 중 하나인 맨해튼 프로젝트에서 중심 인물로 자리 잡게 되었다. 이 프로젝트의 유일한 목표는 원자폭탄 개발이었다. 이 프로젝트는 세계에서 가장 뛰어난 두뇌들을 한데 모은 데 힘입어 성공할 수 있었다.

마이트너와 한의 선구적인 연구 이후, 미국은 독일이 주저하지 않고 원자폭탄을 제작하려 할 것이라는 점을 빠르게 깨달았다. 아이러니하게도, 1933년 유대인들이 공식 직책을 맡는 것을 금지한 법 때문에 다수의 유대인 지성들이 대서양을 건너갔고, 그중에는 물리학 교수들도 포함되어 있었다. 이들 중 많은 이들이 이후 맨해튼 프로젝트에 참여했다. 독일은 이로 인해 제 발등을 찍은 셈이었다. 결국 원자폭탄을 최초로 개발한 것은 나치 독일이 아니라 연합국이었기 때문이다. 기술적 관점에서 보았을 때, 역사상 가장 복잡한 작업으로 여겨지는 원자폭탄 개발이 단 2년 만에 (그리고 20억 달러의 비용으로) 실제로 이루어진 것은 여전히 기적에 가깝다.

오펜하이머는 오늘날 주로 원자폭탄의 아버지로 기억된다. 그러나 일부 사람들은 이를 좀 더 긍정적으로 바라보며, 그가 제2차 세계대전을 조기에 끝내는 데 기여했다고 지적한다. 하지만 과학이 전쟁에서 무기로 사용된다는 사실은 그에게 매우 불쾌한 것이었다. 그는 이후 원자력을 더 평화로운 목적으로 활용해야 한다고 주장했다. 그러나 결국 오펜하이머는 매카시 상원의원의 공산주의자 색출이라는 '마녀사냥'의 주요 희생자가 되었다.

미국은 원자폭탄으로 세계에서 가장 강력한 국가가 되었음에도, 그 지위를 가능하게 만든 인물을 가차 없이 무너뜨리고 파괴했다. 오피는 깊은 나락에 빠졌고, 우울증을 앓게 됐다. 그는 본래 우울한 성향이 있었던 데다 이 사건으로 그 증상이 더욱 악화되었다. 그는 분명히 뛰어난 사람이었지만, 파울리만큼 천재적이지는 않았다. 그는 상당히 재능 있었지만, 페르미나 하이젠베르크만큼은 아니었다.

프리먼 다이슨(Freeman Dyson)이 적나라하게 표현했듯이, 오펜하이머에게는 '지츠플라이쉬(sitzfleisch)', 즉 인내와 자기 훈련이 부족했다. 그것이 그의 지독한 결함이었다. 그는 오래 앉아 있는 것을 잘하지 못했는데, 진정으로 어려운 문제를 해결하려면 집중력과 오랜 시간이 필요했다. 물론, 당신이 아인슈타인이라는 이름을 가지고 있다면 얘기는 달라질 수 있겠지만 말이다.

시카고 파일-1과 맨해튼 프로젝트

모든 것은 시카고에서 교수가 된 엔리코 페르미를 중심으로 한 과학자 그룹에서 시작되었다. 이 그룹은 '거친 돌 더미와 나무 조각들'로 실험실을 만들었고, 대학 축구장 관중석 아래 버려진 공간에 수 톤의 흑연과 우라늄을 실어 날랐다. 페르미는 이 극비 임무를 성공적으로 완수할 수 있다는 절대적인 신뢰를 받았다. 심지어 그의 아내조차도 이 프로젝트에 대해 전혀 알지 못했을 정도였다. 페르미와 그의 팀은 그 누구도 해내지 못했던 일을 이루어냈다.

1942년, 그들은 제어된 핵 연쇄 반응을 성공적으로 일으켰다. 문자 그대로, 시카고에서 최초의 원자로가 건설된 것이다. 이는 핵에너지가 실제로 실용적으로 사용될 수 있다는 생생한 증거였으며, 아인슈타인의 회의론을 무색하게 만들었다. 하지만 이 기술이 단순히 에너지 생산에 끝나지 않고, 폭탄 제작에도 활용될 수 있다는 점도 분명해졌다. 이후 상황은 급격히 전개되기 시작했다.

원자폭탄의 추가 연구와 최종 개발에 필요한 우라늄 광석(1000톤 이상!)은 벨기에령 콩고에서 채굴되어 스테이튼 아일랜드로 운반되었다. 당시까지만 해도 우라늄은 사실상 쓸모없는 물질로 여겨지고 있었다. … 놀랍게도, 불행하게도, 아니 다행스럽게도 맨해튼 프로젝트팀에는 앞서 언급된 다수의 과학자들이 포함되어 있었다. 유진 위그너, 엔리코 페르미, 닐스 보어, 리처드 파인만, 한스 베테(Hans Bethe) 등이 그들이다. 이 모든 과정을 지휘한 인물은 바로 로버트 오펜하이머였다.

아인슈타인은 핵물리학자가 아니었고, 정치적 소동을 전혀 좋아하지 않았기에 맨해튼 프로젝트에 직접 참가하지는 않았다. 하지만 그가 프로젝트에서 배제된 주요 이유는 그가 공산주의에 동조한다고 여겨졌기 때문이다. 그럼에도 간접적으로 그는 약간 연관되어 있었다. 모든 것은 유진 위그너와 레오 실라르드(Leo Szilard)의 지속적인 설득으로 아인슈타인이 프랭클린 루스벨트 대통령에게 보낸 편지에서 시작되었다.

이 편지에서 그는 페르미의 연구를 언급하며 "우라늄이라는 원소로 가까운 미래에 새로운 중요한 에너지원이 만들어질 수 있으며 […] 또한 새로운, 매우 강력한 폭탄이 개발될 가능성도 있다"고 경고했다. 자유와 표현의 자유를 강력히 옹호했던 아인슈타인은 이 문제를 두고 평소 라이벌이었던 닐스 보어와 협력하기까지 했지만, 이후로는 비교적 거리를 두었다. 그는 이렇게 말했다. "정치 지도자들에게 영향을 미칠 수 있는 과학자들은 자국의 정치 지도자들에게 군사력의 국제화를 추진하도록 압력을 가해야 한다."

하지만 그의 경고는 다르게 해석되었고, 그 즉시 미국은 원자폭탄 개발에 착수하기로 결정했다.

7.2 아원자 물리학의 이론

1920년대 말, 파동 이론은 아직 초기 단계에 머물러 있었으며, 많은 사람이 닐스 보어의 이론에 고심하면서 원자와 분자를 파동과 조화시킬 방법을 찾고 있었다. 모두가 한 방향으로 나아가고 있을 때, 조지 가모프(George Gamow, 1904~1968년)는 더 조용하다고 여긴 반대 방향을 바라보았다. 그는 한 가지 생각을 떠올렸다. 원자핵을 다른 시각에서 살펴본다면 어떨까? 그는 알파 입자가 방출되는 현상을, 전자가 높은 에너지 준위에서 낮은 에너지 준위로 이동할 때 방출되는 광자와 비교할 수 있다고 보았다. 그렇다면 핵 내부에서도 비슷한 일이 일어날 수 있는 걸까? 핵 속에서도 어떤 입자가 비슷한 방식으로 에너지 준위를 이동할 수 있을까? 1928년, 가모프는 이런 아이디어를 바탕으로 결론(혹은 가설)을 제시했다. 방사능은 순수한 양자역학적 현상이라는 것이다. 핵 내부에서 양자역학적 과정이 일어나며, 이 과정에서는 전자가 아니라 양성자와 중성자가 에너지 준위를 바꾼다. 이 과정에서 알파, 베타, 감마 입자가 방출되고 원자핵은 재구성되며 새로운 원자핵이 형성된다.

원자핵은 이미 철저히 분해되고 면밀히 조사되었지만, 모든 실험에도 불구하고 그 구조와 작동 원리를 명확히 설명하는 이론은 여전히 존재하지 않았다. 이 과정에서 단일 입자(전자)가 아니라 두 개의 입자(중성자와 양성자)가 관여하기 때문에, 이를 수학적으로 기술하는 것은 전자 구조(즉, 멘델레예프의 주기율표)를 설명하는 것보다 훨씬 더 복잡했다. 이에 대한 답을 얻기까지는 몇 년이 더 필요했고, 이는 1950년이 되어서야 가능했다. 그해, 마리아 괴퍼트메이어(Maria Goeppert-Mayer,

1906~1972년)는 핵 안에서 나타날 수 있는, 양성자와 중성자의 모든 궤도를 체계화한 주기율표를 작성했다. 이른바 핵 껍질 모델(nuclear shell model)이다.

마리아 괴퍼트메이어는 1963년 노벨 물리학상을 수상한 두 번째 여성이었다. 그녀는 당시 수많은 여성 지식인처럼 괴팅겐대학교에서 학업을 마쳤지만, 교수 임용에서 번번이 실패하며 무보수 또는 저임금의 직업에 만족해야 했다. 그러나 이런 어려움이 그녀의 재능을 막지 못했다. 그녀는 유진 위그너(Eugene Wigner)의 연구를 기반으로 자신의 핵 껍질 모델을 완성했다. 위그너는 대칭 이론과 S-, P-, D-, F-궤도의 일반화를 바탕으로 연구를 진행했다. 놀랍게도 그녀의 이론은 보어의 원자 모델과 많은 유사점을 보였다. 메이어 또한 원자핵이 다양한 '껍질'(전자 궤도와 유사함)로 구성되어 있으며, 이 껍질들에 양성자와 중성자가 안정성을 유지할 수 있도록 배열된다고 보았다. 그녀의 도식이 양파와 닮아 있었던 탓에, 익살스러운 파울리는 그녀를 '양파 마돈나(Onion Madonna)'라고 불렀다. 참으로 눈물이 나는 이야기다.

메이어는 양성자와 중성자가 원자핵 내부에서, 마치 무도회장에서 춤을 추는 사람들처럼 혼란스러우면서도 완벽하게 조화를 이루며 회전하고 있다고 결론지었다. 이들의 움직임은 완전히 그들이 속한 에너지 준위에 의해 결정된다고 보았다. 원자핵이 2, 8, 20, 28, 50, 82, 또는 126개의 양성자나 중성자를 포함할 경우, 마치 비활성 기체처럼 껍질이 완전히 채워지면서 상당히 높은 안정성을 보이는 것으로 나타났다. 유진 위그너는 이를 '마법의 숫자(magic numbers)'라고 불렀다.

마리아 괴퍼트메이어는 에밀리 뒤 샤틀레와 공통점이 하나 있다.

그것은 바로 금성의 분화구에 이름이 붙었다는 점이다. 아… 우리는 다시 지구에 발을 단단히 디디고, 원자핵에 대해 조금 더 깊이 파고들어 보자.

약한 핵력과 강한 핵력

그렇다면 이 모든 것을 어떻게 설명해야 할까? 여전히 두 가지 미스터리가 남아 있다. 첫째, 무엇이 양성자를 원자핵 안에 함께 붙잡아 두는가? 둘째, 원자핵에서 일어나는 방사성 과정(방사성 붕괴)의 원인이 되는 힘은 무엇인가? 첫 번째 질문의 답은 강한 핵력, 즉 강력이다. 두 번째 질문의 답은 약한 핵력, 즉 약력이다.

두 번째 질문은 페르미도 고민했던 문제다. 이는 그가 중성미자를 발견하는 계기가 되었다. 상황은 다음과 같았다. 원자핵은 반드시 입자에 의해 충돌을 받아야만 반응이 일어나는 것은 아니다. 중성자는 아무런 외부 영향 없이도 스스로 붕괴할 수 있다. 약한 핵력은 중성자가 양성자로 변환되도록 만든다. 하지만 양성자는 양전하를 띠기 때문에, 중성자가 양성자로 변하는 과정에서 또 다른 무엇인가를 방출할 수밖에 없다. 그것은 음전하를 띠는 전자다! 그러나 여기에서 또 다른 문제가 발생한다. 중성자의 에너지를 측정하고, 방출된 양성자와 전자의 에너지를 합산하면, 실험 결과 이 수치들이 일치하지 않는다는 것이 밝혀졌다. 양성자와 전자의 에너지 합이 중성자의 에너지보다 낮은 것이다.

결론적으로, 이 핵반응에서 또 다른 입자가 생성될 수밖에 없다는 의미다. 그렇다면 또 다른 중성자가 생성되는 것인가? 아니다. 이는 불가능하다. 중성자는 크고 무거워서 이를 위한 에너지가 충분하지 않기 때문이다. 또 다른 양성자일까? 양성자는 양전하를 띠므로 그것도 답이 아니다. 그렇다면 작은 입자, 전자에 비해 가볍고 작은 어떤 존재일 수 있다(게다가 눈에 보이지도 않는다). 맞다. 바로 작은 중성자인 중성미자(이탈리아어로는 뉴트리노(neutrino)라고 함)이다.

중성미자는 질량이 거의 없고 전하도 없지만, 에너지와 운동량은 가지고 있다. 중성미자는 어떤 것과도 거의 상호작용하지 않기 때문에, 우리 몸을 끊임없이 관통하고 있다. 중성미자는 모든 것을 가뿐히 통과한다. 골수와 뼈를 지나고, 지붕을 뚫고, 벙커를 통과하며, 심지어 납으로 된 벽도 밀랍으로 만들어진 것처럼 뚫고 지나간다. 파울리는 오래전부터 이러한 입자의 존재를 예측했지만, 페르미가 베타붕괴라고 불리는 전체 과정을 수학적 이론으로 체계화하며 이 새로운 입자를 공식적으로 도입했다.

연기가 있다면 불도 있다. 약한 핵력이 존재한다면 강한 핵력도 존재해야 한다고 유카와 히데키(湯川秀樹, 1907~1981년)는 생각했다. 우주적 규모에서는 중력이 모든 것을 붙잡아 두지만, 그렇다면 원자핵 안에서는 어떠한가? 어떤 방식으로든, 내부의 모든 혼란에도 불구하고 원자핵을 결속시키는 힘이 있어야 한다. 이는 양성자들을 서로 밀어내는 전자기력을 상쇄시키는 역할을 한다. 그렇다면 양성자들이 서로 멀리 날아가 버리지 않도록 붙잡아주는 화합의 요인은 무엇인가?

1949년에 유카와는 원자핵 안의 모든 입자(양성자와 중성자)가 새로운 종류의 입자를 교환함으로써 서로를 끌어당긴다고 가설을 세웠다. 그는 이 입자를 '중간자(meson)'라고 불렀는데, 이는 이 입자의 질량이 전자와 양성자 사이의 중간 정도라는 점을 가리키는 이름이다. 다만, 중간자는 전자나 양성자와 달리 페르미온이 아니라 보손이다.

전자기력(또는 쿨롱력)이 전하를 띤 입자들 사이에서 광자(보손)의 교환으로 발생하는 것처럼, 양성자와 중성자(통틀어 핵자)도 중간자를 교환하며 강한 핵력을 형성한다. 하지만 여기에는 근본적인 차이가 있다. 광자는 질량이 없기 때문에 그로 인한 쿨롱력은 매우 먼 거리까지 영향을 미칠 수 있다. 반면, 중간자는 질량을 가지고 있다. 따라서 이 힘은 매우 짧은 거리, 즉 원자핵의 크기 정도에서만 작용한다. 양성자와 중성자가 중간자를 교환하는 과정에서는 중간자의 질량 때문에 매우 높은 에너지 장벽을 극복해야 한다(이는 $E = mc^2$으로 설명된다).

그러나 자연은 에너지를 과도하게 사용하는 것을 선호하지 않는다. 그래서 가능한 한 빨리 에너지를 다시 낮추려는 경향이 있으며, 이는 이 힘이 매우 짧은 범위에서만 작용하게 한다. 이 에너지는 진공에서 '빌려온' 것이며, 우주의 법칙에 따라 결국 '반환'되어야 한다. 우주는 아무것도 잃지 않기 때문이다. 또한 입자들이 에너지를 가능한 한 빨리 반환하려고 하기 때문에, 입자들 사이에서 에너지를 주고받는 거리는 가능한 한 짧아야 한다. 결론적으로, 어떤 입자를 생성하는 데 더 많은 에너지가 필요할수록, 그 에너지는 더 빨리 반환되며, 따라서 힘이 작용하는 범위는 더욱 짧아진다.

유카와의 이론은 원자핵을 결속시키는 힘에 대한 많은 것을 명확히 밝혔다. 중간자의 존재를 예측한 그의 이론은 실험적 입자 물리학의 새로운 시대를 열었고, 유럽입자물리연구소(CERN)의 거대강입자충돌기(LHC) 같은 입자 가속기의 개발로 이어졌다. 비록 중간자로 인해 원자핵의 모든 미스터리가 완전히 해결된 것은 아니었으며 유카와의 이론도 여전히 완벽과는 거리가 멀었지만, 그는 이 발견으로 일본인 최초로 노벨 물리학상을 수상했다.

다루기 까다로운 입자들과 CERN

유럽입자물리연구소(CERN)의 거대강입자충돌기 사진을 본 사람이라면, 27km 이상의 둘레를 가진 그 거대한 지하 도넛이 그렇게 미세하고 가벼운 입자들을 연구하기에는 균형이 맞지 않을 정도로 너무 크지 않나 궁금할 것이다. 사실 그렇지 않다. 사실 이곳의 입자 가속기는 세계에서 가장 큰 현미경이다. 여기서 발견된 세 종류의 보손(곧 다룰 내용)이 질량을 가지고 있으며, 아인슈타인에게 배운 대로 질량은 에너지와 같기 때문에(즉, 입자가 무거울수록 그것을 만드는 데 더 많은 에너지가 들기 때문에), 결과를 얻으려면 엄청난 에너지를 발생시켜야만 한다.

그리고 이는 작은 기계로는 불가능하다. 입자 가속기에서 원자들은 초당 수천 번씩 돌고(입자 빔 하나는 시속 수백 km로 지나가는 거대한 화물열차만큼이나 큰 에너지를 갖는다), 빛의 속도에 가까워지면서 서로 충돌하고, 그 충돌로 인해 더 작은 입자들로 쪼개진다. 이렇게 하면 그 어떤 소음도 없이 세상에서 가장 작은 입자들이 무엇인지 연구할 수 있다. 그리고 그 쪼개진 입자들은 극히 짧은 시간 안에 나타났다가 사라지기 때문에, 눈을 크게 뜨고 깨어 있는 것이 중요하다. 입자 가속기의 또 다른 중요한 기여는 월드와이드웹(www)이 그곳에서 탄생했다는 것이다. 작은 입자 실험은 너무 많은 데이터를 생성하기 때문에, 이 데이터를 여러 컴퓨터에 효율적으로 나누는 방법을 찾아야 했다.

장 이론과 게이지 이론

누구도 무한대, 대칭성, 그리고 게이지 보손들과 관련된 마술을 이해할 수 없다. 하지만 그것들을 충분히 오래 곁에 두고 있다 보면,

자연스럽게 그것들과 함께 사는 법을 배우게 된다. 장(場) 이론은 양자역학의 정수 중 하나이므로, 여기서 빠질 수 없는 내용이다. 하지만 너무 깊이 생각하지 말라. 20세기 전쟁 이후 시기에 또 다른 혁명이 일어났다. 양자 전기역학(QED)의 발명으로 전자기력, 양자역학, 특수 상대성 이론을 하나의 일관된 장 이론으로 설명할 수 있게 되었다. 이론은 단순히 서로 양립하기만 하면 된다. 서로 모순되지 않아야 한다.

가장 큰 문제는 이것이 다입자 문제라는 점이다. 우리는 이 문제를 오직 '근사적으로' 해결할 수밖에 없다. 즉, 상호작용하지 않는 입자를 설명하는 해밀토니안에 상호작용을 점진적으로 추가하는 섭동 이론을 사용해야 한다. 1948년 이전에 하이젠베르크, 파울리, 디랙, 요르단, 위그너(먼저 장 이론을 다룬 이들)의 노력에도 불구하고 이 문제를 해결하지 못했던 이유는 섭동 이론이 계속해서 무한한 값을 만들어 내기 때문이다. 해결책은 결국 재규격화 기법에서 나왔다. 이 기법에서는 해밀토니안의 항들을 스스로 무한히 커지도록 만들어 무한한 값들을 상쇄한다. 재규격화를 통해 최종 결과는 유한해지고, 따라서 실제로 작업할 수 있고 측정 가능한 값이 된다. 다른 한편으로, 모든 직관은 이제 추상적인 수학으로 대체되어야 했다.

이 지점에서 아인슈타인을 비롯한 구세대(러더퍼드는 이미 세상을 떠났다)는 젊은 연구자들에게 자리를 내주고, 결국 완전히 손을 떼게 되었다. 물론 그럴 수도 있겠지만, 이론의 애호가들을 위해 좀 더 다루겠다. 이는 분명히 다입자 물리학을 다룰 때 가장 완전하고 올바른 방법이기 때문이다. 이 내용을 너무 복잡하게 느끼는 독자들은 7.3장에서 다시 만나기를 기대한다.

장 이론에서는 공간이 점들로 가득 찬 평면으로 표현된다. 각 점은 고유한 양자 자유도를 가지고 있으며, 이는 스핀이 있거나 없는 입자의 존재 여부와 같은 정보를 담고 있다. 이것이 상대성 이론과 양자역학 모두에 부합하는 이론을 만들 수 있는 유일한 방법이다. 이 공간에서는 입자 간의 국소 상호작용만 가능하다. 즉, 무한히 가까운 입자들만 상호작용할 수 있다. 이것이 바로 정보가 빛의 속도보다 빠르게 전달되지 않음을 보장하는 이유다.

고전적인 장 이론의 예는 끈을 설명하는 물리학이다. 여기서 자유도는 끈이 위로 또는 아래로 움직이는 정도에 의해 결정된다. 이웃한 입자들 사이에 작용하는 힘은 끈의 장력으로 나타난다. 양자장 이론은 본질적으로 이러한 고전적인 끈들의 중첩이다.

양자 전기역학(QED)

양자 전기역학(QED)에서 우리가 관심을 두는 것은 전자나 양전자(이는 디랙이 소개한, 양전하를 띠는 반전자, 즉 전자의 반입자)처럼 전하를 띤 입자들이 어떻게 상호작용하는가 하는 문제다. 상호작용이 먼 거리에서 즉각적인 효과를 낼 수 없으므로, 다시금 다른 입자의 개입이 필요하다. 전자나 양전자 사이에서 교환되는, 빛보다 빠르지 않은 속도로 이동하며 서로 끌어당기거나 밀어내는 입자가 있어야 한다. 바로 광자이다!

장 이론에서 말하는 '장'은 이 경우 광자장을 의미하며, 이 장 안에서는 광자가 끊임없이 생성되고 소멸된다. 전자와 양전자 또한 서로 소멸시키기도 한다. 그런 경우 두 입자는 매우 높은 에너지를 가진 광자로 변환된다. 슈뢰딩거와 하이젠베르크의 '일반적인' 양자역학에서는 입자의 수가 일정하기 때문에 이러한 과정을 설명할 수 없다. 즉, '각 입자는 독립적으로 존재한다'는 식으로 좁은 시야에 얽매인 관점은 여기에서 통하지 않는다. 이론이 일관성을 유지하려면 가변적인 입자 수를 고려해야 한다. 이를 위해 광자장 외에도 전자장과 양전자장을 도입하는 것이다.

이 과정에서 핵심적인 특성은 전체 전하가 항상 보존된다는 점이다. 이 불변량이 곧 시스템의 전역 대칭성이다. 광자장은 이 전역 대칭성이 완전히 국소적으로도 드러나도록 해준다. 전문 용어로 표현하자면, 광자장은 '게이지 장'이다. 그 결과 대칭군은 훨씬 더 거대하고 흥미로운 형태로 확장된다. 이렇게 해서 우리는 다시 물리학이 주는 위안, 즉 대칭성에 이르게 된다. 게이지 대칭성은 핵력의 발전 과정에서 핵심적인 주축을 형성하게 된다. 우리가 양자역학을 더욱 깊이 파고들수록, 에미 뇌터의 업적이 갖는 중요성이 더욱 분명히 드러난다.

> 모든 것은 동일한 일련의 블록들로 이루어져 있다.
> 모든 것은 칸으로 가득한 하나의 표 안에 들어맞는다.
> 파인만 방식이나 하트리-폭 방식을 통해 무엇이든 찾아낼 수 있다.
> 그만큼이나 많은 추측과 시도, 분투가 뒤따르며,
> 탐욕스럽게 한 번에 많이 공부하고,
> 의심하고 탐구하며(필요하다면 덩어리로 나누기도 하며),
> 그러나 때로는 한 번의 정확히 겨냥한 추측으로도 가능하다!

장 이론으로 돌아가면, 핵심적인 질문은 다음과 같다. "빈 공간이 있을 때 무슨 일이 벌어질까?" "이 시스템의 진공('영점 또는 진공요동')을 어떻게 다뤄야 하는가?" 이 진공은 사실상 광자, 전자, 양전자의 생성과 소멸이 뒤엉킨 거대한 수프와 같다. 장 이론, 혹은 이 영점요동을 계산하는 과정에서 가장 큰 어려움은 가장 이해하기 어려운 양인 무한대와 필연적으로 맞닥뜨린다는 점이다. 그리고 이 무한대는 언제나 다소 민감한 문제이다.

도모나가 신이치로(朝永振一郎, 1906~1979년), 줄리언 슈윙거(Julian Schwinger, 1918~1994년), 리처드 파인만이 매우 기묘하고 충격적인 방식으로 각각 이 문제를 해결했고, 네 번째 인물 프리먼 다이슨(1923~2020년)은 세 사람이 각자 독립적으로 발견한 결과물이 사실상 정확히 동일하다는 점을 입증했다. 즉, 세 사람은 해밀토니안의 모든 항이 무한하다고 가정한 것이다. 단, 모든 무한한 진공 요동의 합이 유한한 결과를 산출하는 방식이었다. 이들의 수학적 마술 덕분에 그 누구도 손에 잡을 수 없던, 경계 없는 거친 공간을 그래도 어느 정도 통제할 수 있게 된 것이다.

이들의 양자 전기역학(QED) 이론이 빈틈없음은 이 세 사람이 물리학 사상 가장 정밀한 예측 중 하나를 내놓았을 때 입증되었다. 이 예측은 미세 구조 상수와 관련되어 있었다. 수소 원자의 측정된 에너지 준위는 슈뢰딩거와 하이젠베르크의 양자역학과 완전히 일치하지 않았는데, 이는 그 이론들이 광자장과의 상호작용으로 인한 모든 영점요동을 고려하지 않았기 때문이다. 반면 QED에서는 이 점을 고려했고, 그 결과 이론적 계산이 실험과 100% 일치하게 되었다. 이는 종합적으로 보아 상당히 인상적인 일이다. 결국 불확정한 무한대들로 출발해 계산기의 화면에 깔끔히 들어맞는, 소수점 아래 열두 자리까지 정확히 실재와 일치하는 수치에 도달한 것이기 때문이다.

QED의 핵심은 이론의 매개변수(질량, 상호작용 세기 등)를 스스로 선택하고, 이를 가상적으로 무한대까지 확장함으로써 결국 유한한 결과를 얻을 수 있다는 점이다. 이것을 재규격화라고 한다. 말하자면 무한대를 살짝 '마사지'하여 제거하는 방식이다. 다시 말해, 일종의 묘책(trick)이지만 효과가 있다. 따라서 QED는 재규격화가 가능한 이론이다. 파인만은 자신의 다이어그램 덕분에 가장 효율적인 방식으로 이 무한대를 길들일 수 있었다.

양과 밀스

이 성공을 바탕으로 이론 물리학계는 핵력의 문제에 전적으로 집중하게 되었다. 페르미의 약한 핵력이나 유카와의 강한 핵력을 재규격화 가능한 게이지 이론으로 해석하는 것이 가능할까? 아니었다. 두 경우 모두에서 무한대를 제어할 수 없었다. 따라서 더 나은 재규격화 가능한 이론을 찾아야 했다.

한편, 그동안 게이지 이론의 구조를 해명하는 데서는 진전이 이루어졌다. 파울리는 유명한 스핀-통계 정리를 도출했는데, 이 정리는 물질장(또는 전자와 같은 입자)은 항상 반정수 스핀을 갖는 페르미온이어야 하고, 광자처럼 입자 사이의 상호작용을 담당하는 게이지 장은 항상 정수 스핀을 갖는 보손이어야 한다고 규정한다. 이는 양자 전기역학과 일치할 뿐만 아니라, 핵력에 대한 게이지 이론을 정립할 수 있는 길을 열어준다.

양전닝(楊振寧, 1922~)과 로버트 밀스(Robert L. Mills, 1927~1999년)는 이 난제를 직접 마주했다. 그들의 출발점은 다음과 같았다. 어떻게 하면

QED를 훨씬 더 크고 비가환적인 게이지 대칭성(QED에서 게이지 대칭성은 오직 전하에만 관련되어 있었다)을 가진 계로 일반화할 수 있을까? 이렇게 더 풍부한 대칭성은 핵 내부의 힘을 조직하는 다양한 보손들의 대칭성을 설명해야 했다. 이론상으로는 모든 것이 아주 멋지게 보였다. 문제는 해당 보손들이 질량이 없을 때만 그들의 이론이 일관성을 갖는다는 점이었다. 이는 유카와의 통찰과 정면으로 충돌하는데, 유카와는 매개 입자인 중간자가 질량을 지니기 때문에 강한 핵력이 그처럼 짧은 범위를 갖는다고 설명했었다.

결국 양과 밀스의 이론은 폐기되었다. 놀랍게도 해결책은 물리학의 전혀 다른 분야인 초전도 현상 연구(이는 8장에서 좀 더 자세히 다룰 것이다)에서 나왔다. 수년간의 탐색 끝에, 마침내 초전도체의 모든 실험적 특성을 설명할 수 있는 이론이 발견되었다. 이 이야기의 주요 인물 중 한 명은 고체물리학자 필립 앤더슨(Philip Anderson)이었다. 앤더슨은 초전도 현상의 중심 메커니즘이 다음과 같다고 주장했다. 즉, 질량이 없는 보손(대칭성 깨짐과 항상 함께하는 이른바 골드스톤 보손)이 질량 없는 게이지 장과 결합하여 질량을 가진 새로운 게이지 장을 만들어낸다는 것이다. 그래서 그는 대칭성 깨짐과 질량 없는 게이지 장의 조합이 핵 안에서 일어나는 약한 핵력과 강한 핵력을 설명하는 데도 유용할지 모른다고 제안했다.

영국인 피터 힉스(Peter Higgs), 그리고 그와 독립적으로 미국인 로버트 브라우트(Robert Brout)와 벨기에인 프랑수아 앙글레르(François Englert)가 앤더슨의 힌트를 받아들였다. 1962년에 그들은 이를 상대론적 게이지 장 이론에 적용했다. 빙고! 앤더슨이 고안한 이 메커니즘을 통해 비가환적 게이지 이론의 게이지 장들은 질량을 획득할 수 있었다. 발명품은 최초 발명자의 이름을 따기보다는 이를 처음 성공적으로 적용한 사람의 이름을 따는 경우가 흔하기에, 이것은 이제 힉스 메커니즘이라고 불린다. 이는 현대 입자 물리학의 토대 중 하나다.

양과 밀스의 이론은 결국 구제될 수 있었을까? 물론이다. 스티븐 와인버그(Steven Weinberg)와 압두스 살람(Abdus Salam)은 1967년에 힉스 메커니즘을 통해 페르미의 약한 핵력과 파인만과 그 동료들의 QED를 통합한 양-밀스 이론을 정립할 수 있음을 보였다. 이 게이지 대칭성은 SU(2)×U(1)이라는 다소 평범한 이름을 갖게 되었다. 이 이론은 광자 외에도 W^+, W^-, Z라 불리는 세 개의 새로운 게이지 보손을 포함한다. 게다가 이 이론은 이미 실험적으로 발견된 여러 헤도닉한(hedonisch, 쾌락적), 아니 페르미온적 물질 입자의 존재를 설명해냈다. 즉, 총 여섯 종류의 렙톤들이다. 가장 잘 알려진 렙톤은 전자이며, 그 범주에는 덜 알려진 뮤온, 타우 입자, 전자중성미자, 뮤온중성미자, 타우중성미자가 포함된다(이 입자들 각각에는 반입자도 존재한다). 이처럼 대칭성의 정신은 여기서도 어디에나 충만히 깃들어 있다.

예측된 W 및 Z 입자들은 실제로 1983년에 유럽입자물리연구소의 입자가속기에서 발견되었다. 먼저 W-보손들이 검출되었고, 몇 달 뒤에 그와 중성적 대칭을 이루는 Z-보손들이 뒤따랐다. 둘 다 와인버그 이론과 양립할 수 있는 질량을 지니고 있었다. 하지만 이론가들은 이미 오래전부터 이 약한 핵력에 대한 이 이론이 올바르다고 확신하고 있었다. 헤라르트 트호프트(Gerardus 't Hooft)는 1971년에 놀라운 수학적 기교를 발휘하여 이 이론이 QED(이 이론의 일부를 이루는)와 마찬가지로 재규격화가 가능함을 증명했던 것이다. 이제 남은 질문은 강한 핵력에 관한 것이었다. 양-밀스 이론과 힉스 메커니즘의 조합이 이 문제에 대해서도 확실한 결론을 내려줄 수 있을까?

양자 색역학

1950년대로 돌아가보자. 전쟁의 시기는 지나갔고, 사회는 안도의 숨을 내쉬었다. 기술은 점점 더 발전했고, 입자들을 가속기에 던졌으며, 그 결과 필연적으로 훨씬 더 많은 아원자 입자들이 발견되었다. 차례로 발견된 입자는 총 200개에 달했다. 그러자 아무도 수많은 나무 때문에 숲을 보지 못하게 되어 완전히 뒤죽박죽이었다. 더 이상 아무도 그 뒤에 어떤 체계가 존재할지 이해하지 못했다. 이렇게 다른 모든 입자를 어떻게 서로 비교할 수 있다는 말인가? 수년 동안 구축해온 질서는 소수 열성가들에 의해 완전히 뒤흔들린 셈이다. 이럴 수가!

머리 겔만(Murray Gell-Mann, 1929~2019년)은 25개 언어를 유창하게 구사했고, 걸어 다니는 백과사전이자 열렬한 자연 애호가였다. 그는 전 세계의 모든 꽃과 새를 알아볼 수 있었다. 21세에 그는 오펜하이머를 찾아갔으나, 오펜하이머가 그에게 일자리를 제공할 수 없었기에 (어찌 보면 불행 중 다행으로) 페르미와 함께하게 되었다. 그러나 모두가 큰 슬픔과 충격을 받게도 페르미는 곧 세상을 떠났고, 결국 겔만은 칼텍(California Institute of Technology)에서 파인만의 동료 교수로 자리 잡게 되었다. 인생이 이보다 더 잘 풀릴 수는 없었다. 겔만은 아원자 입자의 '입자 동물원(particle zoo)'을 정리하기 위해 두 팔을 걷어붙였다. 어떤 체계가 바로 보이지 않는다면, 어떤 체계를 가정해보자는 것이었다. 이미 잘 알려진 전자, 양성자, 중성자보다 더 작은 입자들이 존재하여 그 방대한 수의 입자들의 구성 요소가 되는 것이라면 어떨까?

아마도 그 작은 입자들은 대칭성을 가지고 있을 것이다. 그리고 아마도 군론이 모든 것을 체계화하는 데 도움을 줄 수 있을지도 모른다. 겔만은 유카와의 안경 너머를 명확히 내다보았다. 유카와가 양성자와 중성자를 결합하는 접착제 역할을 하는 중간자를 발견한 반면, 겔만은 강한 핵력이 양성자와 중성자 내부에서도 작용하며 이들 핵자가 더 작은 입자인 쿼크로 구성되어 있음을 밝혀낸 것이다.

향(맛)과 색을 지닌 쿼크

쿼크의 발견 또한 1964년 같은 시기에 두 명의 과학자가 동일한 발견에 이르러 중첩된 결과였다. 단, 조지 츠바이크(George Zweig)는 쿼크를 카드놀이에서 네 개의 에이스에 빗대어 '에이스들'이라고 불렀고, 겔만은 제임스 조이스(James Joyce)의 작품에서 영감을 얻었다. 제임스 조이스의 『피네간의 경야(Finnegans Wake)』는 "무스터 마크에게 쿼크 세 개(Three quarks for Muster Mark)!"라는 문장으로 시작한다.

이에 우리는 자연스레 물리학자들도 소설을 읽는지, 혹은 좀 더 유연하게는 왜 그런 연결고리가 생긴 건지 궁금해하게 된다. 어쩌면 그 쿼크(까마귀의 우는 소리를 뜻하는 영어 'croak' 또는 'quawk' 의성어에서 유래)라는 이름이 불확실하고 다층적이며, 오랫동안 주목받지 못했던 원자 입자들처럼 복잡하고 이해할 수 없기 때문일지도 모른다. 하지만 어쩌면 '셋'이라는 숫자가 쿼크의 본질을 설명하는 데 도움이 되는 것일 수도 있다. 쿼크는 여섯 가지 맛과 세 가지 색으로 구분될 수 있기 때문이다.

방금 발견된 수백 개의 입자는 SU(3)라는 대칭군이 세 종류의 쿼크가 이루는 중첩 상태를 나타낸다고 가정함으로써 설명될 수 있었다. 세부 사항은 여기서 중요하지 않다. 핵심은 그 이론의 아름다움 덕분에 아무도 더 이상 쿼크의 존재를 의심하지 않았다는 점이다. 쿼크는 비록 눈으로 볼 수 없지만(쿼크는 결코 단독으로 존재할 수 없기 때문이다), 혼돈 속에 질서를 불어넣는 데 도움을 준다. 또한 쿼크는 매우 작아서 호두 껍질 안에 들어갈 정도이다.

모든 입자, 심지어 유카와가 제안한 중간자(이후 파이온이라 불린 입자) 역시 쿼크로 이루어져 있다. 쿼크는 여섯 가지 '맛'으로 존재한다. 업(up)과 다운(down), 참(charm)과 스트레인지(strange), 톱(top)과 바텀(bottom, 또는 뷰티(beauty))이 그것이다. 우리는 주로 스핀 운동을 가리킬 때 업과 다운이라는 명칭을 사용한다. 양성자는 다운 쿼크 하나와 업 쿼크 두 개를 가지며, 중성자는 다운 쿼크 두 개와 업 쿼크 하나를 가진다. 약한 핵력은 비록 '약'하지만, 쿼크의 '맛'을 예를 들어 다운에서 업으로 바꾸어 놓을 수 있다. 바로 이것이 중성자가 양성자로 변하는 방식이며 그 이유이기도 하다. 이를 파인만 다이어그램으로 표현하면 다음과 같은 결과가 나온다.

잠깐. 쿼크는 페르미온이다. 그리고 페르미온은 결코 동일한 상태에 존재할 수 없다. 그렇다면 양성자는 어떻게 업 쿼크를 두 개나 가질 수 있는가? 추가적인 자유도를 도입하고 쿼크에 색을 부여하면 된다. 빨강, 파랑, 하양. 뭐라고? 하양?? 하양은 기본색이 아니다! 그렇다면 빨강, 파랑, 초록으로 하자. 사실 크게 중요하지 않다. 결국 그것들은 실제 색과 아무 관련이 없다. 이 색들은 단지 특정한 수학적 값을 가리킬 뿐이다. 쿼크들이 각각 다른 색을 가진다면, 양성자는 업 쿼크 두 개를 완벽하게 가질 수 있다.

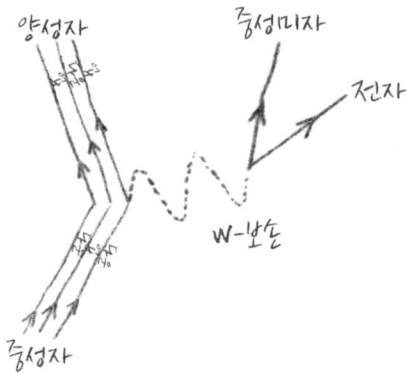

베타붕괴. 중성자는 W-보손을 거쳐 양성자, 전자, 그리고 중성미자로 붕괴한다.

쿼크에 대해 어느 정도 정리된 후, 남은 질문은 그 쿼크들이 서로 어떻게 상호작용하는지였다. 이를 위해서는 추가적인 보손 입자들이 필요하다. 바로 글루온이다. 그렇다면 이 모든 아름다운 것들을 담을 수 있는 근본적인 공식은 무엇일까? 겔만의 아이디어는 다시 양과 밀스의 게이지 이론과 완벽하게 양립할 수 있다. 글루온은 게이지 보손처럼 작용하고, 쿼크는 물질장처럼 작용한다. 쿼크의 색깔을 고려하여, 이 이론은 '양자 색역학(Quantum Chromodynamics, QCD)'으로 이름이 바뀌었다. 강한 핵력은 (거의) 길들여졌다!

마지막 퍼즐 조각은 쿼크를 왜 분리할 수 없는지에 관한 질문이었다. 해결책은 다음과 같다. 쿼크를 분리하려고 하면 글루온은 늘어나긴 하지만, 너무 강해서 결국 떨어지지 않는다는 것이다. 쿼크들을 더 멀리 떼어놓을수록 고무줄처럼 서로 더 강하게 끌어당긴다(이것이 바로 '색 가둠(confinement)' 현상이다). 이것은 쿼크가 결코 단독으로 존재할 수 없는 이유를 설명한다. 쿼크는 항상 두 개 또는 세 개가 함께 나타난다. 1973년에 헤라르트 트호프트, 데이비드 그로스(David Gross), 프랭크

윌첵(Frank Wilczeck), 데이비드 폴리처(David Politzer)가 동시에 진행한 놀라운 계산에서는 색역학에서 쿼크들 사이의 힘이 멀리 떨어져 있을 때는 무한히 강하지만, 가까이 있을 때는 무한히 약하다는 것이 증명되었다.

이 마지막 특성, 즉 '점근 자유성(asymptotic freedom)'은 쿼크를 설명하기 위해 섭동 이론을 사용할 수 있게 해주며, 이 이론이 실제로 유효하다는 것을 보장한다. 즉, 이 이론으로 예측을 할 수 있다는 것이다. 파인만 다이어그램 만세! 매우 높은 에너지에서 쿼크의 거동에 대한 예측은 이제 모두 실험적으로 검증되고 테스트되어 승인되었다. 이론과 실험이 일치했으며, 양자 색역학은 정확하게 설명되었다. 비록 실제 흥미로운 다입자 물리학이 나타나는 낮은 에너지 영역에서는 계산이 너무 어려워서 예측이 거의 불가능하긴 하지만 말이다. 심지어 중성자의 질량에 대한 양자 색역학의 예측 문제도 상대적으로 '간단한' 문제로 여겨졌지만, 최근에야 가장 빠른 슈퍼컴퓨터에서 굉장히 복잡한 계산을 통해 해결됐다. 이는 전형적인 양자 컴퓨터의 역할이다!

다음 중요한 이정표는 양자 색역학을 약한 핵력, 전자기력과 양립될 수 있도록 만드는 것이었다. 이것은 스티븐 와인버그, 압두스 살람, 셸던 글래쇼(Sheldon Glashow)의 작업 덕분에 가능해졌으며, 그들은 모든 힘이 서로 잘 맞물린다는 것을 증명했다. 바로 $SU(3) \times SU(2) \times U(1)$이다.

표준모델

다음과 같이 세 가지 힘으로 구성되는 '성삼위일체'가 발견되었다. 모든 것을 결합하는 강한 핵력(글루온과 쿼크), 방사성 붕괴를 일으키는 약한 핵력(쿼크와 렙톤), 그리고 전하를 가진 입자들의 전자기력(광자). 표준모델은 이 세 가지 자연의 힘 간에 존재하는 극도로 밀접한 상호작용을 설명한다. 단, 중력은 제외된다.

표준모델은 아원자 세계에서 입자와 힘에 대한 가장 정확한 설명을 제공한다. 현재까지 어떤 실험도 이 모델의 불완전성을 포착할 수 없었다. 표준모델의 예측 중 하나는 약한 핵력의 W-보손과 Z-보손 외에도 강한 핵력을 위한 또 다른 보손이 존재해야 한다는 것이었다. 이미 언급한 대로, 그 답은 대칭성 깨짐에 내포되어 있었다. 100억 유로의 연구비가 투입되고 30년이 지난 후인 2012년, W-보손과 Z-보손은 엄청 광고된 힉스 보손과 함께 등장했다. 힉스 보손은 입자에 질량을 부여하는 '살찌게 만드는' 입자였다. 유럽입자물리연구소 덕분에 힉스 보손의 질량은 매우 정확하게 측정될 수 있었는데, 이는 예측하기 어려운 값이었다. 이 예측은 필립 앤더슨이 50년 전에 한 예측에 기반한 것이다. 앤더슨은 "이론 물리학은 응용된 군론이다"라는 유명한 발언으로도 잘 알려져 있다.

2013년 노벨상은 벨기에의 프랑수아 앙글레르와 영국의 피터 힉스에게 돌아갔다. 이들은 (힉스 보손 발견 직전에 세상을 떠난 미국의 로버트 브라우트와 함께) 앤더슨의 예언적인 말을 현실로 만든 과학자들이었다.

그렇지만 잠시 악마의 변호를 자처해보자. 힉스 입자가 존재하지 않았다면 그 또한 흥미로운 일이었을 것이다. 이는 자연에 대해 우리가 아직 이해하지 못한 무언가가 있다는 것을 의미했을 테니 말이다. 그러나 힉스 입자는 실제로 존재한다. 알다시피 이러한 종류의 예측에는 마술이나 수정구슬이 전혀 필요하지 않다는 게 분명하다. 스테빈이 아름답게 표현했듯이, "기적이란 기적이 아니다." 모든 게 완전히 설명 가능하기 때문이다. 진정한 미스터리는 대중 매체가 왜 힉스 입자를 '신의 입자(God particle)'라고 부르는가 하는 점이다.

모든 것의 이론?

헤라르트 트호프트는, 모든 양-밀스 이론은 재규격화가 가능함을 증명했다. 따라서 표준모델도 재규격화가 가능하다. 이 통찰 덕분에 트호프트는 무한대를 길들이는 데 중요한 기여를 했다. 이제 문제는 이렇다. 아인슈타인의 중력을 포함시키면 표준모델은 재규격화 가능성을 잃게 된다. 그 주된 이유는 중력이 더 큰 스핀을 가진 게이지 입자('중력자(graviton)')와 함께 작용하기 때문이다. 이러한 이론들은 재규격화가 불가능하다. 이는 이론 물리학에서 100만 달러짜리 질문으로 이어진다. 자연의 기본 힘 네 가지(강한 핵력, 약한 핵력, 전자기력, 중력)를 어떻게 서로 일치시킬 수 있을까? 그런 모든 것의 장 이론은 어떤 모습일까?

모든 것의 이론(Theory of Everything)은 거의 모든 이론 물리학자들의 꿈이다. 이는 뉴턴의 '모든 것의 연금술'을 향한 탐구와 마찬가지이다. 하지만 지금까지 이것은 여전히 성배로 남아 있으며, 우리는 '어쩌면 모든 것의 이론(theory of maybe everything)'으로 만족해야 한다. 그렇다면 자연이 하나의 일관된 기본 공식으로 설명될 수 있다고 생각하는 것이 현실적인가? 기본 입자의 성질과 별들이 상호작용하며 영향을 미치는 힘을 모두 설명할 수 있는 이론이 가능할까?

현재까지 이런 포괄적인 이론에 가장 가까운 것은 끈 이론이다. 그리 이상하지 않다. 끈 이론은 네 가지 기본 힘이 한때 하나의 기본적인 힘을 이루었으며(우주 대폭발이 모든 것을 흩어버리기 전까지), 우주의 모든 점 입자는 사실 매우 작은 보이지 않는 끈들이며, 이 끈들은 특정한 패턴으로 진동한다고 주장한다. 진동 패턴에 따라 입자는 질량과 전하를 얻으며, 이를 통해 그것이 쿼크가 될지, 전자가 될지, 아니면 다른 기본 입자가 될지가 결정된다.

몇십 년 전, 여기서 '초끈이론'이 발전했으며, 이를 M-이론이라고도 한다. M은 막(membrane)을 의미하는데, 이는 매우 넓은 공간적 평면을 뜻한다. 그러나 일부 사람들은 M이 '머키(murky)'의 약자라고 주장하는데, 이는 불투명하거나 흐릿하다는 의미이다. 초끈이론은 우리가 4차원(3차원의 공간과 1차원의 시간)에서 살고 있는 것이 아니라 11차원에서 살고 있다고 제시한다. 즉, 3차원의 공간, 1차원의 시간, 그리고 또 다른 7개의 공간적 차원이 존재한다는 것이다. 이 더 높은 공간적 차원들은 '칼라비-야우 공간'이라 불리는 공간 안에 초소형으로 '말려' 있으며, 우리에게는 보이지 않는다.

초끈이론은 또한 '초대칭(supersymmetry)'이라는 개념을 도입했다. 이에 따르면, 모든 보손에는 페르미온이, 모든 페르미온에는 보손이 대응된다. 따라서 모든 기본 입자는 그에 상응하는 초대칭짝을 가진다. 핵심은 이 양자역학적 이론이 중력을 포함한다는 점이다. 결국 그것이 바로 전부였다. 이 말이 믿기지 않을 수도 있지만, 이것은 단순히 모든 것이 어떻게 연결되어 있는지를 이해하려는 또 다른 시도가 아니다. 끈 이론이 가능성 있는, 모든 것을 포괄하는 이론으로 30년 넘게 연구되어 왔음에도 불구하고, 그동안 이루어진 진전은 아직 크게 기뻐할 만한 결과를 가져오지 못했다. 주된 이유는 증명할 수 있는 실험이 전혀 없기 때문이다. 하지만 현재로서는 우리가 알고 있는 몇

안 되는 가능성 중 하나이기도 하다. 그러니 의심스럽지만 일단 믿어 보자, 자 그럼! 어차피 원자도 처음에는 한동안 공상적인 수학적 속임수로 여겨졌지만, 결국엔 모든 것을 딱 들어맞게 설명해주었고, 실험도 매번 맞아떨어졌으니까.

7.3 우리는 모두 별에서 왔다

이제 다시 현실로 돌아가자. 우리는 지구와 우주에 존재하는 원자 종류의 수가 매우 제한적이라는 명백한 사실을 발견했다. 하지만 당연히 우리를 둘러싼 모든 것에도 어딘가에서 시작된 근원이 있어야 한다. 도대체 그 모든 원자는 어느 기묘한 공장에서 만들어졌을까?

이를 위해 우리는 다시 조지 가모프에게 의지하게 된다. 그는 한동안 별들과 빅뱅 이론에 완전히 매료되었다. 빅뱅 이론은 벨기에 신부이자 천문학자이자 물리학자이며 수학자인 조르주 르메트르(Georges Lemaître)가 처음 제시한 이론이다. 수십억 년 전, 우주 대폭발(빅뱅)이 일어나기 전 우주는 전체 우주의 질량을 가진 단 하나의 원자핵 크기만큼이나 극도로 작았다고 한다. 르메트르가 제시한 '원시 원자'에 대한 이야기는 가모프의 흥미를 자극했다. 가장 큰 것과 가장 작은 것이 만나는 지점에서, 정확히 무엇이 일어났는지 이해하기 위해 우리는 양자역학에 의존할 수밖에 없다. 그 (극도로 불안정한) 원시 원자는, 초강력 방사능 과정으로, 어느 날 결국 폭발했을 것이다.

알파, 베타, 가모프

조지 가모프는 우크라이나 출신으로 매우 유쾌한 사람이었다. 이 영원한 장난꾸러기는 1948년에 자신과 박사 과정 학생 랄프 알퍼(Ralph Alpher)가 공동 저술한 논문 「화학 원소의 기원(The Origin of Chemical Elements)」에 그의 절친한 친구이자 물리학자인 한스 베테의 이름을 추가하는 엉뚱한 발상을 해냈다. 이로 인해 저자 목록이 '알퍼(Alpher), 베테(Bethe), 가모프(Gamow)'로 완성되었고, 이는 러더퍼드의 그리스 문자 알파(α), 베타(β), 감마(γ) 입자를 빗댄 재치 있는 말장난이 되었다. 가모프는 종종 이런 식으로 진지한 논문이나 글에 약간의 유머와 익살을 가미하곤 했다.

가모프는 계산에 다소 허술한 편이었지만, 꼼꼼한 알퍼와 협력하는 행운을 누렸다. 그러나 알퍼는 이런 말장난을 전혀 재미있어하지 않았다. 대부분의 동료 과학자가 맨해튼 프로젝트에 동원된 동안, 가모프는 조용히 자신이 좋아하는 완전히 다른 주제, 즉 빅뱅(Big Bang) 연구에 집중할 수 있었다. 가모프와 알퍼는 모든 원소의 기원에 대한 논문에서 폰 바이츠제커(Von Weizsäcker)의 이론을 바탕으로 연구를 이어갔다. 이 이론은 태양과 행성이 98% 수소와 헬륨으로 구성되고, 나머지 아주 적은 부분만이 더 무거운 원소들로 이루어진 이유를 설명한다.

가모프가 이름 붙인 '빅뱅 핵합성(bigbang-nucleosynthese)' 동안, 모든 원자는 수소 원자에서 시작된 핵반응을 통해 생성되었다고 한다. 첫 번째로 이루어진 것은 헬륨의 탄생이다. 두 개의 수소 원자가 매우 가까워지면(이를 위해서는 매우 높은 에너지, 즉 높은 온도가 필요하다), 이들이 융합하여 헬륨 원자가 될 수 있다. 이 핵융합 과정에서 엄청난 양의 에너지가 방출되며, 이는 수소 원자들을 결합시키는 데 필요했던 에너지보다 훨씬 더 크다. 이 초과 에너지는 전자기 복사 형태로 방출된다. 우리 얼굴에 쏟아지는 태양빛이 바로 이 과정에서 방출된 결과다.

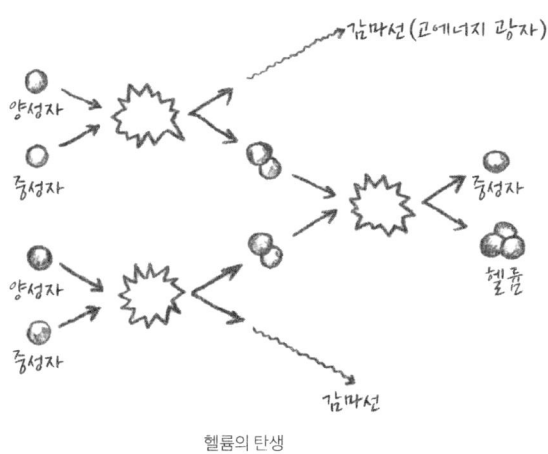

헬륨의 탄생

그렇다면 태양은 어떻게 수십억 년이 지난 지금도 여전히 타고 있을까? 그 이유는 태양에 엄청나게 많은 수소가 존재하기 때문이다. 그리고 두 개의 수소 원자가 헬륨을 형성할 확률이 매우 낮다(약 10억분의 일 정도). 이를 좀 더 실감 나게 말하자면, 매초 약 5억 톤의 수소가 거의 같은 양의 헬륨으로 변환된다.

이 모든 것이 경이롭고, 우주의 구조와 작동 방식에 대한 지식에서 엄청난 도약임은 분명하지만, 여전히 무거운 원소로 이루어진 나머지 1%가 어떻게 생성되었는지는 알 수 없었다. 그 해답은 1953년에 찾아왔다. 프레드 호일(Fred Hoyle, 1915~2001년)이 완전히 흥분한 채로 칼텍(Caltech)에 있는 친구 윌리 파울러(Willy Fowler)의 사무실로 뛰어들어가 외쳤다. "나는 존재해! 나는 탄소로 이루어져 있어!" 모든 물질(심지어 모든 인간!)이 단 하나의 별에서 탄생했다는 기이한 생각은 그로 하여금 다음과 같은 의문을 품게 했다. 만약 두 개가 아니라, 세 개의 헬륨 원자(알파 입자)가 정확히 같은 순간, 정확히 같은 위치에서 아주 가까이 모인다면 무슨 일이 벌어질까?

호일은 계산을 통해 이 입자들이 세 개의 조화로운 바이올린 소리처럼 통합된 진동을 만들고, 이를 통해 탄소(C-12)로 전환될 수 있음을 알아냈다. 그리고 탄소가 훨씬 더 무거운 원소이기 때문에 우리는 거기에 있다. 이 과정이 일어날 확률은 극히 낮지만, 엄청나게 많은 입자가 있다면 그 확률은 자연스럽게 훨씬 더 커진다. 실제로 탄소는 우주 어디에나 존재한다.

호일의 이론은 옳았다. 유사한 방식으로, 그는 어떤 핵반응에 의해 주기율표에 있는 모든 원소가 한때 별 내부에서 만들어졌는지를 밝혀냈다. 적어도 26번 원소인 철(Fe)까지 그렇다. 철이 생성되면 별은 핵반응의 종료를 알리기 때문이다. 그 이유는 철보다 더 무거운 새로운 원자를 생성하는 데 드는 에너지가 그 과정에서 얻을 수 있는 에너지보다 더 크기 때문이다.

그렇다면 주기율표에서 철(Fe)보다 오른쪽과 아래에 위치한 원소들은 어떻게 생성되었을까? 이 미스터리의 해답은 꽤 폭발적이다. 별이 핵융합을 통해 충분한 양의 철을 생성하면, 파울리 배타 원리로 인해 발생하는, 바깥쪽으로의 전자 압력이 안쪽으로 작용하는, 철 원자의 중력적 압력을 더 이상 버틸 수 없게 된다. 그러면 어떻게 될까? 이제 피할 수 없이 수많은 과장된 표현과 함께 설명이 시작된다. 별의 핵이 내파(內波, 붕괴)하고, 별의 외곽층은 어마어마한 속도로 안쪽으로 빨려 들어간다. 이로 인해 별의 중심 온도는 무려 1000억°C에 이르게 된다. 이 과정에서 약한 상호작용에 의해 엄청난 양의 중성자가 생성되고, 동시에 바깥쪽으로 강력한 폭발력이 발생한다. 그 결과 거대한 폭발이 일어난다. 즉 초신성(supernova, 정확히는 II형 초신성)이 생겨난다. 이 거대한 폭발 동안, 수많은 중성자가 사방으로 튕겨 나가면서 철 핵으로 침투한다. 때로는 엄청난 양의 중성자가 한꺼번에 철 핵에 흡수되기도 한다. 그 결과, 새로운 핵반응이 일어나면서 우라늄까지 포함한 무거운 원소들이 생성된다. 따라서 멘델레예프의 주기율표에서 철보다 오른쪽에 위치한 모든 원소는 이러한 초신성 폭발 동안 탄생하는 것이다.

그럼에도 이야기는 여기서 끝나지 않는다. 왜냐하면 우리는 여전히 왜 이렇게 많은 무거운 원소들이 존재하는지에 대한 해답을 알지 못하고 있기 때문이다. 이 미스터리는 2017년에야 풀렸다. 바로 그해 8월 17일 두 개의 중성자별이 충돌했다. 이 관측은 간접적이면서도 매우 놀라운 것이었다. 그렇다면 도대체 무엇이 관측된 것일까? 사람들은 중성자별 충돌로 발생한 감마선과 중력파를 분명히, 또 확실히 관측했다. 그리고 이 관측은 상상할 수 없을 만큼 뜻밖의 일이었다. 어떻게 이런 현상을 예측할 수 있었을까? 과학자들은 두 중성자별의 충돌을 '실시간'으로 목격한 것이다! 물론 여기서 '실시간'은 매우 상대적인 의미. 충돌은 이미 수백만 년 전에 일어난 일이지만, 그 신호가 정확히 2017년 8월 17일 지구에 도달한 것이다.

그날은 금만큼이나 가치 있는 날이었다. 관측된 스펙트럼에서 매우 뚜렷한 피크가 나타났다. 이로부터, 약간의 기쁨을 느끼며, 엄청난 양의 금, 백금, 그리고 다른 귀금속들이 생성되었음을 추론할 수 있었다. 그날, 우리는 무거운 원소들의 탄생을 목격했다. 우리 몸에 존재하는 모든 아연과, 이 세상의 모든 금, 은, 구리는 초신성과 충돌하는 별들에서 생긴 결과물이다.

하지만 그와 반대의 과정도 존재한다. 무거운 원소들이 다시 가벼운 원소들로 변하는 핵반응도 일어난다. 이 과정은 핵분열이라고 하며 자연스럽게 일어나는데, 결국 다시 유명한 26번 원소인 철에 도달할 때까지 계속된다. 언젠가 아주 먼 미래에 우주는 하나의 거대한 철 덩어리가 될지도 모른다.

따라서 자연에는 두 가지 종류의 핵반응이 존재한다. 핵융합에서는 가벼운 원소들이 더 무거운 원소로 변하고, 핵분열에서는 무거운 원소들이 가벼운 원소로 변한다. 모든 핵발전소는 핵분열을 이용해 작동한다. 핵융합로에 대한 연구도 이미 많이 진행되었는데, 핵융합로는 훨씬 더 많은 에너지를 생성하고, 방사성 폐기물이 적게 남기 때문이다. 하지만 핵융합로를 만드는 것은 매우 어려운 일이다. 벽이 100만 도 이상의 온도를 견딜 수 있어야 한다. 마치 우리가 지구에서 태양을 재현하려는 것처럼 말이다. 이는 단지 엄청난 비용을 초래할 뿐만 아니라, 현재로서는 여전히 우리에게 돌아오는 에너지보다 더 많은 에너지가 필요하다. 이 문제는 과학자들에게 여전히 많은 고민거리를 제공하고 있다.

우리가 기억해야 할 중요한 점은, 우리는 단순히 탄소가 아니라 그 이상이며, 모두 별의 먼지로 만들어졌다는 생각이다. 우리 몸의 각 원자는 한때, 우리가 상상할 수 없는 먼 우주의 별에서, 또는 거대한 초신성에서, 또는 충돌하는 중성자별에서 100억 분의 일의 확률로 만들어졌다는 것이다.

8장 요약

- 많은 입자의 거동은 소수의 입자에 대한 연구만으로는 설명할 수 없다. 모든 규모에서 새로운 법칙들이 나타난다. 환원주의는 끝났다!
- 재규격화 그룹은 물리학이 가능한 이유를 보여준다. 세부 사항은 필요 없다. 모든 것은 대칭이다!
- 대칭 깨짐. 초전도!
- 양자 홀 효과, 또는 불완전함에서 나온 완전함. 완벽하다!
- 주요 인물: 필립 앤더슨, 케네스 윌슨, 헤이커 카메를링 오너스, 존 바딘, 클라우스 폰 클리칭.

8장
많아지면 앤더슨이 나선다[46]

8.1 창발

모든 것은 1665년, 크리스티안 하위헌스(Christiaan Huygens, 1629~1695년)가 헤이그에 있던 자신의 집에서 겪은 한 보잘것없는 사건에서 시작되었다. 그날 하위헌스는 몸이 좋지 않아 침대에 누워 있었다. 그는 이미 '사인펠드'의 모든 시즌을 다 봤고[47], 인터넷도 아직 없었으며 연락해 올 사람도 없었다. 그저 멍하니 허공만 바라보고 누워 있을 뿐이었다. 그가 자랑스럽게 바라보던 두 개의 진자 시계는 옆 방의 나무 판자에 고정되어 있었다. 그가 직접 만든 시계들이었는데, 완벽한 조화 속에서 한 시계가 오른쪽으로 똑딱거릴 때, 다른 시계는 동조하듯 왼쪽으로 똑딱거렸다.

시간이 지나면서 하위헌스는 갑자기 그 시계의 조화를 방해하고 싶다는 충동을 느꼈다. 그런데 이상한 일이 벌어졌다. 놀랍게도 한 시계의 추를 만지자, 두 시계를 고정하고 있던 나무 판자가 흔들리기 시

---

46 물리학자 필립 앤더슨이 "많아지면 달라진다(More is different)"라고 주장한 말을 암시하는 제목이다. 그의 주장에 따르면, 복잡한 시스템은 단순한 구성 요소의 합 그 이상이며, 입자가 많아질수록 새로운 물리법칙과 현상이 등장한다는 의미다. 이는 환원주의에 대한 비판이다. 이 장의 제목은 다입자 시스템을 앤더슨의 정신으로 보아야 한다는 뜻을 담고 있다. 즉 이 장에서 많은 입자가 함께할 때 생기는 집단적 거동과 그에 따른 새로운 물리 세계를 다루겠다는 의도이다. - 편집자 주

47 사인펠드는 미국 NBC에서 1989년부터 1998년까지 방영한 전설적인 시트콤. 하위헌스가 '사인펠드' 전 시즌을 다 봤다는 말은 그만큼 할 일이 없고 완전히 지루한 상태라는 뜻이다. - 편집자 주

작했고, 그로 인해 다른 시계의 추도 영향을 받아 어긋나기 시작했다. 그 소란은 두 추가 다시 평형을 되찾고 나서야 멈췄다. 그 후 두 시계는 다시 원래처럼 반대 방향으로 완벽한 조화를 이루며 계속 작동했다. 하위헌스는 이 현상이 너무 흥미로워서 이 새로 발견된 현상(동기화 현상)에 대해 심도 있는 연구를 시작했다. 그는 반드시 이 현상을 이해하고자 했다. 한 가지는 확실했다. 전체는 부분의 합 이상이라는 점이다. 두 시계의 거동은 각 시계의 거동만으로는 설명할 수 없는 것이었다.

그로부터 약 360년이 지난 지금, 하위헌스의 컨디션은 나아진 듯하지만[48], 여전히 두 시계가 왜 그런 식으로 서로 영향을 미쳤는지에 대해 정확히 설명할 수 있는 이론은 없다. 이 사건에서 두 시계가 어떻게 영향을 주고받는지에 대한 메커니즘은 여전히 미스터리로 남아있다. 이 이야기의 교훈은 다음과 같다.

한 개의 진자 운동을 설명할 수 있다고 해서, 두 개의 진자가 나란히 있을 때 일어나는 일을 이해하거나 예측할 수 있다는 보장은 없다. 두 진자의 동기화를 수학적으로 설명하는 것이 왜 그렇게 어려운가? 그 이유는 이 과정에서 비선형적인 힘이 작용하기 때문이다. 그리고 이런 비선형성은 완전히 새로운 접근법을 요구한다. 비선형성이라는 매우 고전적인 현상은 어느 면에서 양자역학에서의 얽힘 현상과 비슷하다.

한 마리 찌르레기가 배가 가득한 나무에 앉아

---

[48] 하위헌스의 발견이 오랜 세월이 지났어도 여전히 의미가 있다는 의인화된 표현이다. - 편집자 주

하늘을 지배하고 싶어 했다.

"정치는 내 전문이야,

여기서 나는 쉽게

무리를 돌리고 바꿀 수 있으니까!"

이전 두 장에서는 점점 더 작은 입자들을 찾기 위한 환원주의적 철학을 따라갔다. 분자에서 원자로 더 깊숙이 들어가며 건포도 이론은 진짜 원자핵으로 대체됐는데, 원자핵 안에는 양성자, 쿼크, 핵력으로 가득했다. 점점 더 파고들어 더 작은 것으로 나아가면서, 아인슈타인과 디랙 같은 환원주의자들은 모든 것을 설명할 수 있는 통합 이론에 도달했다. 디랙은 그 과정에서 양자 이론이 거의 완전해졌으며, 물리학(그리고 화학)을 설명하기 위한 모든 기본 법칙이 이미 알려졌어야 한다는 결론을 내렸다. 문제는 그 방정식들이 너무 어려워서 적용할 수 없다는 점이었다. 그렇게 되면, 엄청난 법칙들이 있지만, 그 법칙들을 적용할 수 없는 상황에 놓이게 된다.

모든 것의 초이론(supertheory). 이를 통해 모든 것이 마치 마법 공식처럼 해결될 수 있을 것이다. 하지만 그 이론은 아직 존재하지 않으며, 아마도 영원히 존재하지 않을 수도 있고, 무엇보다 그 시각은 전혀 옳지 않다. 우리가 쿼크에 도달했다고 해서 갑자기 초전도체의 작동 원리를 설명할 수 있는 것도 아니다. 필립 앤더슨은 이렇게 말했다. "환원주의 가설이 결코 구성주의 가설을 의미하지 않는다. 모든 것을 몇 가지 간단한 기본 법칙으로 환원할 수 있다고 해서, 그 법칙들을 통해 우주의 작동 원리를 재구성할 수 있는 것은 아니다."

환원주의는 과학자들을 기본 법칙으로 이끌었지만, 과학은 양방향 교통이 아니다. 그 기본 법칙을 바탕으로 그냥 방향을 돌려서, '자, 이제 구성주의적 접근을 할 수 있다'고 생각하는 것은 말이 쉽지, 순진한 발상이다. 물론 모든 것이 서로 연결되어 있지만, 가장 작은 것과 가장 큰 것 사이에는 어딘가에 양립할 수 없는 경계가 존재한다. 마치 야누스의 두 얼굴처럼, 현실은 모순된 특성을 가진 여러 가지 정체성을 지닌다. 파동/입자 이중성도 바로 그런 범주에 속한다.

이를 누구보다 잘 이해한 사람이 방금 인용한 필립 앤더슨(1923~2020년)이었다. 그는 20세기에 가장 뛰어나고 영향력 있는 이론 물리학자 중 한 명이었다. 앤더슨은 힉스 보손에 관한 중요한 퍼즐을 해결한 바 있지만, 쿼크나 끈이론 같은 가장 작은 세계에는 전혀 관심을 두지 않았다. 블랙홀로 가득 찬 가장 큰 규모 또한 그의 관심의 중심이 아니었다. 그가 끝없이 흥미로워한 것은 바로 '매우 많은 것들'이었다. 매우 많은 원자, 매우 많은 전자, 다시 말해, 다입자 시스템이었다.

사실 이론가와 실험가 외에도 과학자들은 또 다른 두 가지 범주로 나눌 수 있다. 한쪽은 점점 더 작은 입자와 기본 법칙을 탐구하는 집중적인 연구를 하는 반면, 다른 한쪽은 기본 법칙을 바탕으로 다른 현상들을 설명하기 위한 확장적인 연구를 한다. 첫 번째 범주에는 고에너지 물리학이 포함되며, 두 번째 범주에는 고체물리학과 생물학이 포함된다. 앤더슨은 그의 존재를 구성하는 가장 작은 세포 하나까지도 두 번째 범주에 뿌리를 두고 있었다.

앤더슨의 가장 유명한 에세이 '많아지면 달라진다(More is different)'에서 그는 작업하는 규모에 따라 전혀 다른 조직 원리와 법칙들이 적용된다고 지적한다. 이 현상에는 '창발(emergence)'이라는 이름이 있다. 하나의 원자나 세 개의 쿼크를 이해하는 것은 완전히 가능하지만, 수많은 원자나 쿼크가 함께 어떻게 행동할지 예측하는 것은 불가능하다. 수많은 입자는 단일 입자와는 다른 접근 방식을 요구한다. 진짜 질문은 바로 이것이다. "어떻게 많은 입자로 구성된 시스템을 다룰 것인가?" 우리는 하나의 입자를 더 깊이 파고들 필요가 없으며, 대신 많은 입자로 시선을 돌려야 한다. 여기서 '많은'이라는 것은 정말로 매우 많은 것을 의미한다. 예를 들어 10^{24}개 정도를 말한다.

창발

물고기 한 마리는 빠르게 헤엄칠 수 있지만, 물고기 떼는 전혀 다른 동역학을 가진다. 찌르레기 한 마리는 그저 날아다니지만, 찌르레기 떼는 거의 마법처럼 보이며, 어느 새가 갑자기 방향을 바꾸기로 결정했는지 아무도 알 수 없고, 그 후 나머지 새들이 자동으로 그 뒤를 따른다. 혼자 있는 사람은 그저 사람일 뿐이지만, 전체 공동체는 도시를 만든다. 그리고 도시가 어떻게 발전할지는 예측할 수 없다. 때로는 누군가 낙후된 동네에 작은 카페를 차리는 것만으로 충분하다. 곧이어 그 카페가 극장을 끌어들이고, 이어서 자전거 수리점이 생기고, 그 뒤를 따라 불가피하게 커피숍이 들어서서, 그 거리 전체가 힙한 곳이 된다.

가까운 피아노를 향해 손을 뻗어 한 음을 쳐 보자. 예를 들어, B-플랫. 그 자체로는 매우 아름답게 들리지만, 이 작은 소리가 엄청난 감정적 격변을 일으킬 가능성은 적다. 그러나 같은 음이 베토벤의 '해머클라비어'에서 울려 퍼지는 것을 들으면, 팔뚝의 모든 털이 일제히 쭈뼛 서기를 바란다. 즉, 최고의 플랫 연주자라고 해서, 자동으로 베토벤의 '해머

클라비어'를 손끝에서 구현할 수 있는 것은 아니라는 말이다. 아니 제발, 그의 두 번째 피아노 협주곡도 마찬가지다. 피아노 조율사는 한 음을 맞추고, 다음 음을 맞추는 것에 만족할 수 있다. 그러나 소나타와 교향곡에서는 음 자체가 중요한 것이 아니다. 중요한 것은 음과 연주자 간의 상호작용, 리듬과 볼륨 조절, 감정과 그 감정의 해석이다. 바로 그것이 음악이다.

결국 중요한 것은 항상 우리가 적절한 질문을 던져야 한다는 점이다. 왜 특정한 물질은 초전도성이 있는가? 물질에서 무질서의 역할은 무엇인가? 다입자 시스템의 본질을 포착할 만큼 간단하면서도, 보편적이고 조직적인 특성을 설명할 만큼 복잡한 수학적 공식을 어떻게 세울 수 있을까? 그리고 그 보편적 특성이 시스템의 미시적 특성에 의존하지 않고 그것을 초월하는 방식으로 말이다. 왜냐하면 동일한 대칭성을 가진 경우 매우 다른 시스템들도 하나의 공식으로 설명할 수 있기 때문이다.

예를 들어, 물질에서 자기장이 온도에 따라 어떻게 변하는지에 대한 방식은 물이 얼음으로 변하는 과정을 설명하는 동일한 기본 공식에 따른다. 그래서 우리는 피할 수 없이 다시 대칭성 깨짐으로 돌아오게 된다. 매번 상전이가 일어날 때마다 대칭성이 깨지거나 복원된다. 대칭성 깨짐은 협동적인, 즉 창발적인 현상이다. 이는 매우 많은 (상호작용하는) 입자들로 구성된 시스템에서만 발생한다. 따라서 개별 입자의 연구를 통해 설명할 수 없다. 점점 더 거시적인 규모에서 특성을 살펴보면, 시스템들이 그 규모에 따라 다르게 행동하는 것을 알 수 있다. 이것은 바로 창발의 결과이다. 생물학과 입자 물리학을 생각해

보라. 생물학을 이해하려면 (다행히도) 게이지 이론이 필요하지 않다.

각각의 단계나 규모는 자신의 고유한 기본 법칙에 따른다. 그 법칙은 단지 밑에 있는 단계의 세부 사항에 의해 간접적으로 결정된다. 물론 각 단계는 서로 일관성을 갖고 있다. 하지만 더 높은 단계의 특성은 더 낮은 단계에서 바로 유도할 수 없다. 이를 마치 각 층마다 고유한 법칙을 가진 아파트 건물에 비유할 수 있다. 엘리베이터는 모든 층을 연결해주지만, 한 층에서 다른 층으로 이동하는 과정에서 일어나는 일을 예측할 수는 없다. 모든 층이 공통적으로 가진 것은 건물의 구조, 즉 기초뿐이다.

물리학에서도 마찬가지다. 우리는 매우 제한된 수의 공식으로 다양한 현상들을 설명할 수 있다. 왜냐하면 서로 다른 층을 연결하는 접착제는 바로 대칭성이나 군(group)이며, 이것들은 제한적이기 때문이다. 이는 왜 완전히 다른 시스템들의 물리학이 같은 군을 통해 이해될 수 있는지를 설명해준다. 모든 상전이는 본질적으로 제한된 가능한 형태의 대칭성 깨짐으로 환원될 수 있다.

따라서 우리는 '위계(hierarchy)'라는 용어에 다른 의미를 부여해야 한다. 한 과학이 자동으로 다른 과학에서 파생되거나, 다른 과학보다 더 중요하다고 주장하는 것은 너무 쉽게 생각하는 것이다. 기본 법칙을 안다고 해서 미시적이든 거시적이든, 모든 자연 현상을 이해하고 예측할 수 있는 것은 아니다. 어느 하나가 다른 것보다 더 우수한 것은 아니다. 그냥 다를 뿐이다.

물리학자는 화학책을 펼쳐 놓고 금세 모든 것을 이해했다고 생각할 수 있다. 그러나 그 반대 방향에서는 그렇게 쉽게 이해할 수 없다. 비록 화학이 첫눈에 보기에는 사실 단순히 응용된 양자역학에 불과하지만, 물리학자는 화학에 대해 잘 이해하지 못한다. 그들의 물리학 직관은 화학의 판도라의 상자를 열었을 때 어떤 화학적 과정이 일어날지를 알려주지 않는다. 심리학은 응용 생물학이 아니며, 생물학은 응용 화학이 아니다. 각 수준은 다른 연구 방식을 요구하며, 각 수준에 적용되는 법칙이 무엇인지 이해하기 위해서는 뛰어난 통찰력이 필요하다. 그럼에도 불구하고 수학, 특히 대칭성은 어디에서나 동일하다.

보편성의 원칙은 고에너지 물리학자들과 다른 모든 물리학자 사이에서 긴장감을 불러일으키는 요인으로 남아 있다. 앤더슨의 기여는 이 점에서도 매우 중요한 역할을 했는데, 그는 중요한 논의를 촉발시켰기 때문이다. 이는 과학자들뿐만 아니라 철학자들 사이에서도 일어난 논의로, '더 깊이 파고들 것인가' 아니면 '더 넓게 볼 것인가'에 대한 논의였다. 이 논의에서 앤더슨과 스티븐 와인버그 사이의 논쟁이 매우 중요한 예시가 된다.

와인버그는 가장 작은 입자의 전문가이자 표준모델의 창시자로, 적어도 이론적으로는 미시적 법칙을 기반으로 거시적 세계를 설명할 수 있다고 확신했다. 이 논의는 1993년에 일어났다. 미국은 자체 입자 가속기인 '초전도 초대형 충돌기(SSC)'를 건설할 계획이었다. 이 거대한 터널의 건설 비용은 50억 달러에 달했다. 건설에는 찬반 의견이 있었고, 이 의견은 과학계 내에서도 갈라졌다.

미국 의회에서 앤더슨은 기본 입자 물리학에 너무 많은 돈이 들어가고, 다입자 물리학에는 너무 적은 돈이 할당된다고 주장했다. 그는 과학의 슈퍼마켓에서 좀 더 민주적인 접근이 필요하다고 생각했다. 이 논의는 논쟁의 취지를 매우 명확하게 보여준다. 직접 판단해

보자.

와인버그: 저는 이 자리에 와서 SSC에 대해 이야기할 수 있는 기회를 주신 의장님께 감사드립니다. 본질적으로 SSC는 새로운 종류의 물질, 즉 우주가 약 1조분의 1초 되었을 때부터 존재해온 입자들을 생성하도록 설계된 기계입니다. 이 입자들을 생산하기 위해서는 현재 존재하는 가장 큰 가속기들의 에너지보다 약 20배 높은 에너지가 필요합니다. 이것이 SSC가 이렇게 크고 비싼 이유를 설명해줍니다.

그러나 제 간단한 설명만으로는 SSC가 무엇인지에 대해 충분히 설명하지 못합니다. 입자 자체는 그다지 흥미롭지 않기 때문입니다. 하나의 양성자를 봤다면, 모든 양성자를 다 본 셈이죠. 우리는 입자 자체를 찾고 있는 것이 아니라 물질, 에너지, 힘, 그리고 우주의 모든 것에 적용되는 원리를 찾고 있는 것입니다. 1970년대 중반, 우리는 표준모델이라는 이론을 개발하면서 절정에 이르렀습니다. 이 이론은 우리가 아는 모든 힘과, 기존 실험실에서 관찰할 수 있는 모든 종류의 물질을 포함합니다.

물론 이 이론이 최종적인 답이 아님을 알고 있습니다. 왜냐하면 이 이론은 중요한 것들, 예를 들어 중력을 빼먹고 있기 때문입니다. 또 우리가 아는 입자들인 쿼크, 전자 등은 모두 질량을 가지고 있지만, 이 이론은 그 질량이 정확히 무엇인지 알려주지 않습니다. SSC는 이런 종류의 질문에 답할 수 있도록 설계되었습니다. 그와 별개로, 우리는 이 입자 물리학이 과학의 가장 근본적인 수준에 도달했다고 느끼고 있습니다.

예를 들어 초전도체가 어떻게 작용하는지 물어보면, 전자와 전자기장 등과 같은 특성을 통해 답을 얻을 수 있습니다. 그리고 "그게 정말 맞는 걸까?"라는 질문을 하면 표준모델을 통해 답을 얻을 수 있습니다. 그럼 표준모델이 왜 맞는다고 할 수 있는지 궁금해질 수 있습니다. 하지만 그때는 답을 얻을 수 없습니다. 우리는 모릅니다. 우리는 한계에 다다랐습니다. 우리는 "왜?"라는 질문의 연쇄 반응을 가능한 한 많이 끌어냈는데, 지금 우리가 아는 한, SSC 없이는 더 이상 진전을 이룰 수 없습니다. 감사합니다.

의장: 감사합니다, 와인버그 박사님. 다음 증인은 프린스턴대학교 물리학과(응용 물리학과라고 생각합니다)의 필립 앤더슨 교수님입니다.

앤더슨: 최대한 간단히 말씀드리겠습니다. 아무튼, 저는 제 동료인 스티븐 와인버그 교수처럼 유창하게 말할 수는 없을 것 같습니다.

와인버그: 한번 해 보세요.

앤더슨: 제가 여기서 말씀드리고 싶은 점은 우선순위에 관한 것입니다. SSC가 다루고 있는 물리학은 물리학의 매우 제한적이고 전문적인 분야를 다루며, 매우 좁은 범위에 집중하고 있습니다. 그것은 우리가 살고 있는 세계의 아주 작고, 아주 에너지가 높은 하위 구조들을 대상으로 합니다. 그러나 그 구조들 중 대부분은 이미 우리가 잘 알고 있는 것들입니다.

SSC에서 발견되는 것들은 가까운 미래에 우리가 세상을 바라보는 방식이나 작업 방식에 큰 변화를 가져오지 않을 것이며, 핵물리학에 변화를 일으키지도 않을 것입니다. 이 특정한 분야에서 일하는 이론 물리학자는 대략 몇백 명 정도(제가 보기에는 이렇게 제한된 주제에 비해 너무 많은 숫자입니다)이고, 실험 물리학자는 몇천 명 정도입니다. 그것은 전 세계 모든 연구 물리학자들 중 10%도 되지 않습니다…. 그럼에도 불구하고 SSC의 예산은 물리학 나머지 부분에 배정된 예산을 훨씬 초과합니다. 사실, 입자 물리학자들은 다른 물리학자들보다 평균적으로 10배 많은 예산을 받습니다. 그런 의미에서 SSC는 물리학자들에게 그리 효율적인 취업 프로그램이 아닙니다. 최근에 이 특정 분야의 물리학이 다른 모든 과학보다 근본적으로 더 중요한 것처럼 그 특별한 지위를 정당화하려고 시도한 책과 논문이 나왔습니다(책은 적어도 두 권, 논문은 여럿 나왔습니다).

사실, 입자 물리학자들이 그런 종류의 책과 논문을 쓸 시간이 있다는 사실만으로도… 최근에는 그다지 진전이 없었으니, 그들은 아마 다른 할 일이 없는 것 같습니다. 반면에, 과학자들이 답을 찾기를 바라는 흥미롭고 근본적인 질문들이 너무나 많이 존재하고, 저 같은 사람들은 그 질문들을 다루기에도 바쁘고, 그 외에도 책을 쓸 시간은 없다는 점을 강조하고 싶습니다.

이런 질문들이 있습니다. 생명은 어떻게 시작되었는가? 인류의 기원은 무엇인가? 우리의 뇌는 어떻게 작동하는가? 면역 체계의 이론은 무엇인가? 경제학이라는 학문이 존재하는가? 이 모든 것들은 공통적으로, 그것들이 물질에 대한 단순한 사실들의 표현(즉, 기본 입자들)이라기보다는 우리가 매일 마주하는 물질과 에너지의 복잡성과 관련이 있다는 점에서 공통점을 가집니다. 이런 복잡성이 외적으로 드러나는 방식은 SSC가 앞으로 발견하게 될 어떤 결과로도 결코 영향을 받지 않을 것입니다.

반대로, 저는 우리가 미래에는 이러한 종류의 주제와 질문을 다루는 데 집중해야 한다고 생각합니다. 무한히 더 많은 물질의 하위 구조를 찾는 데 몰두하는 것보다는 말입니다. 자신에게 이런 질문을 던져보는 것도 좋을 것입니다. 어떤 근본적인 질문들이 쉽게 해결될 수 있을지, 그리고 적은 비용으로 해결될 수 있을지 말입니다. 감사합니다.

두 달 후, 미국 의회는 SSC 프로젝트를 취소했다.

8.2 재규격화

7장에서는 재규격화가 가능한 이론들에 대해 자세히 다루었다. 재규격화 이론의 시작은 무한대에 관한 문제를 해결하기 위한 수학적 요령이었다(덕분에 장 이론의 성공을 이루어냈고 말이다). 하지만 이 이론은 그보다 훨씬 더 많은 것을 포함하고 있음이 밝혀졌다. 케네스 윌슨(Kenneth Wilson, 1936~2013년)이 어느 날 이를 발견했는데, 본래 춤을 좋아하던 그는 즉시 그 기쁨을 포크댄스로 표현했다고 한다.

우리는 이미 각 스케일(규모 또는 척도)마다 고유한 법칙(과 복잡성)을 가지며 각 수준에서 새로운 조직화 원리가 등장한다고 주장했다. 윌슨은 재규격화 군을 이용해 공간과 시간을 다시 스케일링(즉, 확대)하여 하나의 이론이나 해밀토니안이 어떻게 다른 이론이나 해밀토니안으로 이어지는지를 연구했다. 참고로, 해밀토니안은 입자의 운동 에너지와 위치 에너지, 그리고 입자 간의 상호작용을 설명하는 수학적 표현이다. 윌슨은 해밀토니안에서 세 가지 가능한 항을 구분했다. 관련 항, 한계적 항, 그리고 무관한 항이다.

관련 항은 스케일이 커질수록 점점 더 커지며, 비관련 항은 점점 더 작아지고, 한계적 항은 그 중간에 위치한다. 예를 들어, 핵에서 일어나는 일을 설명하는 데 필요한 에너지(즉 개별 양성자와 중성자의 자유도에 해당하는 에너지)는 분자를 설명하는 데 있어 전혀 무관한 항으로 간주된다.

궁극적으로 우리가 관심 있어 하는 큰 규모에서 무관한 항들은 무시할 수 있을 정도로 작아지고, 관련 항들만이 가능한 자유도를 결정한다. 따라서 모든 물리학은 결국 한계적 항들에 의해 결정된다. 윌슨은 이를 바탕으로 모든 환원주의자의 꿈인 궁극적인 미시적 이론이 실제로는 완전히 무관하다는 결론을 도출했다. 왜냐하면 이 이론은 거의 전적으로 무관한 항들로 구성되어 있기 때문이다. 개별 입자들 사이의 거리가 큰 거리 척도에서는 다입자 물리학이 매우 제한된 수의 가능한 주변 항들에 의해 완전히 결정된다.

비록 각 스케일마다 고유한 이론이 존재하지만, 서로 다른 스케일 간의 상호작용과 상전이를 살펴보면, 이들을 연결하는 단 하나의 요소가 있다. 바로 존재하는 대칭성이다. 어떤 이론도 이 대칭성에서 벗어날 수 없다. 이는 우리가 2장에서 강조했던 바를 다시 확인시켜 준다. 대칭성은 물리학의 가장 강력한 조직 원리다. 대칭성은 서로 다른 스케일 사이의 간극을 메우고, 상전이 연구에서 근본적인 역할을 한다. 에미 뇌터와 레프 란다우의 주장처럼 물리학은 본질적으로 대칭성을 연구하는 학문이다.

가장 작은 스케일에서의 발견이 아무리 가치 있고 혁신적이라고 할지라도 자연이 전체적으로 어떻게 작동하는지를 이해하려면 모든 스케일에 걸쳐 공통으로 적용되는 조직 원리를 살펴보아야 한다. 이 원리는 미시 물리학의 세부 사항과는 독립적이다. 우리는 이미 자석과 물/얼음의 예를 들었는데, 이것들은 각각 전혀 다른 특성을 지니고 있다(자석은 스핀에 관한 것이고, 물과 얼음은 분자에 관한 것이다). 하지만 이것들의 상전이는 정확히 동일한 방식으로 설명된다. 왜냐하면 이것들은 같은 대칭성을 가지고 있기 때문이다. 결국 대칭성만 남는다.

이로써 매우 제한된 수의 기본적이고 단순화된 보편적 법칙이 존재하며, 이를 바탕으로 거의 모든 현상을 설명할 수 있다는 놀라운 사실에 도달한다. 그리고 이 사실은 환원주의가 실제로 언급할 수 없는 부분이다. 이는 물리학자 리오 카다노프(Leo Kadanoff, 1937~2015년)도 확인한 바 있다. 그는 "우리가 주변 세계에서 발견하는 구조의 풍부함은 물리학 법칙의 복잡성에서 비롯된 것이 아니다. 그것은 오히려 매우 단순한 법칙들이 반복적으로 적용된 결과이다."라고 말했다.

결론적으로, 이 이론은 처음에 물리학의 반직관적이고 보기 흉한(이 부분은 우리가 아니라 디랙이 한 말이다) 임시방편 중 하나로 간주되었으며, 무분별한 무한대에 대항하기 위한 '무기'로 여겨졌다. 그러나 우리는 재규격화 덕분에 물리학이 가능해진다는 점을 인정하지 않을 수 없다. 실제 미시적 법칙이 무엇인지와는 상관없이, 큰 스케일에서는 가능한 이론의 수가 매우 제한적이다. 이 이론들은 오직 존재하는 대칭성에 의해 완전히 특징지어진다.

윌슨의 유산은 그 자체로 측정할 수 없을 만큼 소중하다. 윌슨의 재규격화 이론으로 인해 물리학은 다시 한번 새로운 시대에 접어들었다. 이 시대는 매우 많은 입자로 구성된 거시적 시스템에서 완벽함이 가능한 이유를 이해할 수 있게 된 시대다. 완벽함이 존재하는 이유는 다입자 시스템의 창발적이고 집단적인 특성이 완벽한 대칭성을 가진 하나의 파동 함수로 설명될 수 있기 때문이다. 대칭성은 존재하거나 존재하지 않을 뿐이며, 재규격화 군에서 대칭성만이 유일하게 중요한 요소이다. 이 겸손한 완벽함의 두 가지 아름다운 예는 초전도와 양자 홀 효과다.

8.3 초전도

양자역학 덕분에 우리는 원자의 존재를 설명할 수 있게 되었고, 그로 인해 물질의 구조적 특성도 이해할 수 있게 되었다. 하지만 양자 효과가 오직 우리가 육안으로 볼 수 없는 수준에서만 나타난다고 생각한다면 오해다. 때때로 이러한 효과는 거시적 수준에서도 관찰될 수 있다. 그중 가장 아름다운 예가 바로 초유체와 초전도다.

1940년대 초, 이론 물리학은 초유체 현상에 매료되었다. 이는 특정 조건에서 보스-아인슈타인 응축처럼 행동하는 헬륨을 이용한 실험에서 발견된 효과였다. 실험을 시작해보자. 유리잔의 절반을 헬륨-4(보손)로 채우고 온도를 낮춘다. 특정 시점에 상전이가 일어난다. 잠시 기다리면, 갑자기 헬륨이 초유체 상태로 변하고, 밤의 도둑처럼 유리잔의 가장자리를 넘으려 한다. 초유체는 더 이상 점성이 없으며, 헬륨 분자들이 서로보다 유리잔의 가장자리에 더 끌리기 때문에 위로 기어 올라간다. 이것은 어떻게 설명될 수 있을까? 이런 상전이 동안 무슨 일이 일어나는 것일까?

바로 이것이 레프 란다우가 이해하고자 했던 것이었다. 그는 이를 통해 대칭성 깨짐에 대한 이론을 도출했는데, 이 이론은 단지 이 문제에만 국한되지 않고 훨씬 더 넓은 범위에서 적용될 수 있다. 초유체의 경우, 대칭성 깨짐은 게이지 장의 대칭성 깨짐에 해당하며, 이에 대한 수학적 설명은 보스-아인슈타인 응축이나 초전도체의 설명과 정확히 동일하다.

초전도체 또한 특이한 성질을 가진 양자 다입자 시스템의 대표적인 사례이다. 초전도는 창발 현상이다. 따라서 이를 설명하기 위해서는 기존의 미시적 이론에서 바로 도출할 수 없는 새로운 유형의 물리학이 필요하다(각 단계마다 고유의 법칙이 있기 때문이다). 이 때문에 초전도 현상을 이해하는 데 오랜 시간이 걸렸다. 초전도체는 특정 온도 이하에서 전기 저항이 완전히 사라지는 물질이다. 이 현상을 처음으로 관찰한 사람은 네덜란드의 헤이커 카메를링 오너스(Heike Kamerlingh Onnes, 1853~1926년)였다. 그는 첫 솔베이 회의가 열린 1911년에 이 발견을 했다. 오너스도 이 회의에 참석했는데, 유명한 단체 사진에서 그는 아인슈타인의 왼쪽에 자리하고 있었다. 오너스는 그로부터 몇 년 전 이미 헬륨 가스를 액체 상태로 만드는 데 성공했다. '이제 대칭이 깨졌구나!'라고 생각했을지도 모른다. 하지만 당시 그의 이론은 브뤼셀에서 별다른 주목을 받지 못했다. 그의 연구는 아직 받아들여지지 않았다. 그 어떤 회의보다 전설적이었다고 꼽히는 그 회의에서 답보다 많은 질문이 쏟아져 나왔다. 그때 논의된 많은 내용은 수십 년 후에야 그 진정한 의미를 드러냈다. 예를 들어 초전도체가 단순히 완벽한 전류의 고속도로 그 이상이라는 사실도 수십 년 후에야 깨닫게 된 것이다.

오너스가 수은을 냉각시키자 전기 저항이 감소했다. 예상한 대로였다. 다음 날 그가 온도를 좀 더 낮추자 이제 저항이 완전히 사라졌다. 이로써 수은은 4.2K(영하 269℃에 약간 못 미치는 온도) 이하에서 초전도 상태가 된다는 사실이 밝혀졌다. 그리고 그때 오너스는 번뜩이며, 마치 케쿨레가 꿈속에서 뱀을 보며 벤젠 고리를 떠올렸듯이, 무언가 결정적인 통찰을 떠올렸다(광고가 아니었을까 싶을 정도로). 수은으로 구성된 폐쇄 시스템에서는 외부 동력이 없어도 전류가 무한히 흐를 수 있고, 무엇보다도 에너지 손실이 전혀 발생하지 않는다는 것을 깨달은 것이다. 정말 대단한 발견이었다!

물론, 초전도 특성을 가진 다른 중금속도 있지만, 이들 금속은 '임계 온도' 또는 '전이점'이라고 불리는, 믿기 어려울 정도로 낮은 온도에서 비초전도 상태에서 초전도 상태로 전환된다. 알루미늄의 임계 온도는 1.20K(-271.95℃)이며, 납은 7.19K(-265.96℃), 아연은 0.87K(-272.28℃)에서 초전도 상태로 전환된다. 반면, 금, 은, 동은 초전도 특성을 갖지 않는다. 니켈, 철, 코발트 역시 마찬가지이다. 이들 물질에는 특별한 마법 같은 힘이 없다.

초전도 현상은 어떻게 일어날까? 그 원리는 다음과 같다. 금속에서 원자들은 결정 격자에 배열되어 있다. 원자의 바깥쪽 에너지 궤도에 있는 전자들은 금속 안에서 어디에나 있고, 동시에 아무 데도 없으며, 하나의 원자에서 다른 원자로 지속적으로 이동한다. 금속을 통해 전류가 흐를 때, 전자들은 그 격자 구조를 통과해야 한다. 그러나 진동하는 원자들처럼 장애물들이 많은 길을 통과해야 하기에, 이는 꽤 위험한 작업이다. 그들은 어떻게 아무 방해 없이 양극 방향으로 달려갈 수 있을까? 계속해서 잘못된 방향으로 튕겨 나가는데도? 모든 마찰과 충돌로 인해 결국 많은 에너지가 손실된다. 이 에너지는 보통 열(전기 저항)의 형태로 방출된다.

그러나 초전도체의 경우, 마찰이 전혀 없다. 아무것도 없다. 전도는 완벽하다. 에너지가 전혀 손실되지 않는다. 이런 일이 어떻게 가능한지에 대한 답은 오너스가 발견한 지 약 50년 후인 1957년에 나왔다. 존 바딘(John Bardeen), 리언 쿠퍼(Leon Cooper), 로버트 슈리퍼(Robert Schrieffer)의 이론, 즉 BCS 이론이 그것이다. 이 세 사람의 이론에 따르면, 일부 전자들이 짝을 이루도록 강제됐다. 이를 쿠퍼쌍이라고 한다. 물론 짝을 형성한 전자들은 전혀 새로운 성질을 갖게 되었다. 그런데 음전하를 띤 전자 두 개가 어떻게 서로 조화를 이룰 수 있을까?

다시 말해, 결정 격자는 이온들로 가득 차 있다. 이온은 전자가 부족해 전기적으로 대전된 원자다(바깥 껍질의 전자들이 떠돌고 있기 때문이다). 이 격자 구조 속에서 음전하를 띤 전자가 양이온을 지나갈 때, 포논(phonon)이라는 형태로 진동이 발생한다(기억력이 아주 좋은 독자라면 떠오를지도 모르겠지만, 아인슈타인은 1907년에 포논의 존재를 예견했다). 이 포논은 전자 주위에 모이게 된다. 그 후, 다른 전자가 이 포논을 따라 자리를 잡을 수 있다. 결국, 두 전자가 서로를 끌어당겨 포논 입자의 교환을 통해 서로 결합할 수 있게 된다. 이것이 바로 쿠퍼쌍을 만든다. 포논은 원자 격자가 진동을 시작할 때 발생하는 작은 파동의 묶음이며, 두 전자를 하나로 묶을 수 있도록 필수적인 연결 고리, 즉 양전하를 띤 접착제 역할을 한다. 이렇게 만들어진 쿠퍼쌍은 하나의 보손 입자처럼 행동한다.

쿠퍼쌍은 하나의 전자에 비해 드 브로이 파장이 매우 길어 모든 장애물을 피할 수 있다. 하지만 쿠퍼쌍은 또한 보손 입자라는 중요한 특성을 갖추고 있다. 이로 인해 보스-아인슈타인 바닥 상태로 응축될 수 있다. 적어도 온도가 충분히 낮다면(대칭성 깨짐!) 그렇다. 그 결과로 나타나는 거시적인 현상이 바로 완벽한 전류가 영원히 유지된다는 것이다. 일단 전류가 흐르면 더 이상 돌아가지 않는다. 이 강직성은 대칭성 깨짐의 전형적인 징후이다. 결정에서의 단단함도 대칭성 깨짐의 결과이듯이 말이다. 이 초전류는 전적으로 보스-아인슈타인 응축체에 의해 '지탱'되며, 격자 속을 이동하는 개별 입자(또는 입자 쌍)의 관점으로는 도저히 이해할 수 없다.

사실, 쿠퍼쌍 자체는 전혀 움직이지 않는다. 시간이 지남에 따라 변화하는 것은 특정 지점에서 쿠퍼쌍을 만날 '확률'일 뿐이다. 쿠퍼쌍은 모두 바닥 상태에 있으며, 이 상태는 주어진 경계 조건, 즉 링을 통과하는 자속(磁束, 에너지)의 양에 따라 크게 달라진다. 이로 인해 에너지가 손실되지 않는다. 이는 마치 전자가 수소 원자핵 주위를 1S 궤도로 도는 것과 같은 현상인데, 그 차이는 거시적인 규모에서 일어난다는 점이다. 이 현상은 모든 것을 종합해 보았을 때, 매우 '창발적인' 현상이다.

초전도 물질의 대칭성 깨짐으로 인해 발생하는 매우 흥미로운 결과 중 하나는 이 물질이 자기장을 방출한다는 점이다. 즉 이 물질에서 자기장이 밖으로 밀려난다는 것이다. 초전도체 내부에는 자기장이 존재할 수 없는데, 이는 전자기장의 광자들이 대칭성 깨짐으로 인해 질량을 갖게 되기 때문이다. 바딘과 그 동료들의 이론이 이른바 마이스너 효과를 정확히 설명할 수 있었다는 사실은 항상 회의적이었던 물리학자들 사이에서 그들의 이론이 널리 받아들여지는 데 큰 기여를 했다.

초전도체의 자기적 특성은 많은 응용 분야가 있다. 예를 들어, 자기부상(Maglev) 열차나 MRI 스캐너가 그렇다. MRI 스캐너는 매우 강력한 자기장이 필요한데, 이는 오직 도넛 모양의 초전도체에 매우 강한 전류를 흐르게 해야만 생성할 수 있다. 유럽입자물리연구소의 입자가속기도 마찬가지로, 초전도체를 이용해 입자들을 원형 궤도로 유지하는 자기장을 생성하고, 그 후 이들을 엄청난 속도로 충돌시키는 방식이다.

조지프슨 접합

초전도는 또한 이른바 조지프슨 접합(Josephson junction)의 핵심을 이룬다. 이는 현대 양자 기술에서 중요한 역할을 하는 장치로, 브라이언 조지프슨(Brian Josephson, 1940~)의 이름을 따서 명명되었다. 이 접합은 두 개의 초전도체 층 사이에 아주 얇은 절연체 층이 삽입된 구조로 되어 있다. 일반적으로 입자가 절연체에 부딪혀 되돌아갈 것이라고 예상하지만, 여기서 쿠퍼쌍은 전혀 저항을 받지 않는다. 양자 터널 효과에 의해 문제없이 절연체를 통과한다. 두 초전도체 사이에 가해지는 일정한 전압 U가 임곗값을 초과하면, 주파수가 $2Ue/h$(여기서 e는 전자의 전하, h는 플랑크 상수)와 정확히 일치하는 진동 전류가 갑자기 발생한다. 이때 기본 상수 e와 h의 비율인 e/h가 거시적인 수준에서 측정 가능해진다. 이보다 더 창발적인 현상이 있을 수 없다! 이 실험은 또한 재현성이 매우 높다. 왜냐하면 물질의 세부 사항과는 전혀 관계없이 수행될 수 있기 때문이다. 이는 창발 현상의 또 다른 명백한 특성이다. 조지프슨 접합은 많은 분야에 활용된다. 예를 들어 국제적인 전압 표준(볼트)을 제공하며, 매우 정밀한 자기계(자력계)를 만드는 데 사용되고, 단전자 트랜지스터 및 양자 컴퓨터에도 사용된다.

초전도는 극저온에서만 발생한다고 했지만, 지금은 고온 초전도체도 존재한다. 물론 여기서 말하는 '고온'이 무엇을 의미하는지에 따라 다르긴 하다. 예를 들어, 90K(약 -183°C)에서는 여전히 얼음의 어는점보다 훨씬 낮은 온도이지만, 이 온도에서도 초전도가 가능하다. 이 종류의 초전도체의 장점은 액체 헬륨으로 냉각할 필요가 없다는 것이다. 대신 액체 질소로도 냉각이 가능하다. 액체 질소는 훨씬 저렴하다. 이상적으로는 실온에서 작동하는 초전도체가 발견되기를 바란다. 그러면 모든 것이 훨씬 더 쉬워질 것이다.

예를 들어, 스마트폰이나 컴퓨터는 거의 전력을 소비하지 않게 될 것이다. 왜냐하면 전기 에너지가 더 이상 열로 변환되지 않기 때문이다. 그래서 초전도체와 친환경 기술 연구에는 많은 돈과 에너지가 투자되고 있다. 문제는 고온 초전도체의 메커니즘이 매우 복잡하고 아직 완전히 규명되지 않았다는 것이다. 이것들에 대한 양자 상태는 하트리-폭 방법이나 파인만 다이어그램으로 설명할 수 없다. 그래서 더 나은 초전도체 개발에 도움이 될 수 있는 양자 컴퓨터의 도래를 모두가 기대하고 있다.

8.4 완벽성의 발견

1879년, 에드윈 허버트 홀(Edwin Herbert Hall, 1855~1938년)은 실험을 수행했다. 이 실험은 전자가 발견되기(1897년) 18년 전에 이루어진 것이다. 홀은 아주 얇은 직사각형 금 조각을 강한 자기장 B 방향에 수직으로 놓았다. A 방향에는 배터리 클램프를 부착하여 전류가 흐를 수 있게 했다. 그러자 C 방향에서 자발적으로 전압 차이가 발생했다. 이 현상을 홀 효과(Hall effect)라고 한다. 그러나 생성된 전압이 매우 작았기 때문에 그다지 주목을 받지 않았다. 과학자들은 더 큰 전압을 원했다.

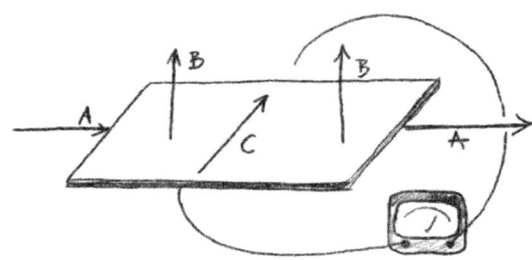

홀 효과(Hall Effect). A 방향으로 흐르는 전류와 B 방향의 자기장이 만나면, C 방향에서 자발적으로 전압 차이가 발생한다.

이 미묘한 자기적 현상은 20세기 후반에 가서야 (마침내) 본격적인 연구 주제로 떠오르게 되었다. 그 연구는 바로 클라우스 폰 클리칭(Klaus von Klitzing, 1943~)이라는 연구자에 의해 촉발되었다. 1980년 2월 4일 밤에서 5일 새벽 2시에 일어난 사건이 바로 그것이다. 그날 밤, 폰 클리칭은 결코 발견되어서는 안 될, 그 어떤 이론가도 가능하다고 생각하지 않았던 것을 발견했다. 바로… 완벽성(perfection)이었다.

요약하자면, 폰 클리칭은 홀 효과에 대해 읽고 이해했지만, 호기심으로 인해 더 깊은 탐구를 시도했다. 그는 다음과 같이 자문했다. "매우 낮은 온도에서 이 실험을 수행한다면 어떻게 될까? 그때 물질 가장자리의 전자들에 어떤 일이 발생할까?" 물질의 가장자리는 그 내부에 있는 모든 것을 뜻하는 '벌크(bulk)'와 다른 물리적 성질을 가질 수 있기 때문이다. 예상대로, 전류와 자기장의 상호작용으로 인해 C 방향으로 자발적인 전위차가 발생했다. 하지만 결과는 고전 물리학의 예상을 벗어났다. 전위차를 나타내는 곡선은 자기장에 비례하여 선형적으로 증가하지 않았으며, 대신 여러 중간 단계를 통해 계단식으로 상승했다. 이는 100% 양자적 현상이었다! 하지만 여기서 끝이 아니다. 양자화된 홀 전류는 개별 입자의 관점에서 이해될 수 없었다. 이것은 격자를 따라 '미끄러지는' 집단적인 양자 기본 상태의 결과였다.

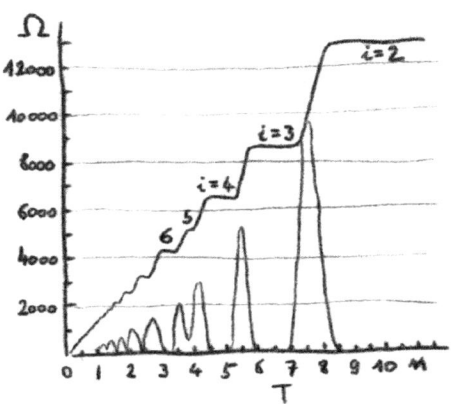

각 계단은 에너지 준위를 나타낸다. 계단마다 전자 밴드가 완전히 채워지며, 전압이 계속 상승함에 따라 하나씩 밴드가 채워진다.

핵심 중의 핵심은 다음과 같다. 어떤 재료로 실험을 하든, 결과(곡선)는 모든 경우에 완벽히 동일하다. 이것이 바로 폰 클리칭의 완벽함이다. 물론 몇 가지 조건이 있다. 샘플이 충분히 커야 하며, 놀랍게도 재료에 약간의 불순물이 포함되어 있어야 한다. 아이러니하게도, 바로 이 불순물 덕분에 양자 홀 효과를 관찰할 수 있다. 이 '불완전함'이야말로 성공의 전제 조건이며, 이는 아무리 이상하고 모순적으로 보이든 간에 사실이다. 하지만 이것이 바로 창발적 행동의 힘이다. 창발은 가장 예상치 못한 결과를 만들어낸다. 이것은 불완전함에서 비롯된 완전함이다. 마치 그리스 비극이 뒤집힌 것과 같은 역설적인 아름다움이다.

갭을 조이랑

강한 자기장에 의해 물질의 전자 밴드는 서로 멀어지며 그 사이에 큰 갭이 생긴다. 불순물로 인해 새로운 국소적인 궤도가 생성되며, 이곳에서 전자들이 갇힐 수 있다(앤더슨 국소화). 이러한 전자 궤도의 에너지는 바로 그 갭에 위치한다. 이 특성은 매우 중요한데, 이 특성을 통해 전압이 시스템에서 부드럽게 조정될 수 있기 때문이다. 전압이 한 에너지 밴드에서 다른 에너지 밴드로 이동하지 않고도 연속적으로 조정될 수 있다. 그리고 이것이 바로 우리가 평탄한 부분을 관찰하는 데 필수적이다.

그렇다면 폰 클리칭은 정확히 무엇을 측정했을까? 그의 실험은 홀 저항의 평탄한 부분이 양자화되어 있다는 것을 보여준다. 또한 이 평탄한 부분에서 측정된 저항값은 항상 기본값의 일부가 된다는 것이다. 그 기본값은 25812.807Ω(옴, 전기 저항의 단위)이다. 이 평탄한 부분은 특정 값들, 예를 들어 $\frac{h}{e^2}$, $\frac{h}{2e^2}$, $\frac{h}{3e^2}$, $\frac{h}{4e^2}$, … 에서 나타난다. 이 식에서 우리는 두 개의 자연 상수, 즉 플랑크 상수(h)와 전자의 전하(e)를 확인할 수 있다. 그리고 이것은 조지프슨 접합의 경우와 마찬가지로 사실 꽤 놀랍다. 거시적으로 큰 시스템에서의 실험을 통해 우리는 전자 하나의 전하를 매우 정밀하게, 또 매우 강력한 방식으로 결정할 수 있기 때문이다. 물론, 플랑크 상수를 알고 있다는 전제가 필요하지만, 반대로도 마찬가지이다.

이 실험은 홀 저항과 전하를 바탕으로 플랑크 상수를 정의할 수 있게 해준다. 즉, 전자 전하(e)의 제곱과 홀 저항(25812.807Ω)을 곱한 값이 바로 플랑크 상수라는 것이다. 또, 양자 홀 효과는 저항기 교정에도 사용된다. 이 발견에는 어려운 실험이나 입자가속기와 같은 것이 필요하지 않았다. 폰 클리칭은 단지 많은 입자의 집합적(창발적) 거동을 관찰함으로써, 놀라운 정밀도로 기본 입자의 특성(전하)을 측정할 수 있었다. 이처럼 창발은 얼마나 인상적일 수 있는지 알 수 있다.

이제 그 완벽성에 대해 조금 더 얘기해보자. 마침내 발견한 완벽성이니 놓치면 안 된다. 양자 홀 효과가 이렇게 완벽하게 재현될 수 있고, 이렇게 강력한 이유에 대해서는 수학적인 설명이 존재한다. 그 강건성은 시스템 내에 존재하는 전자 궤도의 위상적 특성에서 비롯된다. 위상학은 시스템이 약간 변형되었을 때 변하지 않고 유지되는 특성들에 대해 다루는 수학의 한 분야이다. 전자 궤도들의 집합은 그 대칭성(다른 무엇이든지)에 따라 자연수인, 소위 말하는 천 수(Chern number)를 부여받을 수 있다. 이 숫자는 양자 홀 저항을 완전히 결정한다. 자연수이기 때문에 그 숫자는 강건하다. 즉 연속적으로 한 숫자에서 다른 숫자로 변할 수 없다. 이것이 바로 위상학의 의미이다. 양자 홀 효과에서 전자 궤도들은 변형될 수 있다. 하지만 그 궤도들의 대칭성/위상이 변하지 않는 한, 최종 결과(양자 홀 저항)도 변하지 않는다. 왜일까? 천 수가 보존되기 때문이다.

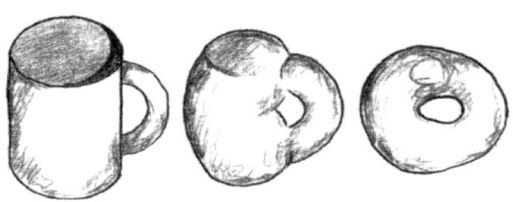

커피 컵의 위상학. 커피 컵의 원래 형태를 깨뜨리지 않고, 위상학적으로 불변인 특성을 유지하면서 도넛 모양으로 재형성할 수 있다. 늘리고, 당기고, 접고, 굴리고, 아무것도 깨지 않거나 바닥에 떨어지지 않는 한 모든 것이 가능하다. 이렇게 해서 우리는 또한 창발적 시스템의 또 다른 특성을 다시 한번 확인한다. 세부 사항은 전혀 중요하지 않다.

양자 홀 효과에는 또 다른 이야기가 있었다. 폰 클리칭은 속으로 욕을 했다. 자신이 아니라 호르스트 슈퇴르머(Horst Störmer, 1949~)와 대니얼 추이(Daniel Tsui, 1939~)가 이 발견을 했고, 로버트 로플린(Robert Laughlin, 1950~)이 그 이론적 설명을 찾았기 때문이다. 아마도 우연히 발견된 것이라 위로가 되었을지 모르지만, 우연보다는 물질 선택(그리고 아마도 더 진지한 질문의 욕구)이 결정적인 역할을 했다. 온도가 더 낮아지고 자기장의 세기가 급격히 증가했다. 그러자 모서리의 곡선이 매우 이상한 점프를 한다는 것이 밝혀졌다. 갑자기 계단 사이에 새로운 준위들이 생겼다. 이 중간 단계들을 통해 분수 전하가 발견되었다. 이에 대한 유일한 의미는 전자들이 특정 조건에서 준입자로 분리된다는 것이다.

아직 끝이 아니다. 심지어 그 근본적이고 겉보기에는 분리할 수 없는 입자들조차 결국 다시 가족을 확장시키게 만든다…. 이 새로운 입자들의 조각들은 페르미온도 아니고 보손도 아니다. 윌첵(Wilczeck)은 이것들을 애니온(anyon)이라고 불렀다('무엇이든지'와 관련된 영어 '애니원(anyone)'에서 유래). 하나의 입자를 셋으로 나누면, 각각 전하가 1/3인 애니온이 세 개 생긴다. 이 애니온들이 서로 멀리 떨어져 있을 수 있지만, 어떤 방식으로든 그들은 항상 보이지 않고 매우 유연한 '실'로 서로 얽혀 있다.

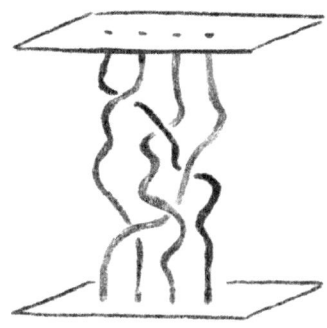

애니온의 땋기. 애니온들을 서로 돌리면, 얽힘이 생긴다.

페르미온의 파동 함수는 페르미온들의 순서가 바뀔 때(서로 교환될 때) 부호가 바뀐다. 그러나 두 애니온을 교환할 때 일어나는 일과 비교하면 이는 어린이 게임에 불과하다. 두 애니온을 교환하면 파동 함수는 정수 개의 상태의 중첩으로 변형된다. 그 이유는 교환에 의해 애니온들을 연결하는 보이지 않는 실들이 모두 얽히게 되어, 결과적으로 지수적인 복잡성이 발생하기 때문이다.

그것은 모두 매우 인상적이다. 하지만 그 애니온들로 무엇을 할 수 있을까? 다음 장에서 보겠지만, 21세기의 큰 기술적 도전 중 하나는 양자 컴퓨터를 만드는 것이다. 큰 문제는 양자 상태, 특히 중첩 상태를 분리하기가 매우 어렵다는 점이다. 애니온과 그들의 순열을 기반으로 작동하는 컴퓨터를 만들면, 이론적으로는 매우 강력한 컴퓨터를 만들 수 있을 것이다. 왜냐하면 중첩 상태가 애니온의 내재적인 위상적 특성에 의해 보호되기 때문이다. 그러나 실제로는 실험실에서 애니온을 관찰하고 조작하는 것도 매우 힘들다는 것이 문제이다. 하지만 이것은 우리가 아직 얼마나 적은 것을 발견했는지, 그리고 다입자 시스템의 양자 세계에 대한 우리의 지식이 얼마나 제한적인지를 잘 보여준다.

9장 요약

- 양자 측정학: 좋은 측정은 천 가지 이론보다 더 가치가 있다.
- 양자 시뮬레이터: 조작할 수 있는 버튼이 수천 개 있는 만능 실험실.
- 양자 정보 및 암호화: 얽힘의 독점성.
- 양자 컴퓨팅: 쇼어의 병렬 양자 복잡성.
- 양자 컴퓨터: 이제 양자 시대가 도래할 시간이다!
- 양자 오류 수정: 애니온, 필요한가?
- 양자 재고(再考): 나는 존재한다, 그러므로 나는 정보를 생각한다.
- 양자 다입자 시스템 2부: 텐서 네트워크와 양자 중력.
- 주요 인물: 리처드 파인만, 피터 쇼어, 이그나시오 시락, 피터 졸러, 알렉세이 키타예프, 찰스 베넷, 존 프레스킬, 그리고 양자 컴퓨터.

9장
2차 양자 혁명

1995년 6월 5일, 두 번째 양자 혁명의 시작이 공식적으로 기록되었다. 그날, 콜로라도 볼더의 실험실에서 최초의 보스-아인슈타인 응축체가 탄생했다. 이는 대단한 사건이었다. "그래," 이 실험이 가능할 거라고는 전혀 생각하지 못했던 수학자들이 중얼거렸다. "정말 대단한 일이다." 같은 해, 같은 도시에서 불과 한 달도 채 지나지 않아, 최초의 양자 컴퓨터 프로토타입(시제품)이 만들어졌다. 그것은 단 두 개의 큐비트로 구성되어 있었다. 새로운 시대가 열렸다. 전 세계가 갑자기 양자의 매력에 빠져들었다.

슈뢰딩거와 그의 동료들은 개별 원자가 언젠가 실제로 보이게 되고, 심지어 조작될 수 있을 것이라고는 결코 상상도 하지 못했다. 하지만 그것이 가능하다는 것이 밝혀졌다. 아니, 더 나아가, 우리가 원자를 얽히게 하고, 그것으로 온갖 일을 할 수 있도록 만들어낼 수 있다는 사실이 증명되었다. 양자역학이 탄생하고 보스-아인슈타인 응축이 예측된 지 70년이 지난 후, 세계는 두 번째 양자 혁명을 맞이할 준비가 되어 있었다. 양자가 훨씬 더 가까운 동맹이 될 수 있다는 것, 아니, 되어야 한다는 것이 너무나 분명했기 때문이다. 결국 얽힘을 통해 새로운 가능성의 세계가 열린다. 단, 컴퓨터와 관련된 모든 것을 새롭게 재고해야 한다는 전제가 필요하다. 양자 시스템은 정보를 더 효율적으로 처리하는 데 매우 유용할 수 있다. 하지만 어떻게 그럴 수 있을까? 바로 이것이 수많은 양자 혁명가를 움직이게 만드는 질문이다. 그들의 미션은 양자역학을 재고하는 것이다. 이들은 다음과 같은 질문들로 무장하고 있다. 측정한다는 것은 무엇을 의미하는가? 고전적인 것과 양자적인 것의 경계는 어디에 있는가? 컴퓨터란 본질적으로 무엇인가? 그리고 특히 인간의 많은 사고 작업이 알고리듬에 맡겨지는 시대에 복잡하다는 것은 무엇을 뜻하는가? 얽힌 입자를 설명할 수 있는 언어(어휘, 문법, 의미론)는 무엇일까?

9.1 양자 측정 기술

역사적으로 측정학(또는 측정 기술)은 물리학의 가장 근본적인 토대 중 하나이다. 최초의 시계가 등장하면서 낙하 실험을 수행할 수 있게 되었고, 이는 결국 뉴턴의 법칙으로 이어졌다. 빛의 속도를 측정한 결과는 상대성 이론으로 귀결되었다. 흑체 스펙트럼을 정밀하게 측정한 결과는 양자역학의 발전으로 이어졌다. 우리가 측정할 수 있는 정밀도는 양자역학에 의해 결정되며, 동시에 어느 정도 제한된다. 하이젠베르크의 불확정성 원리는 어떤 것을 측정할 수 있는 궁극적인 정밀도를 규정한다. 이보다 더 정밀할 수는 없다. 반면, 에너지 준위의 양자화와 입자의 구별 불가능성은 재현 가능성 면에서 축복과 같다. 같은 종류의 원자로 만들어진 모든 측정 도구는 모두 비슷하게 측정한다. 시간, 힘, 전기 및 자기장을 측정하는 가장 정밀한 센서들은 모두 이 양자화를 기반으로 한다. 이전 장에서는 초전도(조지프슨 효과)와 양자 홀 효과를 기반으로 한 전기 및 자기 센서들의 몇 가지 혁신적인 사례를 논의했다. 이제 또 다른 예로 넘어가 보자. 바로 원자 시계다.

원자 시계는 100% 양자적이다. 원자 시계는 서로 다른 궤도의 에너지 준위와 관련된, 극도로 정확하고 흔들림 없는 원자의 진동 주기에 맞추어 조정된다. 다시 보면, 원자 시계는 여전히 하위헌스의 진자 시계와 동일한 원리를 따른다. 단지 이제는 진자가 전자일 뿐이다. 원자 시계는 너무나 정밀하게 작동해서, 완벽하게 정확하려면 1초를 조정해야 하는 주기가 1억 년이 된다(10의 8승이다). 국제단위계(SI)에서 초의 단위는 바로 이 원자 시계를 기반으로 정의된다. 가장 정확한 원자 시계는 콜로라도 볼더에서 10^{-18}초의 정밀도로 작동한다. 이 시계는 스트론튬 원자를 기반으로 작동하는데, 스트론튬은 스코틀랜드의 스트론티안(Strontian)이라는 지역에서 처음 발견된 광물이다. 이 시계는 매우 민감하여 단지 1cm의 높이 차이만으로도 시계 주파수에 뚜렷한 영향을 미친다. 이는 아인슈타인의 일반 상대성 이론의 결과다. 위성에 원자 시계가 탑재되어 있지 않았다면, GPS는 아예 작동하지 않았을 것이다. 그랬다면 자동차 문명을 이끄는 인류는 결코 그렇게 빠르고 정밀하게 교통 체증에서 벗어나 원하는 목적지를 향해 나아갈 수 없었을 것이다.

원자 시계의 기준

초의 SI 단위는 정의상 세슘 원자 시계의 '진자' 주기가 9,192,631,770회 반복되는 시간과 같다. 세슘 원자의 바닥 상태와 첫 번째 들뜬 상태 사이의 에너지 차이는 정확히 $\Delta E = h \times 9{,}192{,}631{,}770/s$이다.

이 진동수는 마이크로파 범위에 속하며(전자레인지의 주파수와 유사), 세슘 원자 시계를 만들기 위해 세슘 원자는 공진기(cavity) 안에 가두어 유지된다(이 원자들을 안정적으로 보존하는 것이 핵심이다). 그 후, 이 세슘 원자들은 마이크로파 발생기가 생성하는 빛으로 조사된다. 이 발생기는 진동수를 조정할 수 있다. 마이크로파의 진동수가 세슘 원자의 진동수와 정확히 공명할 때, 원자들은 많은 에너지를 흡수하며, 그렇지 않으면 에너지를 흡수하지 않는다. 마이크로파의 진동수는 최대한 많은 양의 에너지를 전달하는 공명으로 조정된다. 마이크로파의 진동수는 별도의 전자 회로로 계산되며, 이를 통해 시계는 극도로 정확하게 작동한다.

9.2 양자 시뮬레이션

보스-아인슈타인 응축체를 통해 처음으로 물질의 본질을 들여다볼 수 있게 되었다. 우리는 이제 입자, 그것도 하나의 입자의 내부 작동 방식을 거의 완벽히 이해하고 있으며, 단 하나의 입자에 대한 내용도 있다. 하지만 이 개별 입자들을 한데 모으면, 아무도 이들이 어떻게 행동할지를 확실히 예측할 수 없다. 창발 현상은 여전히 창발적 현상일 뿐이다. 게다가 지금까지 디랙의 명제인 '우리가 방정식을 안다고 해서 그것을 다룰 수 있다는 뜻은 아니다'를 반박한 사람은 없다. 너무 복잡한 방정식은 매력적으로 보일 수 있지만, 결국 그런 방정식은 우리에게 별다른 실질적 도움을 주지 못한다.

양자 시뮬레이션의 목표는 매우 간단하다. 인간도, 아무리 강력한 고전적 컴퓨터도 해결할 수 없는 양자 문제를 푸는 것이다. 이를 전적으로 지지한 사람이 바로 리처드 파인만이었다. 그는 이미 1981년에 IBM과 MIT가 주최한 강연에서 강렬한 미국식 억양으로 예언적인 말을 내뱉었다. "자연은 고전적이 아니라고, 젠장! 자연을 시뮬레이션하려면 양자역학적으로 해야 해. 그리고 이건 정말 멋진 문제야, 왜냐하면 그렇게 쉬워 보이지 않기 때문이지." 이는 자연을 시뮬레이션하려면 양자를 사용해야 한다는 의미이다. 자연은 본질적으로 양자이기 때문이다. 그리고 이 얼마나 멋진 문제인가! 문제는 어려울수록 더 재미있고 흥미롭다!

요컨대, 비트로 안 된다면 큐비트로 시도하라는 것이다. 파인만은 점점 작아지는 컴퓨터 트랜지스터에서 발생하는 골칫거리로 여겨지던 양자 효과를 건설적으로 접근한 최초의 인물이었다. 대부분 이 효과는 성가신 간섭 요소로 간주되었으며(누가 좌우로 동시에 화면을 넘길 수 있는 휴대전화를 원하겠는가?), 강력히 제거해야 할 대상으로 여겨졌다. 그러나 파인만은 이를 다르게 보았다. 피할 수 없는 것을 받아들여야 한다는 것이다.

바닥에는 충분한 공간이 있다

파인만은 1959년에 '바닥에는 충분한 공간이 있다(There's plenty of room at the bottom)'라는 제목으로 지금으로선 상징이 된 강연을 했다. 그는 이 강연에서 미세화의 중요성과 그로 인해 발생하는 모든 장애물과 기회를 강조했다. 그는 곧바로 "브리태니커 백과사전의 24권을 핀 머리 크기에 쓰는 것이 가능할까?"라는 질문으로 요점을 명확히 했다. 답은 "가능하다"다. 핀 머리의 크기를 계산할 수 있고, 각 글자에 필요한 원자의 수를 계산할 수 있다. 한 글자에 약 천 개의 원자가 필요하다고 가정하자. 하지만 어느 시점에서는 한계에 도달한다. 바로 양자적 한계다. 확장의 한계가 있듯이 축소의 한계도 존재한다. 한 글자에 원자 하나는 너무 적다. 바로 이 양자적 한계에, 트랜지스터를 가능한 한 작게 만들려는 칩 제조업체들이 부딪히고 있다. 이 한계는 나노미터 수준에서 나타난다. 그렇다면? 앞서 언급했듯이, 양자를 거부하지 말고 받아들여야 한다.

모니카 아이델스부르거(Monika Aidelsburger, 1987~)와 이마누엘 블로흐(Immanuel Bloch, 1972~)도 이에 동의한다. 이 두 실험가의 꿈은 완벽하게 제어할 수 있는 보편적인 양자 시뮬레이터의 구축이다. 이는 이 시스템의 다양한 매개변수를 조정할 수 있으며, 어떤 얽힌 양자 다입자 시스템도 시뮬레이션할 수 있다는 것을 의미한다. 두 사람이 가장 선호하는 양자 시스템은 보스-아인슈타인 응축체다. 그들의 목표는 2차원 '페르미-허바드 모델'의 기저 상태를 생성하는 것이다. 이 모델은 가장 단순한 해밀토니언이며, 기존의 모든 고전적 시뮬레이션 방법이 실패하는 고온 초전도체의 본질적 특성을 설명할 수 있어야 한다. 이 모델을 시뮬레이션하기 위해, 레이저를 사용하여 사각형 모양의 광학 격자를 만든다. 이는 산과 골짜기가 반복되는 구조로, 커다란 계란판과 유사하며, 원자들이 이 골짜기에 갇히게 된다. 실제 고온 초전도체와 유사한 방식이다. 이 원자들은 오직 터널링을 통해서만 가끔씩 다른 골짜기로 이동하려고 시도한다. 장난꾸러기 같으니라고.

실제 고온 초전도체와 시뮬레이션의 가장 큰 차이점은 현실에서

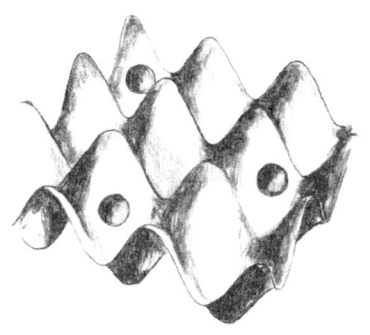

광학 격자에서 원자들은 계곡에서 계곡으로 이동한다.

는 전자들이 이동하지만, 시뮬레이션에서는 원자들이 이동한다는 점이다. 그러나 이 차이는 본질적으로 중요하지 않다. 우리가 다른 규모에서 작업하고 있긴 하지만, 기본적인 공식과 대칭성은 동일하다. 두 종류의 입자는 정확히 동일한 방식으로 행동한다. 이것은 보편성과 재규격화 군의 힘을 보여주는 전형적인 예다.

그리고 여기서 흥미로운 점은 시뮬레이션에서는 특정 파라미터를 '조정'할 수 있다는 것이다. 고온 초전도체에서는 그럴 수 없는데, 파라미터가 물질의 특성에 의해 고정되어 있기 때문이다. 원자들 사이의 거리를 바꾸는 것은 불가능하다. 하지만 시뮬레이션은 훨씬 더 많은 자유도를 제공한다. 예를 들어 레이저 빛을 사용해 원자들 사이의 거리나 분자의 깊이를 변화시킨 뒤, 그 결과를 확인할 수 있다. 이러한 파라미터를 변경함으로써 상전이(phase transitions)를 유도할 수 있는데, 시스템을 어느 정도까지 밀어붙일 수 있는지, 즉 새로운 상으로 넘어가기 전에 얼마나 변할 수 있는지를 명확하게 분석할 수 있다. 그리고 바로 이 상전이에서 어떤 대칭성이 깨지는지 유추할 수 있다. 왜냐하면 결국 그것이 핵심이기 때문이다.

이게 왜 흥미롭고 중요할까? 우리가 고온 초전도체의 메커니즘을 이해하는 그날, 상온 초전도체에 대한 꿈을 꾸기 시작할 수 있기 때문이다. 이 기술은 확실히 혁신적인 기술로 손꼽힐 만하다. 거의 전력을 소비하지 않는 장치의 응용 사례를 누구나 쉽게 몇 가지 떠올릴 수 있을 것이다.

9.3 양자 정보

봄이 왔네, 양자 봄이 왔네, 실험으로 느낄 수 있어! 매우 기쁘고 만족스럽게 그리고 몇몇 유능한 물리학자들에게 그 기회를 주네. 숫자의 범죄자들 중 가장 사랑스러운 이들에게!

하지만 이것으로 이야기가 끝난 것은 아니다. 센서와 시뮬레이터 외에도 양자 시스템을 활용하여 정보 기술과 컴퓨팅 분야의 근본적인 문제들을 해결할 수 있다. 여기에서 특히 주목할 두 가지 놀라운 문제는 양자 컴퓨팅과 양자 통신이다. 이제 양자 통신으로 넘어가자. 그리고 여기에는 좋은 소식과 나쁜 소식이 있다.

먼저 나쁜 소식부터 전하겠다. 양자 다입자 시스템의 얽힘 패턴은 정보 처리 및 전송에서 새로운 가능성을 열어 주며, 원칙적으로 고전적인 시스템보다 지수적으로 더 효율적인 방법을 제공한다. 여기까진 모든 것이 잘 진행되는 것처럼 보인다. 하지만 겉보기와 다르게, 여기에 아주 큰 문제가 있다. n개의 큐비트(qubit)로 이루어진 시스템은 최대 n개의 고전적 비트(bit)의 정보만을 담을 수 있다. 이 명제는 알렉산더 홀레보(Alexander Holevo, 1943~)의 이름을 딴 홀레보 경계로 알려져 있다. 양자 시스템을 고전적 정보 저장에 사용하려는 생각(힐베르트 공간이 그렇게나 거대하다면 왜 안 되겠는가?)은 시간 낭비다. 이는 불가능하다. 양자 시스템은 일반 컴퓨터보다 고전적 정보를 더 효율적으로 저장할 수 없다.

왜 그럴까? 예를 들어, 매우 큰 중첩을 만든다고 가정해보자. 중첩의 각 요소가 백과사전의 한 페이지라고 하자. 문제는 특정 페이지의 내용을 확인하려 할 때 발생한다. 모든 중첩 상태를 동시에 읽는 것은 불가능하다. 한 페이지를 읽는 순간, 다른 모든 정보가 즉시 사라진다. 왜냐하면 측정은 곧 파괴를 의미하기 때문이다. 결론적으로, 양자 시스템은 기하급수적으로 더 많은 고전적 정보를 저장하거나 처리할 수 없다. 양자 시스템을 관측하는 순간, 예컨대 백과사전의 한 페이지를 읽는 순간, 다른 모든 정보는 사라진다.

이 근본적인 한계로 인해, 양자 컴퓨터는 인공지능(AI)과 머신러닝(예: ChatGPT)을 위한 더 나은 알고리듬을 개발하는 데 있어 실질적인 기여를 하지 못할 가능성이 높다. 이러한 응용 프로그램들은 결국 고전적 정보를 다루는데, 이 정보는 대부분 구조가 거의 없다. 반면, 양자는 매우 강한 구조적 특성을 요구한다. 양자 시스템은 간섭을 통해 해결할 수 있는 문제에 적합하다. 만약 문제를 파동 구조로 환원할 수 있다면, 양자 시스템을 사용할 가치가 있다. 그렇지 않다면, 양자를 이야기할 수 없다.

좋은 소식도 있다. 양자 세계에는 고전 세계에서는 찾아볼 수 없는 여러 가지 제한이 존재한다. 예를 들어, 위치와 운동량을 동시에 정확히 측정할 수 없고, 측정을 수행하면 시스템에 큰 영향을 주지 않고서는 불가능하다. 이는 직관에 반하는 것처럼 들릴 수 있지만, 이러한 물리적 제약은 새로운 가능성을 열어준다. 모든 단점에는 장점이 있다. 이러한 제약은 양자 암호화와 같은 새로운 암호화 메커니즘을 구현하여 정보를 안전하게 전송할 수 있게 한다. 이 프로토콜의 보안은 물리 법칙에 기반하며, 특정 '계산적 가정'에 의존하지 않는다. 이에 대해서는 곧 더 자세히 논의할 것이다.

암호화의 목적은 두 파트너 간에 비밀 메시지를 주고받는 것이다. 여기서 다시 앨리스와 밥을 호출해 보자. 예를 들어, 앨리스가 밥에게 비밀 메시지를 전달하려고 한다. 바로 그녀가 애지중지 여기는 '브르타뉴식 치킨 요리법' 말이다. 하지만 이 메시지를 다른 누구도 읽어서는 안 된다. 그렇다면, 이 비밀을 지키는 가장 좋은 방법은 무엇일까? 그녀의 메시지를 일련의 비트 문자열, 예를 들어 1001이라는 형태로 바꾸는 것이다. 이제 앨리스와 밥이 아무도 알지 못하는 임의의 비밀 키(예: 0101)를 생성한다고 가정하자. 이러한 키를 생성하는 것이 암호화의 핵심 목표다. 이 키를 사용하여 이전 메시지를 다음과 같이 비트 단위로 더해서 암호화할 수 있다. 즉 1001 + 0101 = 1100. 그런 다음 앨리스는 1100이라는 메시지를 밥에게 보낸다. 누군가 이 메시지를 가로챘다고 해도, 이는 단순히 임의의 비트들로 보일 뿐이어서 아무런 의미를 얻을 수 없다. 가로챈 사람은 답을 찾지 못하고 끝난다. 그러나 밥은 이 메시지를 완벽히 복호화할 수 있다. 방법은 간단하다. 비밀 키를 다시 한번 더하면 된다. 즉 1100 + 0101 = 1001 = '브르타뉴식 닭 요리'. 맛있겠군!

양자역학이 이 키 생성에 어떻게 유용하게 쓰일 수 있을까? 앨리스와 밥이 두 개의 큐비트로 이루어진 최대 얽힘 벨 상태의 각 큐비트 하나씩을 공유한다고 가정하자. 앨리스가 큐비트를 측정하여 결과가 0이 나온다면, 밥은 어떤 기준에서 측정하든 항상 반대 결과를 얻게 된다. 이 측정 결과는 항상 완전히 무작위적이지만, 동시에 완벽히 상관되어 있다. 이 프로토콜의 보안성은 두 큐비트가 최대 얽힘 상태에 있다면 서로 외에 다른 어떤 것과도 얽힐 수 없다는 사실에 기반한다. 이것은 얽힘의 중요한 특징 중 하나인 양자 단일성(quantum monogamy)을 보여준다. 이 단일성의 결과로, 어떤 도청자(eavesdropper)도 앨리스와 밥의 측정 결과에 대한 정보를 얻을 수 없다. 큐비트는 다른 것과는 전혀 상관관계를 가질 수 없기 때문이다. 이것이 바로 암호화의 핵심 목표이다. 즉 완벽히 무작위적이고 비밀스러운 비트 쌍을 생성하는 것. 이러한 비트 쌍을 통해 정보를 암호화하고, 전송하고, 복호화할 수 있으며, 이를 비보안 채널에서도 안전하게 수행할 수 있다.

이 양자 암호화 프로토콜의 변형된 형태도 있다. 여기서는 얽힘을 사용하지 않고도 유사한 효과를 얻을 수 있다. 이 방식에서는 큐비트(예: 편광된 광자)를 전송하며, 정보는 무작위로 선택된 기저, 예를 들어 $|0\rangle$, $|1\rangle$ 또는 (슈테른-게를라흐 실험에서 사용된) $|+\rangle$, $|-\rangle$ 기저를 따라 암호화된다. 하이젠베르크의 불확정성 원리는 침입자가 이 기준을 알지 못하는 한 어떠한 정보도 가로챌 수 없음을 보장한다. 이는 지나가는 큐비트를 복제하는 것을 불가능하게 만든다. 이 원리는 바로 유명한 '복제 불가능 정리(no-cloning theorem)'이다. 즉, 큐비트를 측정하거나(혹은 훔치거나, 빌리는 행위조차도) 양자 상태(중첩 상태)를 깨지 않고는 불가능하다는 것이다. 만약 그렇게 한다면, 통신에 오류가 발생하게 된다. 따라서 오류를 감지하면 곧 침입자가 있다는 것을 알 수 있다! 요컨대, 양

자 암호화에서 보안은 물리학의 원칙에 기반하며, 계산적 복잡성(무언가가 어려운지 아닌지)에 의존하지 않는다.

소수로 암호를 열다

현재 인터넷에서 사용되는 암호화는 RSA 알고리듬에 기반한다(이는 이를 발명한 세 사람, 즉 리베스트, 샤미르, 애들먼의 이름 첫 글자에서 따왔다). RSA는 인수분해의 어려움을 활용하여 메시지를 안전하게 전송할 수 있도록 설계되었다. 암호화된 정보는 안전하며 제3자가 이를 가로챌 수 없다. 정확히 말하면, 안전해야 한다. 암호를 해독할 수 있는 사람은 올바른 키를 가진 사람뿐이다. 그러나 이 암호화 과정은 매우 긴 숫자와 알고리듬을 요구하며, '안전성'이라는 개념은 전적으로 '계산적 가정'에 기반한다. 즉, 매우 큰 숫자를 인수분해하는 것이 극도로 복잡하다는 가정에 의존한다. 인수분해는 주어진 숫자를 소수로 분해하는 작업을 말한다. 예를 들어, 143의 소인수는 11과 13이다. 210을 인수분해하면 2, 3, 5, 7이 된다. 이와 같이 모든 숫자는 고유한 방식으로 소수들의 곱으로 표현된다. RSA의 안전성을 보장하는 것은 키의 길이가 증가함에 따라 그 키를 해독하는 복잡도가 기하급수적으로 증가한다는 점이다. 적어도 고전적 컴퓨터에서는 그렇다.

양자 암호화는 점점 더 성숙한 기술로 자리 잡고 있다. 실제로 이미 상용 시스템이 시장에 나와 있으며, 이 시스템을 사용하는 시스템들이 존재한다. 그러나 이를 대규모로 확산시키는 데 가장 큰 장애물은 큐비트를 긴 거리로 전송하기가 매우 어렵다는 점이다. 이를 위해서는 큐비트를 양자 오류 수정 코드(quantum error correction code)로 인코딩할 수 있는 양자 컴퓨터가 필요하다. 이에 대해서는 나중에 자세히 다룰 것이다.

9.4 양자 복잡성

맨해튼 프로젝트가 과학계의 남성들에 의해 은밀히 구상되었던 반면에, 같은 제2차 세계대전 기간 동안 여성들로 구성된 팀이 또 다른 중요한 발명품에 관한 작업을 조용히 하고 있었다. 이 발명품은 결국 맨해튼 프로젝트에도 사용되었다. 그리고 이 '중요한 발명품'은 문자 그대로 '중요'하다. 최초의 컴퓨터 중 하나는 30톤에 달하는 무게를 가졌고, 약 19,000개의 진공관, 수천 개의 스위치, 수십만 개의 전기 저항이 포함되었으며, 무려 200킬로와트의 전기를 소모했다. 그보다 더 흥미로운 점은 그것의 사용 설명서조차 없었다는 것이다. 그리고 현재의 컴퓨터와 비교하면, 그 컴퓨터는 금붕어의 기억 용량만큼이나 적었다.

여섯 명의 여성 팀은 이 '전자 수치 적분기 및 컴퓨터(ENIAC)'의 모든 진공관이 서로 연결되도록 관리하는 책임을 졌다. 다시 말해, 이들은 프로그래밍을 담당했다. 그 외에도 80명의 여성이 이 모든 아날로그 계산기와 버튼을 꼼꼼히 조작했다. 이 인간 컴퓨터들('계산하는 사람들'에서 유래)은 곧 전자 컴퓨터들이 맡게 될 일을 수행했다. 왜 여성들이었을까? 우선, 그 당시 대부분의 남성은 전쟁에 나가야 했기 때문이다. 또한 (우리가 들은 바로는) 여성들이 고정된 규칙을 따르는 데 훨씬 더 능숙하다고 여겨졌기 때문이다.

컴퓨터는 분명히 창발적 행동의 훌륭한 예시다. 수천 명의 사람들이 수천 개의 부품과 조각을 작업하여 하나의 컴퓨터를 만든다. 전체 기계가 어떻게 작동하는지 아는 사람은 오직 폰 노이만뿐이었지만, 그들의 부품에 대해서는 각각의 사람들이 완벽하게 마스터했다. 컴퓨터의 내부에서 일어난 가장 큰 변화는 아날로그에서 디지털로의 전환이었다. 즉, 전류가 흐르거나(1), 전류가 흐르지 않거나(0) 하는 이진 논리로 바뀌었다. 그 후 속도는 빨라졌고 모든 것이 더 작고 더 정교해졌다. 시간이 지나면서 진공관은 트랜지스터로 대체되었고, 트랜지스터는 그 공로를 인정받아 마이크로칩으로 교체되었다. 그 사이, 이 마이크로칩들은 무어의 법칙이라는 강력한 법칙을 따르게 되었는데, 이 법칙은 마이크로칩에 들어갈 수 있는 트랜지스터 수가 2년(2년!)마다 두 배(두 배!)로 증가한다고 말한다.

그 이면에는 다음과 같은 사실이 있다. 즉 우리가 더 빠르고, 더 작아질수록, 양자 효과를 고려해야 할 필요성이 커진다. 고전적인 컴퓨터는 이렇게 작은 크기의 칩과 트랜지스터에 맞춰져 있지 않다. 그래서 지금의 컴퓨터가 사실상 10년 전의 컴퓨터보다 그리 많이 더 빠르지 않은 이유를 설명할 수 있다. 우리는 어딘가에서 한계를 마주하게 되었다. 0과 1의 고전적인 확실성이 흐려지는 한계이다. 그러나 이것이 반드시 문제일 필요는 없다. 단지 다른 사고방식이 요구될 뿐이다. 이 문제를 큐비트(qubit, 양자비트)라는 관점에서 접근하면, 곧바로 수많은 새로운 가능성이 나타난다. 물론, 큐비트의 성장과 발전과 함께 컴퓨터와 관련된 모든 것들이 다시 생각되어야 한다. 하드웨어에서 소프트웨어, 프로그래밍 언어에서 심지어 프로그래머들이 복잡한 문제를 해결하는 방식까지 모든 것이 변화해야 한다.

하지만 무엇보다 먼저, 양자 컴퓨터란 정확히 무엇인가? 이론적인 관점에서 보면, 양자 컴퓨터는 고전적인 컴퓨터의 폰 노이만 아키텍처의 양자 버전이다. 양자 컴퓨터는 n개의 서로 다른 큐비트가 함께 양자 상태를 형성하는 구조로 이루어져 있다. 이것이 컴퓨터의 메모리이다. 그 목표는 이 큐비트들을 서로 얽히게 하는 것이다. 고전적인 컴퓨터가 알고리듬을 기반으로 작동하는 반면, 양자 컴퓨터는 양자 알고리듬을 기반으로 작동한다. 양자 알고리듬은 1-큐비트 연산과 (훨씬 더 흥미로운) 2-큐비트 연산으로 구성된 일련의 양자 연산이다. 1-큐비트 연산은 각 큐비트에 대해 개별적으로 수행되는 변환으로, 보통 스핀의 축을 변경하는 회전으로 나타낼 수 있다. 2-큐비트 연산은 두 개의 큐비트가 상호작용하도록 만들어지며, 이것은 고차원 구에서의 회전으로 나타낼 수 있다. 양자 알고리듬이 일련의 1-큐비트 및 2-큐비트 연산을 수행하고, 각 큐비트가 여러 번 다른 큐비트들과 상호작용한 후, 해당 상태의 특정 큐비트들이 측정된다. 각 측정의 결과는 비트(고전적 정보: 0과 1)를 포함하고, 이로부터 계산 결과를 읽을 수 있다. 양자 컴퓨터는 문제를 해결하기 위한 1-큐비트와 2-큐비트 연산의 총합이 고전적인 컴퓨터로 수행해야 하는 연산 횟수보다 기하급수적으로 적을 때 유용하다.

양자 컴퓨터가 고전적인 컴퓨터보다 효율성에서 우위를 갖는 이유는 양자 컴퓨터에서 양자 상태들이 특정 시점에 얽히게 된다는 사실에 있다. 이로 인해 양자 컴퓨터는 여러 문제를 동시에, 병렬적으로 해결할 수 있다. 양자 컴퓨터가 유용한 문제는 이러한 병렬적인 경로들이 서로 건설적으로 간섭할 수 있는 문제들이다. 그러나 이는 문제에 매우 많은 구조나 대칭성이 있을 때만 가능하다. 예를 들어, 양자 다체 문제에서 그런 구조를 볼 수 있다.

다섯 대의 컴퓨터를 위한 세계 시장

에니악(ENIAC)의 첫 번째 응용 분야가 코드 해독과 물리학 문제 해결이었다는 점은 주목할 만하다. 마찬가지로, 양자 컴퓨터의 첫 번째 응용 분야도 암호학과 양자 시스템의 시뮬레이션이다. 매우 유사하다. 고전적인 컴퓨터의 초기 시절에는 아마 아무도 수십 년 후에 대다수 사람이 화면에 중독될 것이라고 예상하지 않았을 것이다. 그 당시에는 컴퓨터가 무엇을 할 수 있을지 아무도 예측할 수 없었다.

예를 들어 콘서트를 생중계로 보고 나중에 집에서 다시 보거나, 우리의 연약한 아이들이 더 이상 간단한 놀이(TikTak)가 아니라 이제는 틱톡(TikTok)을 보다 잠자리에 들게 되는 것처럼. 1943년 IBM의 CEO였던 토마스 왓슨(Thomas Watson)조차 전 세계에 컴퓨터가 다섯 대 정도만 필요할 거라는 커다란 오판을 하게 됐다. 그래서 오늘날 우리가 양자 컴퓨터가 무엇에 사용될 수 있을지 정확히 모르더라도, 그것은 인간의 창의력을 과소평가한 결과라고 볼 수 있다. 그리고 우리가 그것을 지금 알 수 없다는 사실 때문이다. 괜찮다. 결과를 알 수 없는 실험이 가장 흥미롭다는 사실은 이미 알고 있다. 확실한 것은 양자 컴퓨터가 고전적인 컴퓨터로는 해결할 수 없는 문제들을 해결할 수 있다는 점이다.

파인만은 꿈을 꾸었다. 양자 꿈을. 그는 양자 컴퓨터가 마치 보편적인 실험실처럼, 전 세계의 모든 실험을 수행할 수 있으며, 고전적인 컴퓨터들이 할 수 있는 것보다 훨씬 효율적인 방식으로 이를 해결하는 모습을 상상했다. 파인만에게 좋은 소식은, 이론적으로 그것이 완벽하게 가능하다는 것이다. 모든 상호작용(해밀토니안)이 자연에서 국소적이기 때문이다. 따라서 양자 컴퓨터에서 1-큐비트 및 2-큐비트 연산으로 시간 의존적인 슈뢰딩거 방정식을 효율적으로 푸는 것은 상대적으로 간단하다. 게다가, 재규격화 군은 양자 시스템을 시뮬레이션하는 것이 본질적으로 강건한 문제임을 보여주었다. 작고 중요하지 않은 오류는 문제가 되지 않는다는 뜻이다.

이런 보편적인 양자 시뮬레이터의 가장 흥미로운 응용 분야는 화학 공정이다. 화학 공정은 전형적인 양자역학적 현상으로, 고전적인 컴퓨터로는 매우 시뮬레이션하기 어려운 분야다. 화학 공정은 실험실에서만 테스트할 수 있지만, 이는 매우 노동집약적이며, 엄청난 비용이 들고 때로는 위험할 수도 있다. 양자 컴퓨터는 이를 전부 대신할 수 있다. 제약 산업의 화학 공정을 아무런 문제 없이 시뮬레이션할 수 있다. 또한 더 효율적인 촉매와 태양 전지의 연구도 아무런 위험 없이 수행할 수 있다.

하버에서 지옥으로

양자 컴퓨터가 하버-보슈 공정보다 더 효율적이고 친환경적인 대안을 찾는 일이 얼마나 어려운지에 대한 연구가 진행되었다. 하버-보슈 공정은 전체 CO_2 배출량의 1.4%를 차지하는 공정이다. 이 공정은 비료 제조에 사용되는 암모니아를 생산하는 데 기초가 된다. 이 공정은 20세기 초에 발생할 뻔한 대규모 기근을 막는 데 중요한 역할을 했다. 놀라운 사실은 우리의 몸속 질소의 절반이 이 공정을 통해 생산되었다는 것이다. 그러나 이 이야기에는 또 다른 면이 있다. 바로 그 프리츠 하버(Fritz Haber, 1868~1934년)가 고엽제의 일종인 황색가스(이페리트)를 발명했는데, 이로 인해 제1차 세계대전 중에 약 10만 명이 사망했다. 그리고 그 후에는 유대인인 그가 치명적인 결과를 가져온 독가스 치클론-B를 발명하기도 했다.

양자 컴퓨터는 복잡한 특정 문제들을 순식간에 해결할 수 있게 해준다. 고전적인 컴퓨터가 절대 풀 수 없어 보이는 복잡한 문제도 양자 컴퓨터라면 이야기가 달라진다. 하지만 복잡하다는 것은 무엇일까? 정확히 무엇이 그렇게 복잡한 것일까?

수학에서는 계산 문제들을 그 난이도에 따라 분류한다. 질문은 이 난이도(연산 횟수)가 입력의 길이에 따라 어떻게 증가하는지다. 전형적인 예는 앞서 언급된 인수분해 문제이다. 입력의 길이는 인수분해할 숫자가 몇 자릿수로 이루어졌는지를 의미한다. 고전 컴퓨터에서 이 인수분해는 매우 어려운 일이다. 왜냐하면 가장 좋은 고전 알고리듬조차도 숫자를 인수분해하는 데 필요한 연산 횟수가 숫자의 자릿수에 따라 기하급수적으로 증가하기 때문이다. 반면, 양자 컴퓨터는 훨씬 더 효율적으로 이를 처리할 수 있다. 양자 컴퓨터에서는 증가하는 속도가 기하급수적(2^n)이지 않고 다항식적(예: n^3)이다. 따라서 '복잡하다'는 것은 상대적인 개념이다. 이는 고전적으로 생각하느냐, 양자적으로 생각하느냐에 따라 다르다. 그리고 이는 과학적, 사회적 차원에서 매우 중요한 문제이다. 예를 들어, 몇천 개의 큐비트로 구성된 양자 컴퓨터는 인터넷 세계를 즉시 마비시킬 수 있다. 하지만 그 전에 먼저 모든 이메일을 읽고, 은행 거래를 가로챌 것이다. 이 기하급수적인 속도 향상은 정말로 큰 차이를 만든다. 오늘날 대부분의 온라인 통신을 보호하는 핵심 기술인 RSA 암호화에 사용되는 (1024자리 숫자처럼) 큰 숫자들에 대해서 말이다.

기하급수적 복잡성을 가진 문제의 또 다른 예는 순회하는 외판원 문제 또는 유사한 배낭 문제(비유하자면, 대형 슈퍼마켓인 콜루이트에서 쇼핑 카트를 최대한 효율적으로 싣는 문제)다. 예를 들어 택배기사가 매우 많은 도시를 지나서 여러 주소에 소포를 배달해야 할 때, 그 택배기사는 모든 주소를 가능한 한 빠르고 효율적으로 방문할 수 있는 최단 경로를 알고 싶어 한다. 이때 입력의 길이는 배달해야 할 소포의 수다. 이런 종류의 문제는 'NP-완전'이라는 복잡도 클래스에 속한다. 이는 존재하는 가장 어려운 문제 중 하나다. 아무도 양자 컴퓨터가 이런 문제를 효율적으로 해결할 수 있을 것이라고 기대하지 않는다. 왜냐하면 이 문제들은 구조가 없기 때문이다. 이 문제들에 대해 양자 컴퓨터는 아무것도 할 수 없다. 우리는 무차별 대입 방법을 사용할 수밖에 없다. 즉 모든 가능한 경우를 시도하고 가장 좋은 결과를 찾는 것이다. NP-완전 문제에서 바로 이 방식이 필요하다. 그리고 마지막으로 말하자면, 애석하게도 어떤 문제들은 아예 계산할 수 없기도 하다.

다시 인수분해로 돌아가 보자. 이 문제가 양자 컴퓨터로 효율적으로 해결 가능하다는 것은 이제 분명해졌다. 하지만 어떻게 가능한 걸까? 피터 쇼어(Peter Shor, 1959년생)는 1994년에, 제2차 양자 혁명을 통해 그 답을 발견했다. 그의 발견은 두 가지 매우 놀라운 통찰에 기반을 두고 있다. 하나는 순전히 고전적 통찰이고, 다른 하나는 순전히 양자적 통찰이다. 먼저 고전적 통찰부터 살펴보자. 쇼어는 인수분해

피터 쇼어

문제에서 구조, 즉 대칭성을 발견했다. 예를 들어, 인수분해가 필요한 거대한 수가 있다고 가정하자. 쇼어는 그 수로부터 주기함수(스스로 반복되는 함수)를 구성하고, 이 함수의 주기가 그 수의 소인수에 대한 모든 정보를 포함하고 있음을 증명했다. 이 주기를 찾을 수 있다면, 해당 수를 인수분해할 수 있다. '주기'라고 하면 곧 파동이 떠오른다. 그리고 수학에서는 이러한 주기를 찾기 위해 (1장에서 다뤘던 개념인) 푸리에 분석을 사용한다.

쇼어의 두 번째 양자 통찰은 그러한 푸리에 분석이 양자 컴퓨터에서 고전 컴퓨터보다 기하급수적으로 더 빠르게 수행될 수 있다는 사실이다. 이를 통해 그는 양자 컴퓨터가 고전 컴퓨터보다 큰 숫자를 기하급수적으로 더 빠르게 인수분해할 수 있음을 입증했다. 피터 쇼어는 알고리듬과 마법 같은 공식 외에도 덜 복잡한 것들, 그러니까 시 같은 걸 쓰기도 했다. 예를 들어 '회의론자를 위한 양자 컴퓨터 시(Quantum Computer Poetry for the Sceptics)' 같은 시가 있다. 그는 심지어 '뉴욕시 베이글이 맛있는 이유에 대한 신화를 반박하는 시(poem rebutting a myth about what makes New York City bagels so good)'도 썼다. 하지만 오늘의 주제에 맞는 건 바로 다음이 되겠다.

> 양자 컴퓨터, 처음엔 불가능해 보일지니,
> 어떻게 감히 이런 꿈을 꿀 수 있을까?
> 우주가 빅뱅으로 태어난 이후
> 지나온 시간보다 더 많은 시간이 걸릴 문제를 풀 수 있다고!

피터 쇼어와 함께 우리는 양자 컴퓨터 역사에서 총 네 가지 중요한 이정표 중 두 번째에 도달했다. 되돌아보자. 모든 것은 리처드 파인만으로부터 시작되었다. 그는 욕설을 내뱉으며, 비록 항상 추상적인 용어였지만, 양자 컴퓨터를 모든 가능한 양자 실험을 수행할 수 있는 보편적인 실험실로서 진지하게 생각한 최초의 인물이었다. 그 후 피터 쇼어가 등장하여 양자 컴퓨터를 사용하면 기존의 컴퓨터보다 기하급수적으로 더 빠르게 인수분해를 할 수 있다는 것을 증명했다. 필요한 것은 몇 개의 큐비트와 1-큐비트 연산 및 2-큐비트 연산의 조합뿐이었다. 그런데 그 이후로 진전이 방해를 받았다. 불만을 토로하는 사람들이 자신들의 목소리를 높였기 때문이다. 양자 컴퓨터는 전혀 의미가 없으며, 아무런 실용성이 없다고 부정적인 의견을 내놓았다.

그들의 불만은 어디에서 온 것일까? 많은 사람이 두 가지 큰, 그리고 분명히 넘기 힘든 장애물에 의해 눈이 멀었기 때문이다. 첫 번째는 양자 컴퓨터가 기하급수적으로 큰 힐베르트 공간에서 작동한다는 점이다. 그 공간은 기하급수적으로 많은 에너지 준위로 구성되어 있다. 그래서 기하급수적으로 정밀한 제어 시스템이 필요한

데, 이는 완전히 유토피아적인(현실에서 구현하기 힘든) 레이저로만 제작될 수 있다고 결론이 내려졌다. 그리고 또 하나의 문제는 양자 결어긋남(decoherence)이었다. 이는 얽힌 양자 상태들이 환경과 상호작용하면서 불가피하게 고전적인 상태로 바뀌게 되는 현상이다.

9.5 양자 컴퓨터

이그나시오 시락(Ignacio Cirac, 1965~)과 피터 졸러(Peter Zoller, 1952~)는 1995년에 양자 컴퓨터를 진지하게 받아들인 사람들로 구성된 모임을 조직했다. 이미 피터 쇼어 같은 비공식 멤버가 유사한 의도로 활동하고 있었지만, 이번에는 정말로 본격적인 움직임이었다. 시락과 졸러는 매우 기발한 방식으로, 물리적 시스템에서 양자 알고리듬을 구현하기 위해 기하급수적인 수준의 제어가 전혀 필요하지 않음을 증명했다. 아니 그렇다면 어떻게 그런 일이 가능한가?

두 사람은 특별한 종류의 칩을 사용하자고 한목소리로 말했다. 그 칩 주변에 이온(전자 부족으로 인해 에너지 준위가 다른 원자)이 떠다니고, 이 이온들 각각이 큐비트가 된다. 큐비트의 0은 한 에너지 준위이고, 큐비트의 1은 다른 에너지 준위다. 이 에너지 준위들 사이의 중첩 상태를 만들기 위해, 두 준위 간의 에너지 차이($E = h\nu$)와 동일한 주파수를 가진 레이저를 이온에 비춘다. 이렇게 하면 각 큐비트를 제어할 수 있게 된다. 다만, 양자 컴퓨터를 제대로 작동시키기 위해서는 많은 수의 큐비트가 필요하며, 그 모든 큐비트가 서로 얽혀 있어야 한다. 큐비트들이 얽혀 있지 않으면 양자 컴퓨터는 아무런 쓸모가 없다. 어떻게 하면 큐비트들이 상호작용하게 만들 수 있을까?

예를 들어, 10개의 이온이 배열된 상태에서 두 번째 이온과 일곱 번째 이온을 상호작용시키고 싶다고 하자. 각각의 이온을 레이저로 따로 들어 올린다. 전자기력에 의해 이 이온들은 이제 다른 채널에서 고립된 상태가 된다. 그다음, 이 이온들을 진동시키면 상호작용을 하게 되어 얽히게 된다. 그런 다음 다시 배열에 넣으면 된다. 끝. 이제 다음 큐비트 쌍으로 넘어간다. 이로써 졸러와 시락은 사실 문제가 전혀 없다는 것을 증명했다. 제어의 정밀도는 문제의 크기와 비례해서 반드시 커져야 하는 것은 아니다(그 문제는 더 이상 문제가 아니다). 중요한 것은 적절한 큐비트를 고립시키는 방법이다.

이 발견으로 1995년에는 분명히 어떤 일이 시작되었다. 수많은 과학자가 깨어나며 곧 양자 컴퓨터를 실제로 만들 수 있게 하는 다른 설계와 시스템들이 등장하기 시작했다. 이 모든 연구에서 반복적으로 나타나는 질문은 다음과 같다. 어떤 큐비트를 사용할 것인가? 그리고 그것들을 어떻게 연결할 것인가? 지금까지 수많은 해결책이 나왔지만, 어떤 것이 시간이 지나도 살아남을지는 여전히 알 수 없다.

가장 유망한 옵션은 초전도 큐비트와 실리콘 스핀인데, 이것들은 고전적인 마이크로칩 기술과 그 기초적인 지식을 바탕으로 생산할 수 있다는 장점이 있다. 이는 매우 유리한 점이다. 또한 이것들은 확장성의 이점도 가지고 있다. 게다가 잡음에 대해 비교적 잘 고립되어 있고, 현대 반도체 기술과 매우 호환성이 좋다. 이로 인해 구글, 아마존, 마이크로소프트, 인텔, IBM과 같은 대기업들이 여기에 큰 투자를 하고 있다.

현재로서는 양자 컴퓨터가 실제로 의미 있는 문제를 해결하려면 최소한 1000개의 큐비트로 작동해야 하는데, 이는 여전히 먼 꿈에 불과하다. 이렇게 많은 큐비트가 상호작용하도록 만드는 기술적 도전은 엄청나게 크다. 비교를 위해 말하자면, (고전적인) 슈퍼컴퓨터의 프로세서는 여전히 64비트나 최대 128비트만 동시에 작동한다. 나머지 비트들은 메모리로 왔다 갔다 하며 처리된다. 하지만 큐비트에 대해 이런 '셔틀버스'를 만드는 것은 결코 쉬운 일이 아니다. 현재 세계에서 가장 큰 양자 컴퓨터들은 약 100개의 물리적 큐비트로 작동하고 있다. 그럼에도 이는 100개의 논리적 큐비트와는 하늘과 땅만큼의 차이가 있다. 논리적 큐비트의 수는 해결할 수 있는 문제의 복잡도를 결정한다. 하나의 논리적 큐비트는 많은 수의 물리적 큐비트로 구성되는데, 물리적 큐비트는 매우 강하게 '잡음(또는 결어긋남)'에 영향을 받기 때문이다. 그래서 많은 중복을 도입해야 할 필요가 있다. 이 부분은 곧 자세히 설명할 것이다.

몇 년 전부터 대중화된 과학 언론은 양자컴퓨팅 분야에서 일어난 여러 가지 돌파구에 관한 소식을 쏟아내고 있다. 이는 앞서 언급한 내용과 모순되지 않느냐? 확실히 그렇다. 구글이 자사의 53개의 (물리적!) 큐비트로 실험을 했으며, 이 실험은 고전적인 컴퓨터가 수백만 년을 걸쳐야 도달할 수 있는 결과를 얻었다고 주장했으나, 그 주장은 곧 반박되었다. 해당 실험은 고전적인 컴퓨터와 텐서 네트워크(저의 전공 분야)를 이용해 몇 시간 만에 시뮬레이션되었다. IBM의 양자 컴퓨터가 교통을 더 효율적으로 관리하는 데 사용된다는 주장도 맞긴 하지만, 오해를 불러일으킬 수 있다. 고전적인 컴퓨터도 충분히 그렇게 할 수 있다.

그렇다고 해서 미래의 양자 컴퓨터가 수천 개의 논리적 큐비트를 이용해 매우 흥미로운 문제들을 해결할 수 있다는 점은 변하지 않는다. 그러나 우리는 아직 그 수준에 이르지 못했다. 가장 큰 도전은 여전히 실험적 플랫폼을 만들어 실제로 확장 가능한 시스템을 구축하는 것이다. 그렇다면, 선의의 비판자(Devil's advocate)가 돼보자. 양자 컴퓨터가, 수많은 기대와 천문학적인 자금이 투입되고 있음에도 불구하고, 결국 실현되지 않는다면 그것은 물리학에 어떤 의미가 있을까? 양자컴퓨팅은 여전히 기본적인 연구 단계에 있다. 지금까지 이 연구에서 나온 가장 중요한 결과는, 양자컴퓨팅이 물리학에서 가장 중요한 문제인 다입자 문제에 대한 새로운 통찰을 제공했다는 것이다. 또한 이는 전혀 새로운 근본적인 질문들을 제기할 수 있게 해준다. 예를 들어, 양자역학에서 정보의 역할에 대해, 아니면 위상 질서가 있는 시스템에서 바닥 상태의 구조에 대해, 혹은 양자 중력에 대해, 또 다입자 시스템에서 진공 상태의 얽힘의 역할에 대해 물어볼 수 있게 된다. 그것만으로도 충분히 큰 성과다.

9.6 양자 오류

양자 컴퓨터를 구현하는 데 가장 큰 도전은 무엇인가? 일반 컴퓨터가 비트를 처리하는 것처럼 모든 새로운 형태의 민감한 정보(큐비트)를 신뢰성 있게, 원활하게 저장하고 처리하도록 만드는 것이다. 고전 컴퓨터는 매우 견고하다. 그것은 0과 1로 작동하며, 계산이 제대로 되지 않는 경우는 드물다. 계산 중에 0이 갑자기 1로 바뀌는 일은 없다. 다만 우연히 우주선(cosmic ray)이 컴퓨터에 침입할 경우에는 이야기가 달라진다.

예를 들어 2003년 어느 날, 벨기에 스하르베이크가 세계 뉴스에 등장했을 때가 그랬다. 벨기에 노동당인 PVDA의 마리아 빈데보헬(Maria Vindevoghel)은 선거에서 4,096표나 더 많이 얻은 것인데, 이는 전체 유권자 수보다 많은 표였다. 맙소사! 4096은 2의 12승이다. 무해한 우주선이 선거 컴퓨터의 13번째 비트를 실제로 뒤집어버린 것이다! 더 먼 곳, 대기권 너머 우주탐사선 같은 곳에서는 이런 일이 끊임없이, 훨씬 더 큰 규모로 발생한다. 그곳에서는 보안상 안전하지 않은 고전 컴퓨터가 완전히 망가져 버릴 것이다. 왜냐하면 그 끔찍한 우주 방사선이 0과 1을 계속 뒤집기 때문이다. 우주뿐만 아니라 선거 컴퓨터에서도 오류 수정 기능을 장착하는 것이 매우 중요하다. 그렇다면 오류 수정이란 정확히 무엇을 의미하는가?

고전적 오류 수정

오류 수정은 앞서 언급된 존 폰 노이만에 의해 발명되었다. 그는 계산 도중 지속적으로 오류가 발생하더라도 임의로 긴 계산을 정확히 수행할 수 있음을 증명했다. 논리적 비트는 계산(알고리듬 등에서)을 수행하고, 물리적 비트는 이 정보를 여러 위치에 저장한다. 문제는 물리적 비트가 뒤집힐 수 있다는 점이며, 이는 정보에 오류를 초래한다. 하지만 이 문제에도 해결책이 있다. 시스템에 중복성(redundancy)을 추가하고, 논리적 비트보다 더 많은 물리적 비트를 사용하는 것이다. 비트를 복제하면 정보는 시스템 내 여러 위치에 동시에 존재하게 된다. 따라서 오류가 발생하더라도 이를 감지하고 수정(오류 수정)할 수 있다.

논리적 비트 0은 예를 들어 000으로 나타낼 수 있고, 1은 111로 나타낼 수 있다. 만약 각 비트 열에서 두 번째 비트가 뒤집히거나(혹은 손실되면) 010과 101이 된다. 하지만 첫 번째 열에서 0이, 두 번째 열에서 1이 명백히 다수를 차지하므로 원래 상태가 무엇이었는지 쉽게 추론할 수 있다. 결국, 필요한 것보다 더 많은 비트를 저장하는 방식이다. 이는 그리 어려운 일이 아닌데, 0과 1은 매우 쉽게 복사할 수 있기 때문이다. 이 '불필요한' 비트들은 오류에 대한 정보를 담고 있다.

이제 이 오류 수정 시스템을 양자 시스템에 어떻게 통합할 수 있을지에 대한 질문이 남았다. 고전 컴퓨터에서 양자 컴퓨터로 전환하려면 오류 수정 시스템 전체를 다시 구상해야 한다. 그 이유는 여러 장애물이 존재하기 때문이다.

첫째, 양자 시스템(큐비트)을 고전 시스템(비트)보다 환경으로부터 격리시키는 것이 훨씬 더 어렵다. 큐비트는 본래 서로 간에만 상호작용해야 하지만, 실제로는 환경과 지속적으로 상호작용한다. 이는 상당히 문제를 일으킬 수 있다. 왜냐하면 그런 상호작용 중에 큐비트가 우리가 제어할 수 없는 외부 요인과 얽히게 되어, 그로 인해 결어긋남(잡음)이 발생하고, 중첩이 깨지며 정보가 손실되기 때문이다. 양자 컴퓨터는 바로 이 중첩에 의존하고 있다.

둘째, 큐비트는 비트보다 훨씬 복잡하다. 큐비트는 명확하게 0이나 1로 정의되지 않고, 오히려 중첩 상태에 있는 가능성의 연속체일 수 있기 때문이다. 양자 컴퓨터는 0과 1의 무한한 변형을 가지기 때문에, 그만큼 훨씬 더 많은 오류를 발생시킬 수 있다. 이는 고전 컴퓨터에서 0과 1이 실수로 뒤집히는 오류보다 훨씬 더 많은 종류의 오류를 유발할 수 있다는 의미이다.

또한, 고전적인 오류는 정보가 복사되는 중복 시스템을 통해 해결된다. 하지만 양자 세계는 '복제 불가능 정리(no cloning theorem)'라는 이론을 따르며, 이는 양자 상태를 복제할 수 없다는 것을 의미한다.

마지막으로, 시스템에 오류가 발생했는지 확인하려면 측정을 해야 한다. 이는 고전 컴퓨터에서는 큰 문제가 되지 않지만, 양자 컴퓨터에서는 측정이 상태를 복구 불가능하게 파괴할 수 있다. 중첩이 깨지고, 정보가 사라지게 된다.

'안 돼!'라고 비관주의자 자크는 생각한다. '그렇지!'라고 피터 쇼어는 환호한다. 그리고 쇼어는 옳았다. 쇼어는 겉보기에는 극복할 수 없을 것 같은 문제 네 가지를 해결했다. 그가 해결책을 찾는 과정에서 의지한 것은 추가적인 물리적 큐비트를 더하면 힐베르트 공간이 매우 빠르게 확장된다는 아이디어였다. 중복성은 각 논리적 큐비트를 매우 구체적인 얽힌 상태에 있는 다수의 물리적 큐비트로 코딩함으로써 시스템에 구축할 수 있다. 존 프레스킬(John Preskill)의 양자 책에 나오는 설명처럼, 개별적인 물리적 큐비트 하나만으로는 논리적 큐비트에 대한 정보를 전혀 포함하지 않는다. 정보는 큐비트들 간의 상관관계에 완전히 담겨 있다.

이제 힐베르트 공간에는 동일한 논리적 큐비트를 여러 가지 방식으로 동시에 인코딩할 수 있을 만큼 충분한 공간이 있다. 이는 서로 다른(하지만 겹치는) 물리적 큐비트 집합들 사이의 얽힘을 통해 이루어진다. 일부 큐비트가 손실되거나 환경과 상호작용하더라도 논리적 큐비트의 정보는 여전히 온전하다. 남아 있는 큐비트 간의 상관관계를 보면 충분하다. 또한 오류가 발생했는지 확인하기 위해 특정 큐비트에 대해 수행된 측정은 논리적 큐비트에 대한 어떠한 정보도 포함하지 않는다. 이는 단지 오류 발생 여부만을 나타낸다. 감지된 오류는 수정될 수 있다. 이러한 방식으로 양자 상태(중첩)는 계속 유지된다.

이렇게 해서 쇼어는 1995년에 최초의 양자 시스템용 코드를 만들었다. 초기 응용은 단일 큐비트에만 영향을 미쳤지만, 곧 네트워크가 확장되었고, 쇼어는 수많은 과학자의 지원을 받게 되었다. 이들은 다양하고 복잡한 구조를 개발하고, 오류 수정이 임의로 큰 시스템에도 적용될 수 있음을 발견했다.

고양이를 현명하게 만들기

양자 오류 수정 연구에서 나온 놀랍고 근본적인 발견 중 하나는 양자 임곗값(quantum threshold)의 존재다. 양자 컴퓨터의 모든 연산을 일정한 정밀도로 수행할 수 있다면, 임의로 많은 큐비트의 양자 상태(중첩)를 임의로 긴 시간 동안 유지할 수 있다는 것이다. 철학적 관점에서 보면, 이는 매우 기이한 결론이다. 이는 살아 있는 상태와 죽은 상태의 중첩 상태에 있는 고양이를 영원히 유지하는 데 아무런 장애물이 없음을 보여준다. 물론 이론적으로는 그렇다는 이야기다.

어떻게 이런 일이 가능한가? 자연은 왜 이를 허용하는가? 알렉세이 키타예프(Алексей Китаев, 1963~)는 이 질문의 기초가 되는 원리를 발견한 인물이다. 그의 발견에 따르면, 양자 오류 수정의 원리는 양자 홀 효과에서 등장하는 애니온의 존재와 동등하다. 쇼어의 양자 오류 수정 코드는 일종의 애니온을 시뮬레이션하는 방식으로 작동한다. 이를 수학적으로 증명하기 위해 키타예프는 '위상 장이론'을 활용했다. 이 이론은 끈 이론의 기초가 되는 이론이기도 하다.

이 새로운 사고는 양자 오류 수정을 대규모로 실현할 수 있는 두 가지 가능성을 제시했다. 가장 우아한 해결책은 애니온을 포함하는 양자 시스템을 이용해 양자 컴퓨터를 구축하는 것이다. 2000년 이후로 마이크로소프트는 이러한 애니온을 생성하기 위해 방대한 연구 프로그램을 시작했다. 초기에는 양자 홀 샘플에서, 이후에는 '마요라나 입자'라고 부르는 초전도체에서 이를 생성하려 했다. 그러나 이러한 시도는 아직까지 큰 성과를 내지 못했다. 이유는 간단하다. 애니온을 다루기가 매우 어렵기 때문이다. '너무 복잡하다(Troppo complicato)'는 말이 나올 정도이다. 애니온은 마치 에토레 마요라나처럼 잡히지 않는 존재다. 마요라나는 1906년에 태어난 이탈리아인으로, 마요라나 입자를 예측한 인물이다. 하지만 그는 32세 때 팔레르모에서 배를 타고 떠난 이후 다시는 나타나지 않았다. 그의 사망 날짜조차 알 수 없는 미스터리로 남아 있다.

오류 수정을 위한 두 번째 해결책은 '공학자의 해결책'이다. 이는 덜 우아하지만 실질적으로 작동한다. 이 방법은 일반적인 큐비트 시스템을 이용해 (인공적인) 애니온 시스템을 시뮬레이션하는 것이다. 이 방법은 훨씬 더 간단하며, 이미 구글과 아마존 같은 기업들이 실현 중이다.

하지만 모든 해결책이 존재한다면, 왜 양자 컴퓨터를 만드는 것이 그렇게 어려운 걸까? 그 이유는 이러한 모든 해결책이 막대한 오버헤드를 초래하기 때문이다. 예를 들어, 단 하나의 논리적 큐비트를 암호화하기 위해 약 1000개의 물리적 큐비트가 필요하다면, 1000개의 논리적 큐비트가 필요한 시스템은 1000 곱하기 1000, 즉 100만 개의 물리적 큐비트가 필요하게 된다. 따라서 '창의적 엔지니어와 열정적 아마추어의 모임'에 던져진 첫 번째 질문은 다음과 같다. 어떻게 하면 더 나은(즉, 더 압축된) 양자 오류 수정 코드를 만들 수 있을까?

양자 컴퓨터를 향한 탐구가 어떤 결과를 가져오든, 그리고 그것이 실제로 실현되든 아니든, 이 연구는 물리학의 여러 분야를 하나로 통합하는 데 기여해 왔다. 표면적으로는 서로 전혀 관련이 없어 보였던 물리학의 여러 영역이 이 연구를 통해 연결되었다. 여기에서 모든 것, 즉 얽힘, 창발, 끈 이론, 그리고 애니온이 만난다. 한때는 매우 추상적으로 보였던 개념들이 이제는 갑자기 매우 물리적인 존재로 자리 잡았으며, 점점 더 많은 영역에서 실질적인 응용법을 찾고 있다.

9.7 양자 재구성과 얽힌 입자

첫 번째 양자 혁명(1925년)과 두 번째 양자 혁명(1995년) 사이에는 70년이라는 긴 시간이 흘렀다. 그동안 세상은 엄청나게 변화를 겪었다. 따라서 약 100년 전에는 완전히 터무니없게 보였던 아이디어와 혁신을 오늘날 완전히 다른 시각으로 바라보는 것이 전혀 이상하지 않다. 과거에 불가능하다고 여겨졌던 것이 이제는 일상적인 것으로 다가오고 있다. 인터넷과 스크린 기반의 문화, 주택 위의 태양광 패널, 그리고 스스로 세척하는 커피머신이 얼마나 빠르게 우리 삶에 자리 잡았는지를 생각해 보라. 심지어 두 번째 양자 혁명의 시작(1995년)과 오늘날 사이에도 이미 몇몇 놀라운 도약이 이루어졌다.

모든 혁명(진화)과 함께 과학자들은 사고방식을 바꿀 것을 요구받는다. 모든 큰 도약은 새로운 수학, 새로운 논리, 새로운 접근법이 필요하며, 무엇보다도 직관의 재설정을 요구한다. 양자 시뮬레이션과 양자 컴퓨터의 진정한 힘을 이해하려면, 과학자들은 근본적인 물리적 양자 시스템에서 추상화된 언어를 개발해야만 한다. 이는 양자의 복잡성을 넘어서기 위한 필수적인 단계다.

시를 번역하는 소프트웨어를 개발하는 컴퓨터 과학자들이 실리콘의 밴드 구조를 이해할 필요는 없지 않은가? 양자 시스템의 진정한 잠재력을 알기 위해서는 이 모든 양자 시스템을 포함할 수 있는 언어, 즉 이 시스템들을 동일한 방식으로 설명할 수 있는 언어가 필요하다. 그리고 그것이 바로 큐비트와 얽힘의 언어이다. 새로운 현상은 새로운 단어를 요구한다. 그러나 처음부터 시작해보자. 100년 이상 전에, 세 명의 학자가 자연을 정보라는 관점에서 이해하기 위한 첫걸음을 뗐다.

엔트로피와 정보

잠시 시간을 거슬러 올라가 보자. 19세기 말, 세 명의 학자가 통계 물리학에 대해 매우 깊이 고민했다. 그들은 다입자 물리학이 본질적으로 정보와 불가분의 관계, 즉 얽혀 있다는 사실을 발견했다. 그들은 루트비히 볼츠만(Ludwig Boltzmann), 제임스 클러크 맥스웰(James Clerk Maxwell), 조시아 윌라드 깁스(Josiah Willard Gibbs)라는 이름을 가진 사람들이다.

먼저 맥스웰에 대해 이야기해 보자. 맥스웰을 통해 우리는 (통계) 물리학에서 가장 중요한 법칙인 열역학 제2법칙으로 가는 필수적인 여정을 함께할 수 있다. 열역학은 열, 즉 정확히 말하자면 에너지가 다른 형태로 변환되는 방식을 연구하는 학문이다. 우주에서 에너지는 항상 균형 상태로 돌아가려는 경향이 있다. 열역학 제2법칙의 결과 중 하나는 열이 항상 뜨거운 곳에서 차가운 지역으로 흐른다는 것이다. 절대로 그 반대로는 일어나지 않는다. 기술적인 용어로 말하면, 닫힌 시스템에서는 엔트로피가 증가한다. 뜨거운 물질과 차가운 물질은 결국 서로 섞여 모든 입자가 동일한 온도에 도달할 때까지 혼합된다. 엔트로피는 마치 커피잔에 우유를 넣거나 물잔에 잉크 한 방울을 떨어뜨렸을 때 생기는 혼란에 비유할 수 있다. 분자들이 계속해서 엉켜서 움직이며 재배열되기 때문에, 또한 원자들이 섞일 기회가 섞이지 않을 기회보다 훨씬 많기 때문에, 우유와 커피, 잉크와 물이 다시 '분리'되는 것은 불가능하다. 이는 되돌릴 수 없는 과정이다. 이것이 바로 엔트로피다.

아인슈타인은 열역학 제2법칙을 절대적이고 전혀 수정할 수 없는 법칙이라고 주장했다. 이는 시간이 지나면서 몇 가지 사소한 오류의 징후를 보였던 뉴턴의 법칙과 다르다는 뜻이다. 그러나 확실한 것들은 충격에 견뎌야 한다. 이에, 맥스웰은 1867년에 그 신성한 성배를 흔들어 놓을 필요성을 느꼈다. 그는 '상자 위에 앉은 악마'를 상상하는 사고 실험을 고안했다. 왜 하필 악마였을까? 왜냐하면 악마는 어떤 누구보다도 세상을 뒤흔들 수 있기 때문이다. 아마 이미 눈치챘겠지만, 물리학에서 이 악마는 실험 중에 잘못될 수 있는 모든 것과 우리의 직관과 상반되는 모든 것을 상징한다. 파울리처럼 기존 이해를 깨는 방식이다.

가령, 우리가 A와 B라는 두 개의 밀폐된 공간을 가지고 있다고 가정해 보자. 두 공간은 사이에 칸막이가 있는 상태로 연결되어 있다. 두 공간 모두 같은 온도를 가진 기체를 포함하고 있다. 맥스웰의 악마는 입자들의 속도를 매우 세밀하게 감지하고, 그에 따라 왼쪽 혹은 오른쪽으로 구멍을 열어준다. 속도가 빠른 분자들(따라서 뜨거운 분자들)은 A 공간으로 보내고, 속도가 느린 분자들(차가운 분자들)은 B 공간에 모은다. 이렇게 되면 한쪽 공간은 점점 더 차가워지고, 다른 한쪽 공간은 점점 더 뜨거워진다. 여기서 모순이 발생한다. 왜냐하면 이는 유명한 열역학 제2법칙과 상반되기 때문이다. 제2법칙에 따르면, 모든 입자는 결국 같은 온도로 수렴해야 한다고 되어 있다.

이 수수께끼는 맥스웰이 죽을 때까지 해결되지 않았다. 이 역설의 해결책은 100년 후, 세 명의 과학자가 이 문제를 해결하기 위한 계속된 작업을 통해 밝혀졌다. 해결을 향한 첫 번째 단계는 1929년 레오 실라르드(Leo Szilard)가 제시한 사고 실험에서 비롯되었다. 그는 정보가 에너지로 변환될 수 있음을 증명했다. 1960년 롤프 란다우어(Rolf Landauer)는 이 개념을 확장하여, 정보를 지우는 것이 결국 엔트로피를 증가시킨다는 것을 증명했다. 최종적인 돌파구는 찰스 베넷(Charles Bennett)에 의해 이루어졌다. 베넷은 양자 정보 이론의 발전에도 중요한 역할을 했으며, 양자 암호화와 양자 텔레포테이션의 발명도 그의 공로로 꼽힌다. 1982년 베넷은 맥스웰의 역설을 해결하면서, 정보와 엔트로피가 본질적으로 동일한 개념임을 간단히 주장했다.

핵심은 이렇다. 악마와 입자들 사이에는 상호작용이 존재한다. 악마는 입자들의 속도를 감지하기 때문이다. 닫힌 시스템의 엔트로피는 감소하지만, 악마의 두뇌 안의 정보량은 증가한다. 이로 인해 우리는 닫힌 시스템의 엔트로피뿐만 아니라 악마의 두뇌 속 정보도 고려해야 한다. 아, 열역학 제2법칙이 구원받았다! 우리가 해야 할 일은 엔트로피를 정보와 동일시하는 것이다. 이는 놀라운 일이지만, 정보는 무엇인가 신비로운 것이고, 엔트로피는 물리적인 것이라는 직관을 깨뜨린다.

물리학은 정보 이론과 깊은 연관이 있다. 파인만의 박사 지도교수였던 존 휠러(John Wheeler, 1911~2008년)는 "모든 것은 정보에서 비롯된다(it from bit)"라는 주장을 통해 이를 극단적으로 설명했다. 즉, 어떤 것이 존재할 수 있는 이유는 그 안에 정보가 포함되어 있기 때문이다. 모든 것은 본질적으로 정보 교환에 기반하고 있으며, 정보로 구성돼 있다. 문제는 이 개념을 완전히 이해하는 사람이 없다는 점이다. 양자역학과 정보 사이의 정확한 연결 고리는 여전히 미스터리로 남아 있다. 이는 아직 풀리지 않은 질문이다. 희망은 양자역학의 논리를 풀 수 있는 어떤 정보 이론적 원칙이 발견되는 것이다. 이 원칙은 모든 것이 제자리를 찾을 수 있게 해주며, 양자역학의 모든 법칙을 설명할 수 있는 기초적인 원리를 제공할 것이다. 이는 마치 상대성 이론이 '빛은 모든 기준계에서 동일한 속도로 움직인다'는 물리 법칙에서 나온 통찰력처럼 양자역학의 핵심 원리를 밝히는 양자 버전 같을 것이다. 결국, 휠러의 예언적인 말(it from bit)이 실질적인 의미를 갖는 것이다.

분명한 점은 우리가 양자 상태를 어떻게 해석해야 하는지에 대한 것이다. 이제 우리는 양자 상태가 현실을 묘사한 것이 아님을 알게 되었다. 그것은 우리가 현실에 대해 가지고 있는 정보에 대해 말해줄 뿐이다. 이 점은 다른 이야기다. 정보! 이에 대한 인식은 우리가 '양자 상태', '얽힘', '측정'과 같은 개념을 다른 방식으로 해석하게 만든다. 그로 인해 또 다른 질문들이 필연적으로 생겨난다. 건강한 연구의 특징은 답보다 더 많은 질문이 있다는 것이다. 여기서 우리는 양자역학을 건강한 상태라고 선언한다!

따라서 양자 상태는 사실 우리가 양자 시스템의 행동을 예측하기 위해 필요한 모든 정보를 압축한 것, 일종의 압축 파일(zip 파일)이라고 할 수 있다. 양자의 저주와 축복은 그 양자 상태들이 거대한 힐베르트 공간에 존재한다는 사실이다. 양자 기술의 도입으로 새로운 용어집이 열렸다. 그 안에서 큐비트(qubit)와 얽힘(entanglement)이 등장했다. 큐비트와 얽힘을 통해 훨씬 더 효율적으로 양자역학을 연구할 수 있을까? 그렇다. 그러나 우리는 새로운 문법이 필요하다. 그것은 모든 것이 어떻게 연결되어 있는지, 그리고 어떻게 모든 것을 이해할 수 있는지에 대한 규칙이다. 그 규칙들은 양자 회로와 텐서 네트워크라는 형태로 나타났다. 양자 회로란 무엇이고, 텐서 네트워크란 무엇인가?

"만약 내가 이 텐서 네트워크와 양자 회로를 애호가들에게 직접, 필터 없이 설명한다고 하면 어떻게 될까?" 교수가 묻는다. 그 질문에 교묘하게 불안한 소리가 들린다. "그냥 넘어가. 제발…"이라고 대답하는 비전문가의 인내심이 터져 나온다. "하지만 해 봐…"(비애호가들은 이 부분을 건너뛰어도 된다.)

텐서 네트워크

큐비트, 얽힘, 그리고 양자 컴퓨팅의 개념은 우리가 양자역학의 중심적인 문제인 다체 문제를 다른 방식으로 바라볼 수 있게 해준다. 이 문제에서 어떤 종류의 얽힘이 나타나는가? 고전 컴퓨터와 양자 컴퓨터에서 기저 상태를 찾는 복잡성은 무엇인가? 양자 컴퓨터로 이러한 기저 상태를 생성하기 위해 필요한 양자 회로의 깊이는 얼마인가? 상전이에서 얽힘 엔트로피는 연속적으로 변하는가, 아니면 불연속적으로 변하는가?

양자 정보 이론이 다체 문제에서 제공한 첫 번째 심상치 않은 통찰은 모든 물리적 상태, 즉 자연에서 발생할 수 있는 양자 상태들이 기하급수적으로 더 큰 힐베르트 공간에서 단지 저차원적인 표면(다양체, manifold)을 형성한다는 사실이다. 거대한 힐베르트 공간은 일종의 환상에 불과하다. 이때 자연스레 떠오르는 질문은 이 물리적 다양체에서 모든 상태의 특성은 무엇인가 하는 것이다. 이 특성 중 가장 중요한 것은 강하게 상관된 시스템의 기저 상태와 관련이 있으며, 이를 '얽힘 엔트로피의 표면 법칙'이라고 부른다. 이 법칙에 따르면, 시스템의 한 부분과 그 보완적인 부분이 가지는 얽힘(또는 엔트로피)의 양은 두 시스템 간 경계의 크기에 비례한다. 즉 힐베르트 공간 내 임의의 상태에서 발생할 수 있는 그 부분의 부피가 아니라 경계의 크기에 비례한다는 뜻이다. 이는 기저 상태가 홀로그램 원리와 같은 원칙을 따르며, 모든 정보가 경계에 암호화되어 있다는 것을 시사한다.

두 번째 중요한 통찰은 단열적으로 연결된 해밀토니안(양자 시스템의 에너지 연산자)의 모든 기저 상태가 양자 회로를 통해 서로 변환될 수 있다는 것이다. 이때 양자 회로의 깊이는 시스템 크기에 비례하지 않는다. 이는 물리적 다양체가 상호 변환 가능한 상태들의 동등 집합으로 나뉘며, 이 집합들은 본질적으로 동일한 특성을 가진다는 뜻이다. 서로 분리된 부분들은 가능한 다양한 상(phase)에 해당하며, 한 부분에서 다른 부분으로 가기 위해서는 상전이(phase transition)를 거쳐야 한다. 이 상전이에서는 많은 얽힘이 생성되어 모든 양자 상관관계를 다시 그릴 수 있다. 단순한 위상(phase) 상태에서 이른바 위상적(topological) 위상 상태로 가기

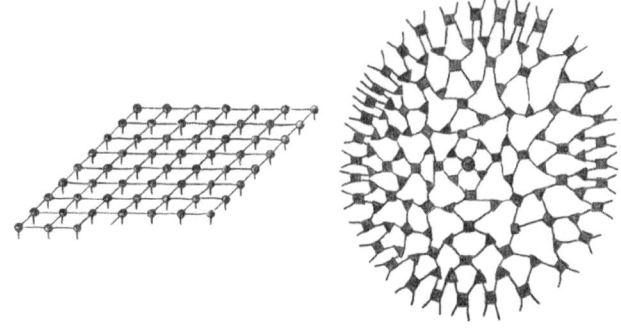

텐서 네트워크, 이 경우 PEPS 형태(왼쪽, Projected Entangled Pair State)와 MERA 형태(오른쪽, Multiscale Entanglement Renormalization Ansatz). 각 선의 끝에는 두 개의 얽힌 입자(가상 큐비트)가 있으며, 이들은 네트워크를 따라 정점(노드)을 통해 텔레포트된다. 네트워크에서 튀어나온 다리는 물리적 큐비트를 나타낸다.

위해서는 양자 회로의 깊이가 시스템 크기에 비례하여 선형적으로 확장돼야 한다. 바로 이 특성이 양자 오류 수정 코드를 가능하게 하는 특성이다.

세 번째 단계는 이제 그런 영역 법칙 구조를 가진 상태를 나타내는 체계적인 방법을 찾는 것이다. 이는 우리를 '양자 텐서 네트워크'라는 개념으로 이끈다. 이는 연구 중인 시스템의 얽힘 특성을 나타내는 얽힌 큐비트 쌍의 네트워크이다(그림 참조). 이 텐서 네트워크의 중요한 특성은 이것이 (양자) 상관관계와 (홀로그램) 얽힘 자유도를 기반으로 양자 상태를 설명하는 완전히 새로운 방법을 제공한다는 점이다. 얽힘이 중심에 놓이며, 모든 상태의 기초적인 특성들이 각기 다른 입자들 간의 관계를 통해 훨씬 간결하게 표현될 수 있음을 명확히 한다. 이른바 얽힘 자유도는 전체 힐베르트 공간에서 상태에 대한 홀로그램 이미지를 제공하며, 국소 텐서는 시스템을 통해 얽힘이 어떻게 전파되는지를 결정한다. 큐비트와 얽힌 쌍은 강하게 상관된 시스템의 언어에서 새로운 어휘를 형성하며, 그 문법 규칙은 텐서 네트워크에 의해 정해진다.

이제 큰 도전 과제는 이 새로운 언어의 의미론을 풀어내는 것이다. 얽힘을 통해 상관된 시스템을 설명하는 새로운 언어는 다입자 물리학의 미스터리를 탐구할 수 있는 완전히 새로운 문을 열어준다. 예를 들어, 란다우처럼 국소적 질서 매개변수가 존재하지 않는 물질의 위상적 위상은 기저 텐서의 다양한 대칭성을 통해 구별될 수 있다. 모든 것이 동일하게 유지되려면, 모든 것이 변해야 한다. 이 경우, 새로운 언어는 홀로그램 우주에서만 볼 수 있는 새로운 대칭성을 드러낸다.

오늘날 이 텐서 네트워크는 전 세계적으로 매우 활발히 연구되고 있으며, 다입자 문제를 해결하기 위한 새로운 획기적인 변분 방법을 이끌어냈다. 어쩌면 우리는 더 이상 양자 컴퓨터가 필요하지 않을 수도 있다. 또한, 텐서 네트워크를 통해 보편적인 재규격화 군의 근본적인 새로운 측면들이 밝혀지고 있다. 이렇게 해서 강하게 상관된 시스템을 위한 견고하며 작동하는 재규격화 알고리듬을 구축하려는 모든 이론 물리학자의 꿈이 점점 더 가까워지고 있다.

이제 (일부에게는) 양자 텐서 네트워크가 무엇인지 명확해졌으니, 정말로 어려운 주제로 넘어갈 수 있다. 바로 양자역학과 일반 상대성 이론을 어떻게 통합할 수 있을까 하는 것이다. 이 질문에 대한 답을 찾고 싶지 않은 물리학도는 아마 없을 것이다. 그러나 안타깝게도, 이 문제를 실제로 해결하는 방법에 대해 아는 과학자는 아무도 없다. 가장 큰 장애물은 여전히 일반 상대성 이론이 양자화될 수 없다는 점이다. 그 이유는 일반 상대성 이론을 재규격화할 수 없기 때문이다. 즉 무한대를 다룰 수 없기 때문이다. 끈 이론을 통해 이 문제가 해결될 수 있을 것이라고 여겨졌다(또는 누구에게 묻느냐에 따라 '아직도'라고 한다).

끈 이론은 양자 이론과 중력 이론을 매우 자연스럽게 포함하고 있으며, 그 과정에서 무한대가 등장하지 않는다. 유일한 장애물은 너무나 어렵다는 것이다. 끈 이론의 진공 상태에는 무려 10^{500}가지의 변형이 존재하며, 어떤 실험으로도 그중 어떤 것이 맞는지 밝혀낼 수 없다. 끈 이론은 현재까지 실험적으로 예측할 수 있는 능력이 전혀 없는데, 그 점이 바로 양자 세계에서 가장 중요한 문제이다.

이제 당신은 전적으로 타당하게 묻게 될 것이다. 우리가 그저 이론으로만 탐구할 수 있고, 그것을 반증할 방법이 없다면, 이것을 정말로 물리학이라고 부를 수 있을까? 어쨌든 모든 것을 하나의 이론으로 통합하는 방법에 대한 관심은 여전히 뜨겁다. 왜냐하면 여전히 이상한 점이 남아 있기 때문이다. 일반 상대성 이론은 가장 큰 규모를 놀라울 정도로 잘 설명하며, 양자 이론은 미시적으로 작은 세계와 그 어떤 것도 상상할 수 없는 깊이에 도달할 수 있다. 그럼에도 불구하고 두 이론은 호환되지 않는다. 그렇다면 뭔가 잘못된 것이 아닐까? 우리가 이해하지 못하는 부분이 무엇일까? 또다시 우리가 무엇인가를 간과한 걸까?

> 무한히 작은 것은 종종
> 무한히 큰 거인인 우주와 비교된다.
> 하지만 이 점을 명확히 해두자면,
> 양자는 별개의 우주이지만,
> 그 아름다움은 똑같이 기적적이다.
> 결론적으로, 양자든 상대성이든,

두 법칙은 똑같이 강렬하게 지배적이다.

두 이론의 양립 불가능성에 대한 가능한 해결책은 후안 말다세나(Juan Maldacena, 1968~)에 의해 제시되었다. 그는 양자 이론과 일반 상대성 이론이 사실은 동일한 이론을 두 가지 서로 동등한 방식으로 설명하는 것이라는 이중성을 제안했다. 이를 오렌지와 그 껍질에 비유할 수 있다. 상대성 이론은 오렌지에서 일어나는 일을 설명하고, 양자 이론은 껍질에서 일어나는 일을 설명한다. 둘 다 같은 대상을 설명하지만, 그 대상에 대한 설명은 완전히 다른 두 가지 방식으로 이루어진다. 다시 말해 두 이론은 완벽히 양립할 수 있다는 뜻이다. 분명히 말하자면, 이것은 순수한 이론이며, 어려운 수학적 접근일 뿐이다. 실제 세계에 적용될지는 불확실하다.

이제 어둠 속에서 더듬고 있는 우리는 마지막 도약을 위한 이상적 발판을 얻었다. 거의 9개 장을 넘기며 블랙홀을 기대했던 독자들의 소원이 이루어졌다. 모든 것이 밀접하게 연결돼 있지만, 중력 법칙은 양자가 따르는 법칙과 수 광년이나 떨어져 있다. 예를 들어 블랙홀은 완벽하게 위치를 확인할 수 있고 그 운동량 또한 완벽하게 알 수 있는데, 이는 하이젠베르크의 불확정성 원리와 명백히 모순된다.

양자와 중력이 만나면서 생긴 가장 유명한 역설 중 하나는 스티븐 호킹(Stephen Hawking, 1942~2018년)의 블랙홀 역설이다. 호킹은 블랙홀에서 복사를 방출한다는 예측을 통해 세계적으로 유명해졌다. 일명 호킹 복사라 불리는 이 복사는 플랑크의 흑체 복사와 특성이 일치하는데, 이는 반 고전적이고 반 양자역학적인 성격의 계산을 통해 밝혀졌다. 중력은 양자 방식으로 계산될 수 없다. 이 계산 결과는 여러 가지

심오한 질문으로 이어졌다.

정보(단순한 정보가 아니라 브리태니커 백과사전 24권 전체처럼 방대한 정보)가 블랙홀에 떨어지면 어떻게 될까? 블랙홀의 지평선 너머로 사라진 정보는 영원히 없어지는 것인가? 그리고 이 복사(호킹 복사)와 어떤 관련이 있을까? 블랙홀이 증발할 때 방출하는 복사(호킹 복사)로 정보가 다시 나올 수 있을까? 이 증발은 문자 그대로의 현상이며, 블랙홀이 흡수하는 에너지보다 더 많은 에너지를 방출할 때 발생한다. 엔트로피는 어떻게 될까? 마지막 질문은 매우 중요한데, 블랙홀에 대한 설명은 결국 엔트로피와 관련 있고, 엔트로피는 정보와 관련 있기 때문이다. 그리고 이는 물리적으로 이미 설명되었다. 호킹은 블랙홀 안에서 되돌릴 수 없는 일이 일어난다고 확신했다. 일단 들어가면 끝이다. 영원히 사라진다. 블랙홀의 증발은 당시 일반적으로 받아들여지던 양자역학과 중력 물리학의 원리들과 양립할 수 없다고 생각했다. 그의 관점에서는 양자역학의 기초가 철저히 재검토되어야 했다.

"브리태니커 백과사전 24권이 블랙홀에 떨어지면 어떻게 되는가?"라는 질문은 논쟁을 불러일으켰고, 그 논쟁은 내기의 대상이 될 정도로 뜨거워졌다. 바로 호킹과 존 프레스킬의 내기였는데, 내기의 대가는 자신이 선택한 백과사전 한 권이었다. 프레스킬은 입자 물리학과 우주론의 관계에 대해 오랫동안 고민해왔으며, 블랙홀에 대해서도 무한히 매료되어 있었다. 프레스킬의 시각은 매우 양자적이었고, 따라서 그의 입장은 호킹과 정반대였다. 그는 "어떤 것도 되돌릴 수 없는 것은 없다"라며 "자연에서 사라지는 것은 없다"고 주장했다. 프레스킬은 블랙홀에서 그 방대한 정보가 결국 언젠가 어떤 방식으로든 다시 나올 것이라고 확신했다. 그가 어떻게 다시 나올 수 있을지 말할 수는 없었지만, 어쩌면 매우 세밀하게 살펴보면 호킹 복사에서 뭔가를 알아낼 수 있을지도 모른다고 생각했다.

내기를 생각하며 프레스킬은 또 다른 중요한 아이디어에 대해 깊이 고민하기 시작했다. 그 아이디어는 그의 칼텍(Caltech) 선배인 리처드 파인만이 세상에 던져 놓은 것, 바로 '양자 컴퓨터'였다. 프레스킬은 이를 진지하게 연구할 의도를 가지고 2000년에 칼텍에 양자 정보 연구소(Institute for Quantum Information)를 설립했다. 분명히 말하자면, 프레스킬이 양자 컴퓨터의 작동 원리와 가능성을 연구하려 한 동기는 순전히 물리학적인 이유에서였다. 그는 물리학의 큰 문제들을 해결하고자 했으며, 무엇이든 그 해결책을 찾기 위해서는 양자 정보가 중요한 열쇠가 될 것이라고 확신했다. 그의 관점에서 자연은 거대한 양자 컴퓨터와 같았다. 자연이 어떻게 구성되어 있는지 이해하고 싶다면, 양자 컴퓨터가 어떻게 작동하는지 이해해야 한다고 믿었다. 어쩌면 양자 컴퓨터는 우리가 블랙홀을 이해하는 데 도움을 줄 수 있을지 모른다. 아니 훨씬 더 중요한 질문은 양자 얽힘이 다입자 물리학에서 어떤 역할을 할지, 그것이 새로운 물질을 연구하는 데 어떻게 기여할 수 있을지에 관한 것이다.

겸손하게 덧붙이자면, 텐서 네트워크 역시 이 기관의 끊임없는 노력으로 탄생한 중요한 산물 중 하나이다. 프레스킬의 연구소를 특별하게 만드는 점은 양자 정보에 매료된 다양한 사람들의 공동체를 하나로 모은다는 점이다. 블랙홀, 끈 이론, 양자장 이론, 창발 현상 등 여러 분야의 전문가들이 이곳에 모여, 큐비트와 얽힘을 통해 물리학을 바라보는 새로운 접근 방식이 호킹의 미해결된 역설을 훨씬 더 명확히 정의할 수 있게 해준다는 통찰에 자연스럽게 도달한다. 결국 문제를 더 명확하게 정의할수록 해결하기 더 쉬워진다.

2004년에 드디어 첫 번째 해결의 실마리가 제시되었다. 정보는 전혀 사라지지 않았다. 단지 호킹 복사와 블랙홀 내부 자유도의 얽힘 속에 '숨겨져' 있을 뿐이다. 프레스킬은 놀랐고, 호킹은 순순히 패배를 인정했다. 프레스킬은 약간 아쉬워했다. 서로 다른 관점 덕분에 벌어진 그들의 열띤 토론은 항상 생산적이었다. 게다가 프레스킬의 생각으로는 문제가 완전히 해결되지도 않은 상태였다. 어쨌든 그는 백과사전을 하나 고를 수 있었다. "예!"라는 외침 속에 그는 신속히 선택을 내렸다. 프레스킬이 고른 것은 통계, 수치, 비교 연구, 연도, 기록, 결과로 가득한, 그가 마음을 완전히 빼앗긴 주제에 관한 백과사전, 『야구의 모든 것 - 궁극의 야구 백과사전(Total Baseball - The Ultimate Baseball Encyclopedia)』이었다. 혹시 크리켓 백과사전도 괜찮았을까? 호킹의 나라인 영국에서는 그쪽이 더 구하기가 쉬우니 말이다. '농담하시는 거죠?'라고 생각한 미국인은 굳게 자기 뜻을 고수했다. 그러나 집으로 걸어가며 그는 거의 2700쪽에 달하는 그 두꺼운 책이 블랙홀만큼 무겁다는 점을 인정해야 했다.

약 20년 후, 2022년에 두 번째 버전의 해결책이 제시되었다. 간단히 말해 이 해결책은 매우 고차원적인 수학적 요령으로 가득 차 있어 해답을 찾는 것만큼이나 해석하는 것도 어려웠다.[49] 그러나 중요한 점은 오늘날 물리학이 지향하는 모든 것, 즉 양자 컴퓨팅, 양자 얽힘, 얽힘 단일성, 양자 오류 수정, 홀로그램 우주 등이 이 해결책에 포함되어 있다는 것이다.

---

[49] A. Almheiri, T. Hartman, J. Maldacena, E. Shaghoulian en A. Tajdini, 'The entropy of Hawking radiation', Reviews of Modern Physics 93(3), 035002 (2021).

이 모든 플라톤적인 아이디어는 비엔나 출신의 항상 웃음 가득하고 기분 좋은 물리학자 마르쿠스 아스펠마이어(Markus Aspelmeyer, 1974~)의 머릿속에 혼란을 일으켰다. 그는 서로 양립할 수 없는 것을 통합하려는 수많은 이론에 질려, 실험실에 틀어박혔다. 말은 없었지만, 행동으로 드러났다. 아스펠마이어는 두 개의 나노 입자를 각각 두 장소에 동시에 존재하도록 만드는 중첩 상태를 실현하려고 한다.

양자 중력의 실험적 구현이다. 그리고 무슨 일이 일어나는지 관찰하려고 한다. 간섭이 중력과 어떻게 얽힐 것인가? 그 입자들은 서로 어떻게 끌어당길 것인가? 양자역학은 여기에 대한 명확한 답을 주지 못한다. 양자역학은 정적 시공간에서만 작동하기 때문이다. 혹은 더 정확히 말하면, 양자역학은 이 영역에서 불충분하다. 현재의 이론과 수학적 공식으로는 이를 계산할 수 없다. 결과를 예측할 수 없다는 뜻이다. 그렇다면 어떻게 해야 할까? 물리학자들은 앞으로 어떤 방향으로 생각해야 할지 알기 위해 실험적 데이터가 필요하다.

현재 양자역학과 중력은 깊고 넓은 바다로 나뉜 두 개의 대륙과도 같다. 그 사이를 무한한 지평선이 구분 짓는다. 미세한 나노 입자와 거대한 중력의 대립이다. 아스펠마이어는 이 두 세계, 즉 이 두 이론을 실험적으로 화해시킬 수 있는 첫 번째 인물이 될 수도 있다. 실험은 무한대라는 극복할 수 없는 장벽에 부딪히지 않기 때문이다. 그는 과감하게 도전에 나선다. 모험하지 않으면 성과도 없다.

한편, 양자 중력의 비재규격화 가능성에는 아무런 문제가 없을 수도 있다. 분명 양자 이론이 있고, 중력 이론도 아무도 반박하지 않지만, 어쩌면 그 사이에 또 다른 무언가가 있을지도 모른다. 어쩌면 양쪽을 통합하는 하나의 이론이 존재한다고 생각하는 것 자체가 틀린 생각일지도 모른다. 모든 것을 설명하면서 일관된 이론이 존재한다는 생각은 환상일까? 혹시 자연의 언어로서의 인류 중심적 수학이 불충분한 것일까? 스테빈과 갈릴레이는 너무 낙관적이었던 걸까? 어쩌면 그렇다. 그러나 어쩌면 그렇지 않을 수도 있다. 어쨌든, 이론이 맞지 않는다면, 혁명은 다시 시작될 것이다!

에필로그

모든 것은 양자역학 100주년을 기념하는 성대한 파티로 끝이 났다. 이 파티는 최근에 개조된 한 맥주 양조장에서 열렸는데, 그곳은 광활한 들판 한가운데 있으며 바다가 보이는 아름다운 풍경을 자랑했다. 양조장의 주인은 퀀튼 맥애닉(Quanten MacAnnick)이라는 이름의 사람이었다. 새들은 '파이파이파이' 지저귀고, 개구리들은 '쿼크 쿼크' 울었다. 몇 가닥의 희미한 안개가 떠다니는 것 외에는 하늘엔 아무 문제도 없었다. 파티가 시작될 준비가 완벽히 갖춰졌다!

진자 시계가 여섯 시를 알리자 초대된 손님들이 속속 도착했다. 시작부터 꽤 혼란스러웠지만, 분위기는 놀랄 만큼 화기애애했다. 플랑크는 직접 작곡한 매우 고전적인 곡을 피아노로 연주하고 있었고, 아인슈타인은 자신의 사랑스러운 리나를 목둘레에 따뜻하게 감싸고 있었다. 한편, 파인만은 드럼을 치며 주변 상황엔 전혀 신경 쓰지 않았다. 하이젠베르크는 망설이다가 아인슈타인에게 쿼트르망(quatre-mains, 네 손을 사용하는 피아노 듀엣)을 함께하자고 요청했지만, 아인슈타인은 별로 내키지 않았다. 하이젠베르크가 자기와는 조금 다른 '파장'에 있는 것 같다고 생각했기 때문이다. 그는 하이젠베르크에게 권했다. "보른에게 물어봐. 그 사람도 피아노 잘 치잖아." 다른 곳에서도 파티가 열리고 있었기에 하이젠베르크는 두 장소에 동시에 있을 수 없어 심기가 불편해졌다. 게다가, 보어가 계속 뭔가 복잡한 것을 설명하려고 했는데, 아니, 그게 보른이었나? 아, 둘은 참 구분하기 어렵다니까….

조금 뒤에 에미 뇌터가 들어섰다. 그녀는 이미 새로운 아이디어로 가득 찬 상태였는데, 임신 중이라 그녀의 '대칭'은 이미 깨진 상태였다. 그녀는 즉시 스테빈에게 자신이 구운 쿠키를 하나 건넸다. 왜냐하면 그 노인이 갑작스런 배고픔(말하자면 '사과'로 인한 기절 상태)에 지쳐 있었기 때문이다. 우연인지 아닌지는 몰라도, 뉴턴은 설탕을 뿌린 사과 파이를 구워왔고, 오펜하이머는 사과 케이크를 가져왔다. 하지만 그의 사과들은 그렇게 신선해 보이지 않았다. 그러나 오펜하이머는 매우 흥미를 돋우는 식사 스타일을 가지고 있었다. 그의 '냠냠냠' 소리에 테이블에 앉아 있던 다른 사람들마저 금세 '냠냠냠'에 빠져들었다. 다만, 그는 기본적인 예절, 즉 나눔에는 별로 관심이 없는 듯했다(아주 작은 입자라도 말이다)…. 어쨌든, 단것은 풍족했다. 톰슨은 그 유명한 바닐라 푸딩으로 모두를 즐겁게 했다.

안타깝게도 누군가가 모든 건포도를 몰래 빼먹은 것 같았다(이름은 밝히지 않겠지만, 아마 러더퍼드였을 가능성이 높다. 장난꾸러기 같은 사람). 그 사이 디랙은 슈뢰딩거와 하이젠베르크가 완전히 다른 레시피를 따랐음에도 불구하고 똑같은 전채 요리를 가져왔다는 사실을 깨달았다. 그런데 그때, 그는 바다에서 들려오는 어린아이의 떠들썩한 소리에 주의를 빼앗겼다. 알고 보니 뉴턴이 물속으로 뛰어든 것이었다. 그는 한 번도 본 적 없는 무언가를 본 듯했다. 뉴턴은 그 장면을 즉시 자신의 작은 카메라로 영원히 담아두었다.

이제 마리아 괴퍼트메이어의 양파 수프를 먹을 시간이 되었지만, 그만 그 악명 높은 파울리의 방해로 수프가 타버리고 말았다. 아인슈타인은 수프가 너무 뜨겁다고 투덜댔고 그와 함께 있던 그의 찡그린 동료들도 수프를 별로 즐기지 못했다. 그때 테이블 아래에서 조용히 웅크리고 있던 고양이(너무 조용해서 죽은 게 아닌가 하는 생각까지 들었는데, 파울리가 비꼬며 '그건 나도 확신할 수 없어'라고 말했다)가 갑자기 뛰어올랐다. 이로 인해 놀란 스테빈이 수프 접시를 손에 든 채 다시 한번 크게 넘어졌다. 결국 란다우가 바닥에 흩어진 조각들을 치워야 했다.

결국 모두 질서정연하게 식사를 이어갔고, 윌슨은 매우 기쁜 표정으로 민속춤을 추었다(그것도 평범하지 않았다!). 그러다 해밀턴이 갑자기 3차원 슬로모션으로 들어왔을 때 다소 충격적이었다(그는 영화 '매트릭스'를 너무 많이 봤나 봐!). 뒤이어 브로콜리 왕자가 들어왔는데, 그는 또다시 너무 늦게, 심지어 두 개의 문을 동시에 통과하며 다른 사람들과 구별돼야 했다. 그는 아무것도 가져오지 않았나? 아니다. 아니면, 그는 집안에서 햇빛 같은 존재, 가모프를 데려왔을지도 모른다! 햇빛 얘기를 하자면, 퀴리의 치킨은 다시 먹기 좋았고, 그녀 자신도 그 어느 때보다 환하게 빛났다. 퀴리가 바로 우리의 알파남 러더퍼드와 마주 앉았다는 사실은 누구도 눈치채지 못했을 것이다. 두 사람의 케미는 정말 전염성이 강했다. 짧은 대화 후, 재미있는 러더퍼드와 그의 형제 가모프는 헬륨 풍선을 띄우기 시작했고, 가끔 풍선 하나를 터뜨리기도 했다(잠시 양파 수프에서 나온 물인 줄 알았는데, 분위기 관리팀이 그걸 압수해서 좀 당황했네. 죄송. 혼란스럽네.)

오, 저기 오너스가 있다. 그는 활기차고 쾌활한 모습으로 나타났고, 그의 뒤를 앤더슨이 따르고 있다. 앤더슨은 매우 즐거운 모습이다. 흥미로운 점은, 그가 개인적으로는 누구와도 그다지 잘 지내지 못하지만, 이렇게 모두가 함께 있는 자리에서는 놀랍도록 즐거워한다는 것이다. 앤더슨은 심지어 이 자리가 마치 동화처럼 아름답다고까지 말했다. 그것이 정말로 특별한 이유는 이 파티가 일반적인 모임과는 달랐기 때문이라고 와인버그가 동의하며 덧붙였다. 모두가 이곳에서 하나로 어우러진 모습을 보는 것은 그의 감정 깊은 곳을 자극한 듯했다. 이 말은 쇼어의 기억 속에서 무언가를 떠올리게 했고, 그는 친구 가까이 다가가 테이블에 몰래 짧은 시구를 새겼다(그는 대체 이걸 누구에게 배운 걸까?).

한편, 힐베르트는 이번에 초대받지 못했다. 그가 차지하는 공간이 너무 커서였는데, 이 모임이 단순한 네트워킹 자리가 아니었기 때문이다. 불필요한 긴장을 피하기 위해 그는 멀리 두기로 했다. 갈루아는 물론 이 자리에 있었다. 그러나 그는 사랑의 상처를 입고 한쪽 구석에 홀로 앉아 있었다(그의 상태는 자세히 말하지 않는 것이 나을 듯하다. 하지만 군 이론, 아니 집단 치료가 그에게 도움이 되었을 것이다). 사실 갈루아는 이날 각 손님을 자신의 자리로 잘 안내하는 임무를 맡았지만, 그는 제 역할을 하지 못했다. 그래도 모두가 서로 따뜻하게 환영받기를 원했던 것은 분명하다.

땡땡땡, 누군가 와인잔을 치는 맑은 소리가 들렸다. 누군가 연설을 시작하려는 것 같았다. 페르미? 아니, 그는 절대 본질에 다다르지 못한다. 슈뢰딩거? 잊어라. 그는 어딘가에서 어떤 걸프만 출신 소녀와 얽혀 건초 더미에 누워 있을 것이다. 멘델레예프? 음, 그는 너무 상자 틀에 갇혀 생각하는 사람이다. 누구 없나? 그러자 모두가 아인슈타인을 추천했다. 그는 양자 상태에 있으며, 또한 훌륭한 연설가이기도 하니까. 그러자 아인슈타인은 바로 무대의 스포트라이트 아래로 나서며 연설을 시작했다. "친애하는 여러분…" 그러나 그 순간 갑자기 그의 기억 속에 검은 구멍이 생겼다. 그는 당혹감에 땅으로 꺼질 듯했고, 얼굴이 붉게 달아오른 채로 간절한 도움의 눈빛을 보내며 무대 뒤편을 바라보았다. 그러자 리제 마이트너가 즉시 그림자 속에서 나와, 아인슈타인에게 약간은 진지함을 덜고 상황을 상대화하라고 조언했다. 그러고는 직접 연설을 이어갔다. 그녀는 양자를 잘 이해하고 있는 듯했으며, 예상치 못한 반전을 주었다. "사랑하는 친구 여러분," 그녀는 직접 말을 건넸다. 그러고는 자신이 한때 책에서 찢어낸 첫 페이지에서 짧은 글귀를 읽었다. 그 페이지는 이후 그녀의 지갑에 마치 만트라(주문)처럼 소중히 간직되어 있었다.

> 원자의 세계, 아무도 보지 못한다.
> 우리의 꿈이 얼마나 부족한지,
> 상상력조차 부족할 때.
> 양자는 한때 신기한 것이었고,
> 우리의 불확실성과 함께 이제 증거를 제시한다.
> 더 멀리 보는 사람은 돌에 새겨진 것보다
> 더 많은 것을 본다.
> 훨씬 더 멀리까지 닿는 무언가를.
>
> 보이지 않는 것이
> 보이는 것을 밝혀준다.
> 더 많이 아는 것이 기쁨을 준다.
> - 헤르만 반 롬퓌, 『최소한의 양자역학』에 대해

감사의 글

우선, 양자역학에 대해 누구나 접근할 수 있는 책을 쓰자고 제안해준 로라 라노우에게 감사를 전한다. 그리고 피터르 드 메세메이커와 미셸 베르플랑케에게, 예측할 수 없는 이 양자 프로젝트의 여정을 열정적으로 함께해 준 것에 대해 감사를 표한다. 아마릴리스에게는 양자역학을 이해한다고 해서 반드시 그것을 설명하거나, 더 나아가 산문으로 풀어쓸 수 있다는 뜻은 아니라는 점을 명확히 해준 것에 대해 감사를 전한다. 셀린느는 마치 데우스 엑스 마키나(deus ex machina)처럼 (말 그대로) 자전거를 타고 지나가며 모든 거리낌 없는 기발함으로 펜을 잡아주었다. 이 책의 모든 아름다움은 셀린느에게서 나온 것이고, 이해하기 어려운 부분은 전적으로 프랑크의 몫이다.

카렐 반 아코레이엔에게 이 책의 첫 번째 개요를 함께 구상하는 데 도움을 준 것에 대해 감사를 전한다. 시몬 스테빈이 델프트 신교회에서 주의 깊게 지켜보고 있는 듯하다.

쿤라드 아우더나르트와 알렉상드르 세브랭의 날카로운 지적에도 감사드린다. 대중적인 책이라도 정확한 정보를 담아야 한다. 이 책의 시와 문법이 제대로 조화를 이루도록 힘써 준 바르텔 브뢰커르트와 가스파르 페르스트레터에게도 감사드린다. 아네미크 세우스에게는 훌륭한 편집 작업에 대해 감사드린다. 마지막으로, 이 프로젝트를 가능하게 해준 FWO(Fonds Wetenschappelijk Onderzoek, 과학연구기금)에 깊은 감사를 표한다. 우리의 가장 큰 바람은 이 책을 읽은 몇몇 젊은 학생들이 물리학자가 되기를 선택하는 것이다.

셀린느는 마지막으로 프랑크에게 특별히 감사의 말을 전한다. 함께 이 책을 쓰자는 그의 엉뚱한 제안에 하는 감사이다. "당신의 수학, 나의 네덜란드어. 이렇게 아름다운 조합을 이룰 줄은 몰랐어. 당신과 나는 정말 딱 맞아."

용어 설명

EPR 역설 : 아인슈타인, 포돌스키, 로젠이 제안한 사고 실험으로, 얽힘 상태에 있는 입자들의 특성을 탐구하기 위한 것이었다. 이 사고 실험의 목적은 하이젠베르크의 불확정성 원리를 반박하는 데 있었다.

ψ : 슈뢰딩거가 도입한 파동 함수를 나타내는 기호로, '프시(psi)'라고 발음한다.

간섭 : 파동(예를 들어 대개 파동 함수로 표현되는 확률 진폭)이 중첩될 때 발생하는 현상. 이로 인해 강도가 더 강해지거나 약해지는 패턴이 나타난다. 간섭은 이중 슬릿 실험과 같이 입자가 파동처럼 행동하는 많은 양자 현상의 근간을 이룬다.

감마 입자 : 매우 높은 에너지 및 주파수를 가진 광자. 감마선의 형태로 방출된다.

게이지이론 : 대칭성이 공간 전체에서 국소적으로 유지되는 장 이론.

결어긋남(디코히런스) : 양자 시스템에 외부 환경(노이즈)이 미치는 영향을 가리키는 기술적 용어이다. 결어긋남은 양자의 코히런스(일관성), 즉 중첩 상태를 깨뜨린다. 이는 양자 컴퓨터의 '아킬레스건'이라 할 수 있다.

결합법칙 : 군(group)과 행렬 곱셈의 기본 성질. 세 연산(a, b, c)의 곱은 a와 b를 먼저 곱한 후 c를 곱하거나, b와 c를 곱한 결과에 a를 곱

하는 방식 모두 동일한 결과를 낳는다.

고유 진동수 : 행렬 또는 해밀토니안의 특성으로, 시스템의 '정상' 상태 또는 에너지 궤도를 결정한다.

관측 가능한 것 : 관찰되고 측정될 수 있는 모든 것. 양자역학에서는 관측 가능한 물리량들이 수학적으로 행렬로 표현된다.

광자 : 빛의 기본 단위, 즉 양자를 이루는 기본 입자이다.

교환법칙 : 일부 군(group) 및 행렬 곱셈의 기본 성질. a와 b의 곱셈 결과가 b와 a의 곱셈 결과와 동일할 때, a와 b는 교환 가능하다. 하지만 양자역학에서 가장 흥미로운 군들은 이 법칙을 따르지 않으며, ab는 ba와 같지 않을 수 있다. 비가환성은 하이젠베르크의 불확정성 원리의 수학적 기초를 이룬다.

국소성 : 어떤 물체는 오직 그 주변의 직접적인 환경에 의해서만 영향을 받으며, 두 물체 사이의 상호작용은 빛의 속도를 초과할 수 없다는 원칙. 이는 상대성 이론과 일치한다.

국소적 실재론 : 아인슈타인의 철학적 입장으로, 입자의 모든 특성이 측정이나 관찰 방식에 의존하지 않고 이미 정해져 있다고 본다.

군 : 대칭성을 설명하는 수학적 형식.

군 이론 : 군(group)을 연구하는 학문.

기저 상태 : 전자가 가장 낮은 에너지를 가진 파동 함수(또는 상태).

기하급수적 : 어떤 것이 자신의 크기에 비례하여 증가하는 경우를 말한다. 예를 들어, 시스템에 하나의 변수가 추가되면 전체 변수의 수가 두 배가 되는 것을 의미한다.

노드 : 곡선이 x축과 만나는 지점. 따라서 파동 함수가 0이 되는 지점.

대칭성 깨짐 : 물질의 서로 다른 상태를 구분하기 위한 개념. 다입자계에서의 상전이에는 항상 어떤 형태의 대칭성이 깨지거나 회복되는 과정이 수반된다.

동위원소 : 양성자와 전자 수는 같지만 중성자 수가 다른 원자.

드 브로이 파장 : 이는 파동-입자 이중성의 궁극적인 표현이라 할 수 있다. 드 브로이 파장은 한 입자가 얼마나 파동처럼, 즉 파동 묶음(wave packet)으로 국소화될 수 있는지를 나타낸다. 입자가 가벼울수록, 또는 온도가 낮을수록 그 파장은 길어진다. 입자들 사이의 거리가 드 브로이 파장보다 크다면, 고전 물리학만으로도 그들의 거동을 설명할 수 있다. 하지만 그 거리가 드 브로이 파장보다 작아지면, 간섭 현상이 나타나며 양자역학이 필요해진다. 이 개념은 루이 드 브로이(Louis de Broglie)의 이름을 따서 명명되었다.

들뜬 상태 : 전자가 궤도 중 가장 낮은 에너지 준위보다 높은 에너지 준위에 있는 상태.

맥락성 : 어떤 시스템의 성질은 우리가 그것을 어떻게 바라보느냐, 즉 맥락에 전적으로 달려 있다. 측정 결과는 무엇을, 그리고 어떻게 측정하느냐에 따라 결정된다.

반감기 : 방사성 물질 속 원자의 절반이 다른 물질로 전환되는 데 걸리는 평균 시간.

반도체 : 전기를 절연체보다는 잘 전달하지만, 금속보다는 덜 전달하는 물질. 전기 전도도는 온도, 불순물, 외부 전기장이나 자기장 등에 의해 영향을 받을 수 있다. 반도체는 현대 전자공학에서 필수적인 재료이며, 예를 들어 트랜지스터 같은 소자의 기반을 이룬다.

배타 원리 : 양자역학의 가장 중요한 원리 중 하나로, 1925년 초반

볼프강 파울리가 발견했다. 각 전자 궤도에는 반대 스핀을 가진 두 전자만 위치할 수 있다. 이 원리는 물질이 단단하며, 지구가 콩알처럼 수축하지 않도록 하는 주요 요인이다.

밴드 구조 : 결정체 내에서 전자들이 가질 수 있는 다양한 에너지 준위(오비탈)의 집합을 에너지 밴드라고 한다. 하나의 밴드 내에는 연속적인 에너지 상태들이 존재하지만, 서로 다른 밴드들 사이에는 에너지 간극(밴드 갭)이라 불리는 금지된 에너지 영역이 있다.

베타 입자 : 방사성 붕괴 시 방출되는 고에너지 전자 또는 반전자(양전자).

벡터 : 정렬된 숫자의 배열로 표현된다. 벡터는 공간에서의 방향이나 힐베르트 공간에서의 양자 상태와 같은 물리량을 설명하는 데 사용된다.

벨 쌍 : 최대 얽힘 상태를 가진 두 큐비트의 상태.

보손 : 대칭적인 파동 함수를 가진 기본 입자. 가장 잘 알려진 보손은 빛의 입자(광자)이다. 페르미온의 반대 개념. 발견자 사티엔드라 보스(Satyendra Bose)의 이름을 따왔다.

복소수 : 실수의 확장. 복소수를 통해 음수의 제곱근을 계산할 수 있다.

불확정성 원리 : 위치와 운동량처럼 특정한 쌍의 물리량은 동시에 무한한 정밀도로 측정할 수 없다. 한 물리량을 더 정확하게 측정할수록, 다른 물리량에 대한 불확실성은 커진다. 이것은 위치와 운동량을 나타내는 행렬(또는 관측자)들이 서로 가환하지 않는다는 사실에서 직접적으로 비롯된다.

비국소성 : 얽힘 상태에 있는 입자들이, 서로 얼마나 멀리 떨어져

있든 관계없이 즉각적으로 서로에게 영향을 미치는 현상.

비스콘스트(wisconst): 시몬 스테빈의 '수학적 확실성(wis const)'에서 유래한 용어로 후에 '수학(wiskunde)'이라고 명명됐다. 수학은 자연의 언어이다.

사고 실험 : 실제로 수행하지 않고 사고로만 이루어지는 실험.

사원수(쿼터니언): 네 개의 성분으로 이루어진 복소수의 확장 형태이다. 사원수의 곱셈은 일반적으로 교환법칙이 성립하지 않는다(비가환적이다). 사원수는 행렬 이론의 선구적인 개념으로, 양자역학에서는 파울리 행렬의 형태로 자주 사용된다.

상전이 : 시스템의 물리적 상태가 변하는 현상으로, 예를 들어 고체에서 액체로, 액체에서 기체로의 변화나 서로 다른 양자 상태 간의 전이를 포함한다.

숨은 변수 모델 : 양자역학의 불확실성이 사실은 우리가 알지 못하는 숨겨진 요인들에 의해 결정된다는 가설. 하지만 벨은 그러한 설명이 실제 실험 결과와 일치하지 않음을 수학적으로 증명했다.

스핀 : 입자의 기본적인 성질 중 하나로, 오직 이산적인(양자화된) 값만을 가질 수 있다. 예를 들어 전자의 경우, 두 가지 가능한 상태, 즉 스핀 업(spin-up) 또는 스핀 다운(spin-down)이 존재한다. 스핀은 입자의 자기 모멘트를 결정짓는 요소 중 하나이며, 같은 궤도에 있는 두 전자는 항상 서로 반대 방향의 스핀을 가져야 한다. 스핀의 양자화된 성질은 슈테른-게를라흐 실험을 통해 실험적으로 입증되었다.

아일랜드 흰눈솔새 : 멸종된 새로, 해밀턴의 사원수 덕분에 VR 헤드셋을 통해 다시 볼 수 있다.

알고리듬 : 수학적 문제를 해결하기 위해 수행해야 하는 일련의

연산.

알파 입자 : 헬륨 원자의 핵.

양성자 : 양의 전하를 띤 입자로, 중성자와 함께 원자핵을 구성한다. 양성자는 페르미온에 속하며, 원자핵 안의 양성자 수는 항상 그 원자를 둘러싼 전자의 수와 같다.

양자 : 분할할 수 없는, 불연속적인 에너지 또는 다른 물리량의 최소 단위이다. 예를 들어, 빛은 연속적인 흐름이 아니라, 동일한 에너지를 가진 '광자'라는 작은 패키지(양자)로 방출되고 흡수된다.

양자 다입자 시스템 : 많은 양자 입자로 구성된 시스템.

양자 얽힘 : 두 개 이상의 입자가 서로 깊이 연결되어, 한 입자의 상태를 알면 다른 입자의 상태도 즉시 알 수 있는 양자 현상. 두 입자 사이의 거리에 상관없이 유지되며, 양자 세계의 '이상한' 특성들을 설명해주는 핵심 개념이자, 양자 컴퓨터의 구동 원리를 이루는 원동력이다.

양자역학 : 입자의 파동적 특성이 중요한 물리학. 고전 물리학이 필요한지, 아니면 양자역학이 필요한지는 입자의 드 브로이 파장에 따라 결정된다. 양자물리학과 동의어. 여기서 '역학'은 모든 운동과 이러한 운동을 일으키거나 그에 영향을 미치는 힘을 의미한다.

양자 컴퓨터 : 비트 대신 큐비트로 작동하며, 중첩 원리와 얽힘을 활용하는 컴퓨터. 양자 컴퓨터는 지수적으로 많은 계산을 동시에 수행할 수 있다. 이 덕분에 고전적인 컴퓨터로는 해결할 수 없는 문제들도 해결할 수 있다.

양자화 : 에너지나 진동수와 같은 자연의 특정 성질이 연속적인 값이 아니라, 특정한 크기를 가진 불연속적인 '단위(양자)로만 존재한

다는 개념.

에너지 궤도 : 전자 궤도 참고.

엔트로피 : 많은 입자로 이루어진 시스템에서 무질서와 불확실성의 정도를 나타내는 정량적 척도. 열역학 제2법칙에 따르면, 닫힌 시스템에서 엔트로피는 항상 증가하는 방향으로 변화한다.

운동 에너지 : 입자나 물체가 움직임으로 인해 가지는 에너지.

운동량(모멘텀) : 속도와 질량의 곱.

위치 에너지 : 어떤 물체가 놓인 위치와 주변과의 상호작용에 따라 물체에 저장된 에너지.

인수 분해 : 자연수를 소수의 곱으로 분해하는 과정이다.

장 이론 : 공간의 각 지점에 (양자) 자유도를 할당하는 수학적 이론. 양자역학과 상대성 이론을 통합하는 데 성공한 유일한 접근 방식이다.

재규격화 : 어떤 이론이 시스템을 바라보는 스케일에 따라 어떻게 변화하는지를 설명하는 데 사용. 양자장론에서는 무한한 값들을 유한한 물리량으로 바꾸는 과정을 의미하며, 이로 인해 이 이론은 높은 수학적 복잡성을 갖는다.

전자 : 전자란 음전하를 가진 기본 입자로, 모든 물질의 화학적 성질을 결정짓는 주된 요인이다. 전자는 페르미온이며, 파울리의 배타 원리를 따른다. 전자들 사이의 상호 반발은 물질이 단단하고 안정적인 이유를 설명해준다.

전자 궤도 : 궤도란 전자를 원자핵 주위에서 발견할 확률이 가장 높은 영역을 말한다. 궤도는 1개의 전자를 대상으로 한 슈뢰딩거 방정식을 풀어 얻어지며, 각각 고유한 모양과 에너지 준위를 가진다. 일

부 궤도는 구형(S 궤도)이고, 일부는 아령 모양(P 궤도)을 띠며, D와 F 궤도처럼 더 복잡한 형태도 존재한다. 궤도 개념은 전자들이 원자 내에서 어떻게 배열되어 있는지, 그리고 다른 원자들과 어떻게 상호작용하는지를 이해하는 데 중요한 역할을 한다.

전자껍질 : 원자에서 가장 높은 에너지 준위를 가진, (부분적으로) 채워진 전자 궤도의 집합. 이 최외각 껍질에 있는 전자들은 원자의 화학적 성질을 결정짓는 핵심 요소이다.

주파수(진동수) : 파동이 1초 동안 완료하는 진동의 횟수

중성자 : 양성자와 함께 원자핵을 구성하며, 전하를 가지지 않는다.

중첩 : 양자역학의 기본 원리 중 하나로, 입자는 동시에 여러 상태에 있거나 여러 위치에 존재할 수 있다는 것을 의미. 양자 입자가 파동처럼 행동하기 때문에 나타난다. 이중 슬릿 실험은 전자가 중첩 상태에 놓여 두 개의 슬릿을 동시에 통과할 수 있다는 사실을 보여주었다.

진공 요동 : 양자 시스템의 바닥 상태가 일반적으로 여러 가능한 상태의 중첩으로 이루어져 있다는 사실에서 비롯된 현상이다. 이러한 중첩은 양자 물질이 지닌 놀라운 특성들을 설명해준다.

진폭 : 파동이 위아래로 얼마나 진동하며 이동하는지를 나타내는 정도.

창발 : 많은 입자로 이루어진 시스템에서만 나타나는 고유한 성질. 다수의 원자가 모이면, 단일 원자가 보이는 성질과는 전혀 다른 방식으로 행동하게 된다. 우리가 어떤 규모에서 관찰하느냐에 따라 적용되는 원리와 법칙도 달라진다.

초전도체 : 어떤 임계 온도 아래에서 전기 저항 없이 전류를 흐르게 하는 물질로, 에너지 손실이 전혀 없다. 또한 자기장을 밀어내는 성질(마이스너 효과)을 가지며, 이로 인해 매우 효율적인 전류 전달과 강력한 자기장 생성 같은 다양한 응용이 가능하다.

치환 : 어떤 집합의 원소들을 새로운 순서로 재배열하는 연산이다.

쿼크 : 현재까지 알려진 기본 입자 중 가장 작은 것으로, 페르미온 계열에 속한다. 쿼크는 여섯 가지의 '맛'으로 나뉜다. 주로 업쿼크(up-quark)와 다운쿼크(down-quark)라는 용어를 사용하며, 이는 스핀이 회전하는 방향을 가리킨다. 쿼크는 단독으로 존재하지 않고, 항상 둘 또는 셋씩 함께 존재한다.

큐비트 : 두 가지 가능한 상태가 중첩된 양자 시스템. 양자 컴퓨터의 기본 단위.

터널링 : 양자역학적 현상으로, 입자가 고전 물리학적으로는 넘을 수 없는 에너지 장벽을 통과하는 현상이다. 이 과정은 방사성 붕괴에서 핵심적인 역할을 한다.

파동 묶음 : 여러 가지 서로 다른 파장과 진동수를 가진 파동들이 중첩되어 형성된 국소화된 '묶음'으로, 하나의 입자를 묘사한다. 드브로이 파장(de Broglie-golflengte) 참고.

파동 함수 : 입자나 시스템의 양자 상태를 기술하는 수학적 함수. 이 함수는 위치나 운동량 같은 모든 관측 가능한 물리량에 대한 정보를 담고 있다. 파동 함수가 시간에 따라 어떻게 변화하는지는 슈뢰딩거 방정식에 의해 결정된다. 파동 함수는 물리적 실재 그 자체를 나타내는 것이 아니라, 우리가 그 계에 대해 알고 있는 정보를 표현한다.

이를 바탕으로 다양한 측정 결과가 나타날 확률을 계산할 수 있다.

파인만 도표 : 섭동 이론에서 사용하는 도구로, 입자 간 상호작용을 설명하기 위해 필요한 복잡한 계산을 가능하게 한다.

파장 : 두 연속 최대치 사이의 거리.

페르미온 : 반대칭적인 파동 함수를 가진 입자들로, 보손의 반대 개념. 전자, 양성자, 중성자, 쿼크 등이 그 대표적인 예. 파울리의 배타 원리에 따라, 페르미온들은 동일한 양자 상태를 공유할 수 없어 서로 강하게 밀어낸다. 이러한 성질 덕분에 물질은 형태를 유지하며 붕괴되지 않는다. '페르미온'이라는 이름은 이탈리아의 물리학자 엔리코 페르미(Enrico Fermi)의 이름을 따서 붙여졌다.

평행 이동 대칭 : 시스템이 일정 거리를 이동(평행 이동)해도 동일하게 보이는 특성.

하트리-폭 방법 : 다입자 시스템의 파동 함수를 근사적으로 기술하기 위한 방법으로, 이를 개별 전자 오비탈의 파동 함수들의 조합으로 표현한다.

함수 : 위치나 에너지 같은 물리량을 시공간 속에서 기술하는 수학적 표현. 입자의 양자 상태를 나타내며, 측정 결과를 예측할 수 있게 해준다.

해밀토니안 : 입자의 운동 에너지와 상호작용을 설명하는 수학적 표현. 윌리엄 해밀턴 경의 이름을 따서 명명되었다.

핵력 : 약한 핵력은 중성자를 양성자로 바꾸는 과정에 관여하며, 원자핵 내의 방사성 붕괴 과정들을 조절한다. 강한 핵력은 원자핵 내의 양성자와 중성자를 함께 묶어 원자핵의 안정성을 보장한다.

핵분열 : 무거운 원자의 원자핵이 두 개 이상의 더 작은 원자핵으

로 분열되는 과정. 이 과정에서 매우 많은 에너지가 방출되며, 중성자와 같은 추가적인 입자들도 함께 방출된다.

핵융합 : 가벼운 원자핵이 결합하여 무거운 핵을 형성하는 과정. 강력한 에너지를 형성한다.

핵자 : 양성자와 중성자를 아우르는 용어.

행렬 : 벡터에 대한 연산을 표현하는 데 사용되는 수학적 구조이다. 숫자들이 체스판처럼 격자 형태로 배열된 표로 이루어져 있다. 두 행렬은 서로 곱할 수 있지만, 이 곱셈은 일반적으로 가환적이지 않다. 군(group)과 같은 수학적 구조들은 행렬을 통해 표현될 수 있으며, 슈뢰딩거 방정식 또한 하나의 무한 차원 행렬(해밀토니안)이 벡터(파동 함수)에 작용하는 것으로 이해할 수 있다.

행렬역학 : 하이젠베르크가 제안한 양자역학의 접근 방식으로, 행렬을 기반으로 한 이론이다.

환원주의 : 전체의 행동을 개별 입자의 행동을 기반으로 설명할 수 있다고 주장하는 이론. 창발의 반대 개념.

힐베르트 공간 : 양자 시스템의 가능한 모든 파동 함수를 기술하기 위해 사용되는 수학적 틀이다. 이러한 함수들은 무한 차원의 공간에 놓인 벡터로 표현된다.

찾아보기

ㄱ

- 가모프, 조지 101, 104, 272, 293, 294, 379
- 갈루아, 에바리스트 53, 54, 56, 190, 380
- 갈릴레이, 갈릴레오 23~26, 28, 31, 44, 376
- 감마선 77, 252, 297, 384
- 강한 핵력 274~276, 282~284, 286, 288, 290, 291, 393
- 게이지 이론 277, 282, 283, 288, 307
- 겔만, 머리 285, 286, 288
- 결맞은 상태 235
- 결합 에너지 89, 131, 212
- 경로 적분 138
- 광전 효과 84, 87~90, 93
- 괴테, 요한 볼프강 232, 233, 262
- 괴퍼트메이어, 마리아 272, 273, 378
- 국소성 170, 176
- 국소적 실재론 165, 166, 168, 169, 179, 385
- 군론(군 이론) 54~56, 59, 60, 223, 286, 290, 385
- 굴절 96, 232
- 그로스, 데이비드 288
- 글래쇼, 셸던 289
- 글루온 288, 290
- 깁스, 조시아 362
- 끈 이론 291, 292, 360, 361, 369, 370, 373

ㄴ

- 노이만, 존 폰 143, 144, 175, 176, 181, 250, 344, 345, 356
- 뇌터, 에미 43~46, 48, 55, 58, 142, 181, 226, 268, 280, 313, 378
- 뉴턴, 아이작 8, 10, 26~33, 37, 44, 52, 54, 69, 81, 85, 92, 93, 107, 124, 134, 139, 140, 200, 204, 232~234, 251, 254 291, 332, 363, 378

ㄷ

- 다이슨, 프리먼 270, 281
- 다이어그램 197, 200~202, 219, 282, 287, 289, 321
- 단일성 341, 374
- 대응 원리 134, 139, 234, 235
- 동위원소 255, 256, 258, 259, 386
- 뒤 샤틀레, 에밀리 32~34, 273
- 드 브로이, 루이 69, 102~108, 111, 113, 114, 118, 119, 125, 132, 138, 139, 147, 148, 161, 187, 234, 238, 319, 386, 389, 392
- 디랙, 폴 101, 118, 134, 135~143, 161, 192, 197, 278, 279, 303, 314, 334

ㄹ

- 란다우, 레프 46, 47, 48, 51, 101, 222, 313, 316, 369, 379
- 러더퍼드, 어니스트 95~98, 100, 251~258, 260, 261, 267, 278, 294, 378,

379
- 레이우엔훅, 안토니 판 67
- 레이저 12, 57, 190, 238, 240, 241~244, 336, 337, 352, 353
- 렙톤 284, 290
- 로슈미트, 요한 193, 194
- 뢴트겐, 빌헬름 247
- 르메트르, 조르주 293

ㅁ
- 마요라나, 에토레 360
- 마이트너, 리제 263~266, 269, 381
- 말다세나, 후안 371
- 맥락성 181, 182, 386
- 맥스웰, 제임스 클러크 90, 193, 194, 234, 235, 362~364
- 맨해튼 프로젝트 268~271, 294, 343
- 머민, 데이비드 188
- 멘델레예프, 드미트리 45, 56, 100, 141, 205~208, 254, 255, 272, 297, 380
- 몽테뉴, 미셸 드 181
- 무질, 로베르트 123
- 미적분학 33, 60
- 밀리컨, 로버트 89
- 밀스, 로버트 282~284, 288, 291

ㅂ
- 바딘, 존 227, 318, 319
- 반감기 257~259, 386
- 반도체 199, 228, 353, 386
- 배타 원리 8, 57, 58, 62, 141, 191, 198, 235, 296, 386, 390

- 밴드 구조 224, 226, 227, 362, 387
- 버클리, 조지 131
- 베넷, 찰스 364
- 베크렐, 앙리 247~249
- 베타 입자 262, 264, 387
- 베테, 한스 271, 294
- 벨, 존 157, 169, 174~181, 388
- 보른, 막스 118, 121, 123~127, 129, 132, 133, 159, 268, 377, 378
- 보손 54, 57, 190~192, 198, 200, 203, 234~238, 241, 275~277, 288, 290, 292, 304, 315, 318, 319, 327, 387, 393
- 보스, 사티엔드라 192, 236, 237, 241
- 보스-아인슈타인 응축 57, 190, 235, 237, 239, 241, 243, 244, 315, 316, 319, 331, 334, 336
- 보어, 닐스 52, 94, 95, 98~102, 105, 119, 132, 134, 139, 145, 157, 161, 162, 167, 168, 170, 174, 182, 187, 235, 253, 266, 271~273, 377
- 복소수 34~37, 119~121, 125, 138, 189, 387, 388
- 볼츠만, 루트비히 80, 106, 193, 194, 362
- 불확정성 원리 8, 115, 136, 151, 160, 161, 166~168, 332, 341, 371, 384, 387
- 브라우트, 로버트 283, 290
- 블랙홀 93, 240, 268, 304, 371~374
- 블로흐, 이마누엘 336

ㅅ

- 사원수 34~38, 388
- 살람, 압두스 284, 289
- 상보성 159
- 샤르, 르네 11, 12
- 섭동 이론 203, 278, 289, 393
- 쇼어, 피터 349~352, 358, 359, 380
- 순열군 54, 56, 190
- 숨은 변수 175~179, 182, 388
- 슈뢰딩거, 에르빈 7, 22, 40, 118~127, 132, 134~136, 139~141, 143, 160, 161, 170, 172~174, 209, 241, 261, 279, 281, 331, 347, 378, 380, 384, 390
- 슈리퍼, 로버트 318
- 슈윙거, 줄리언 281
- 슈테른과 게를라흐 144, 145, 147
- 스테빈, 시몬 15, 19~25, 28, 31, 53, 67, 82, 129, 149, 187, 204, 376, 378, 379, 382, 388
- 스핀 37, 140, 141, 144~148, 150~153, 158, 177, 178, 209, 211, 215, 279, 282, 287, 291, 314, 345, 353, 387, 388, 392
- 시락, 이그나시오 352, 353
- 신이치로, 도모나가 281
- 실라르드, 레오 271, 364

ㅇ

- 아렌트, 한나 183
- 아스페, 알랭 179
- 아스펠마이어, 마르쿠스 375
- 아이델스부르거, 모니카 336
- 아인슈타인, 알베르트 10, 30, 43, 57, 69, 84~94, 97, 98, 105, 120, 123~125, 135, 139, 140, 144, 145, 148, 155, 157~170, 173~176, 179, 180, 182, 187, 188, 190, 192, 194, 234~237, 239~244, 247, 250, 261, 266, 270, 271, 277, 278, 291, 303, 315, 316, 318, 319, 331, 333, 334, 336, 363, 377, 380, 381, 384, 385
- 알파 입자 96, 97, 252, 253, 255, 260~262, 264, 272, 296, 389
- 알퍼, 랄프 294
- 암호학 346
- 앙글레르, 프랑수아 283, 290
- 애니온 327, 328, 359~361
- 앤더슨, 필립 283, 290, 301, 303, 304, 308, 310, 324, 379, 380
- 약한 핵력 274, 275, 282~284, 287, 289~291, 393
- 양성자 82, 105, 153, 191, 205, 207, 211, 225, 253~256, 259, 260, 262, 272~276, 285~288, 303, 309, 313, 386, 389, 391, 393, 394
- 양자 색역학 288, 289
- 양전닝 282
- 양전자 141, 202, 279, 280, 281, 387
- 얽힘 13, 127, 128, 154, 156~158, 161, 165, 169, 173, 174, 179, 180, 187, 199, 200, 209, 210, 302, 327, 331, 338, 340, 341, 355, 358, 361, 362, 365~369, 373, 374, 384, 387, 389
- 엔트로피 363~365, 367, 372, 390
- 영, 토머스 90

- 오너스, 카메를링 316~318, 379
- 오류 수정 343, 356, 357, 359~361, 368, 374
- 오펜하이머, 로버트 131, 267~271, 285, 378
- 와인버그, 스티븐 284, 289, 308~310, 380
- 요르단, 파스쿠알 133, 137, 278
- 원자 시계 240, 333, 334
- 위고, 빅토르 112
- 위먼, 칼 239
- 윌슨, 케네스 312, 313, 314, 379
- 윌첵, 프랭크 289, 327
- 유럽입자물리연구소(CERN) 175, 276, 277, 284, 290, 320

ㅈ

- 자기공명영상(MRI) 12, 153, 320
- 장 이론 278~283, 291, 312, 384, 390
- 재규격화 278, 282, 284, 291, 312, 314, 315, 337, 347, 369, 390
- 전자 궤도 120, 210, 214, 220, 223, 226, 228, 273, 324~326, 387, 390, 391
- 전자기학 145
- 접합 320, 321, 325
- 제르맹, 소피 60
- 조지프슨, 브라이언 320, 321, 325, 332
- 졸러, 피터 352, 353
- 중간자 275, 276, 283, 286, 287
- 중성미자 255, 274, 275, 284, 288
- 중성자 54, 107, 191, 207, 225, 253, 255, 256, 259, 262~264, 272~276, 285~289, 297, 298, 313, 386, 389, 391, 393, 394
- 중첩 39, 41, 61~64, 68, 105, 110, 121, 126, 127, 132, 147~153, 157, 166, 170, 171, 173, 187, 190, 215, 220, 279, 286, 287, 327, 328, 339, 341, 352, 357~359, 375, 384, 389, 391, 392

ㅊ

- 차일링거, 안톤 128, 179
- 창발성 52, 53, 240
- 채드윅, 제임스 255
- 초전도 53, 121, 188, 283, 303, 306, 308, 310, 315~321, 332, 336~338, 353, 360, 392

ㅋ

- 카다노프, 리오 314
- 칼스버그 101, 102
- 케쿨레, 아우구스트 219, 220, 317
- 케터를레, 볼프강 239
- 켈빈 경 256
- 코넬, 에릭 239
- 코헨과 슈페커 182
- 쿠퍼, 리언 318
- 쿼크 202, 207, 247, 286~290, 292, 303~305, 309, 377, 392, 393
- 퀴리, 마리 161, 248~251, 258, 262, 266
- 큐비트 144, 149~151, 153, 175, 178, 180, 189, 193, 195, 203, 331, 335, 338, 340~342, 344, 345, 347, 348, 351~355, 357~361, 366, 368, 373,

387, 389, 392
- 클라우저, 존 179
- 클리칭, 클라우스 폰 322~326
- 키타예프, 알렉세이 359, 360

ㅌ
- 터널링 129~131, 257, 336, 392
- 텐서 네트워크 203, 354, 366, 368, 369, 373
- 텔레포테이션 179~181, 364
- 톰슨, J.J. 94~96
- 통계 물리학 80, 236, 362
- 트랜지스터 12, 149, 155, 188, 228, 229, 321, 335, 336, 344, 386
- 트호프트, 헤라르트 246, 284, 288, 291

ㅍ
- 파동 함수 30, 41, 56, 57, 119~121, 124~130, 135, 138, 144, 147, 149, 151, 152, 160, 165, 166, 171, 189, 190~192, 195, 197~200, 203, 209, 210, 315, 327, 384, 385, 387, 392, 393
- 파울리, 볼프강 37, 57~59, 62, 101, 127, 134, 137, 141, 145, 161, 167, 191, 198, 201, 208, 209, 213, 219, 269, 273, 275, 278, 282, 296, 363, 378, 387, 388, 390, 393
- 파인만, 리처드 111, 138, 143, 155, 197, 199, 201~205, 219, 271, 280~289, 321, 335, 346, 347, 351, 365, 373, 377, 393

- 파장 76, 82, 99, 105~107, 111, 113, 114, 129, 138, 139, 147, 148, 230, 238, 319, 377, 386, 389, 392, 393
- 페르미, 엔리코 137, 191, 250, 262~264, 270, 271, 274, 275, 282, 284, 285, 336, 380
- 페르미-디랙 통계 137, 192
- 페르미온 57, 58, 191, 192, 198~202, 234, 235, 275, 282, 284, 287, 292, 327, 387, 389, 390, 392, 393
- 폴리처, 데이비드 289
- 폴링, 라이너스 218
- 표준 모형(표준모델) 46, 290, 291, 308~310
- 푸딩 모형 95, 96
- 푸리에, 장밥티스트 조제프 39, 40, 135, 162, 350
- 프레스킬, 존 158, 358, 372~374
- 플랑크 상수 98, 106, 120, 133, 139, 320, 325
- 플랑크, 막스 73~75, 77~87, 89~92, 94, 98, 101, 123, 161, 187, 222, 236, 241, 242, 371

ㅎ
- 하위헌스, 크리스티안 69, 301, 302, 333
- 하이젠베르크, 베르너 22, 40, 69, 100, 101, 112~115, 118, 125, 127, 132~137, 139, 140, 143, 149, 151, 152, 160~163, 166, 168, 183, 215, 233, 261, 270, 278, 279, 281, 332, 341, 371, 377,

378, 384, 385, 394
- 하트리-폭 (방법) 197~200, 208, 210, 213, 227, 280, 321, 393
- 한, 오토 263, 265
- 해밀턴, 윌리엄 32~36, 38, 41, 52, 55, 133, 379, 388, 393
- 핵분열 253, 263~265, 298, 393
- 핵융합 263, 295, 296, 298, 394
- 행렬 37~39, 41, 54~56, 70, 118, 120, 133, 135, 136, 384, 385, 387, 388, 394
- 행렬역학 35, 70, 131, 133, 134, 136, 137
- 허수 35, 36, 120, 121
- 헤르만, 그레테 181, 182
- 호일, 프레드 295, 296
- 호킹, 스티븐 371~374
- 홀 효과 315, 322~326, 332, 359
- 홀레보, 알렉산더 339
- 휠러, 존 365
- 흑체 복사 81, 91, 371
- 히데키, 유카와 275
- 힉스, 피터 283, 284, 290, 291, 304
- 힐베르트 공간 144, 149, 189, 193, 195~197, 201, 235, 339, 351, 358, 366~368, 387, 394

기타

- A 특공대 117
- BCS 이론 318
- EPR 163~165, 168~170, 173, 384